中国农垦农场志丛

西　藏
易贡茶场志

中国农垦农场志丛编纂委员会　组编
西藏易贡茶场志编纂委员会　主编

中国农业出版社
北　京

图书在版编目（CIP）数据

西藏易贡茶场志/中国农垦农场志丛编纂委员会组
编；西藏易贡茶场志编纂委员会主编.—北京：中国
农业出版社,2021.12
（中国农垦农场志丛）
ISBN 978-7-109-29221-5

Ⅰ．①西… Ⅱ．①中…②西… Ⅲ．①茶园-介绍-
林芝 Ⅳ.S①571.1

中国版本图书馆CIP数据核字（2022）第047352号

出 版 人：陈邦勋
出版策划：刘爱芳
丛书统筹：王庆宁
审 稿 组：干锦春 薛 波
编 辑 组：闫保荣 王庆宁 王秀田 司雪飞 张楚翘 何 玮
设 计 组：姜 欣 杜 然 关晓迪
工 艺 组：王 凯 王 宏 吴丽婷
发行宣传：毛志强 郑 静 曹建丽
技术支持：王芳芳 赵晓红 潘 樾 张 瑶

西藏易贡茶场志
Xizang Yigong Chachangzhi

中国农业出版社出版
地址：北京市朝阳区麦子店街18号楼
邮编：100125
责任编辑：王秀田
责任校对：吴丽婷 责任印制：王 宏
印刷：北京通州皇家印刷厂
版次：2021年12月第1版
印次：2021年12月北京第1次印刷
发行：新华书店北京发行所
开本：889mm×1194mm 1/16
印张：20.5 插页：14
字数：500千字
定价：168.00元

ISBN 978-7-109-29221-5

大众分社投稿邮箱：zgnywwsz@163.com

1950年十八军进军西藏部队宣誓

谭冠三（左二）、张国华（左一）、李觉（后）、刘振国（右一）
率十八军进军西藏

1966年新疆军区生产建设兵团农八师石河子总场欢送赴西藏建设同志合影

2010年，西藏自治区党委书记陈全国（图右）关心慰问茶场发展情况

2010年，广东省常委、常务副省长朱小丹向易贡茶场兑现援助款

2018年6月27日，西藏自治区党委常委，西藏军区司令员许勇（右一）
到易贡茶场调研红色历史革命教育基地情况

2017年5月26日，西藏自治区政府副主席甲热·洛桑旦增同志（左）到易贡茶场调研

2017年8月25日，农业部农垦局副局长胡剑锋（左一）到易贡茶场调研

2017年10月5日，自治区副主席德吉（左一）到易贡茶场调研

广东省发改委副主任、援藏援疆办副主任王亚明，佛山市发改局副局长、援藏办副主任张远航，与易贡茶场援藏干部及志愿者合影

2011年，广东省发改委副主任、援藏援疆办副主任王亚明，佛山市发改局副局长、援藏办副主任张远航与易贡茶场援藏干部及志愿者合影

2012年10月，广东省湛江市委常委、常务副市长赵志辉带领湛江市政府考察团一行考察调研林芝地区和易贡茶场，并观看由易贡茶场职工自发组成的"雪域茶谷"艺术团表演的文艺汇报演出

2017年3月7日，西藏自治区政协副主席次旺多布杰（右二）到易贡茶场调研，市政协副主席（扎西达杰）陪同调研

2020年5月3日，全国第九批援藏干部人才总领队、西藏自治区党委组织部副部长杨晓林同志一行在五一节期间专程赴由援藏资金支持的易贡茶场林芝体验店项目现场调研复工复产情况

2017年5月25日，自治区主席齐扎拉同志（中）到易贡茶场调研茶产业发展状况，并到茶叶加工厂实地调研生产情况，自治区商务副主席姜杰、林芝市委书记马升昌等领导陪同调研

2017年5月25日，自治区主席齐扎拉同志（中）到易贡茶场调研茶产业发展状况，自治区商务副主席姜杰（右一）、林芝市委书记马升昌（左一）等领导陪同调研

2020年5月29日，西藏自治区经济和信息化厅厅长王方红、副厅长郭翔率自治区经济和信息化厅调研
工作组一行赴易贡茶场现场调研企业生产经营情况

2020年6月11日，西藏自治区市场监督管理局党组副书记、局长达娃欧珠，食品安全总监刘松涛率
自治区市场监督管理局一行莅临易贡茶场调研企业生产情况

2020年7月3日，西藏自治区人大常委会副主任巨建华、王峻一行赴易贡茶场调研茶产业发展状况，调研工作组先后到了8号茶田、茶叶加工厂、将军楼、茶场场部茶叶销售部进行参观调研

2020年7月7日，西藏自治区甲热·洛桑丹增副主席及西藏自治区人大副主任、林芝市委书记马升昌一行到易贡茶场林芝体验店调研

2020年5月26日，西藏自治区科技厅赤来旺杰厅长与科技厅、西藏农牧学院、自治区高原生物研究所专家一行赴易贡茶场开展茶产业专项调研

2020年5月8日，新华社西藏分社常务副社长、总编辑罗布次仁同志一行赴易贡茶场调研茶产业发展、援藏工作开展等工作

2020年9月1日，国家民族事务委员会副主任、党组成员赵勇，西藏自治区副主席孟晓林率调研工作组一行赴易贡茶场调研

2020年9月1日，全国政协民族和宗教委员会委员、中国藏学研究中心党组书记安七一前往易贡茶场调研，先后到了茶叶加工厂、易贡茶场场部、茶田了解边销茶生产销售情况

2020年9月12日，西藏自治区人大副主任、林芝市委书记马升昌一行来到易贡茶场，先后前往了茶叶加工厂、8号茶田、销售部、"不忘初心、牢记使命"主题教育展览馆实地调研落实低氟边销茶生产情况以及红色旅游开发情况

2018年3月12日，西藏自治区政府副主席罗梅（右二）到易贡茶场调研

2018年8月16日，西藏自治区人大常委会副主任、林芝市委书记马升昌（中）到易贡茶场调研"高原有机茶科研培训中心"建设情况

2010年，佛山市对口援助西藏易贡茶场第二批医疗队正在义诊并免费给患者派发药品

2017年5月20日，林芝市委副书记、市长旺堆（左二）到易贡茶场调研灾后重建工作

2017年5月24日，林芝市委书记马升昌同志到易贡茶场调研易贡茶场发展情况

2018年3月4日，林芝市人民检察院党组书记、检察长明马丹增（右二）到易贡茶场指导调研维稳工作

2018年3月7日，林芝市委常委、组织部长刘业强（右二）到易贡茶场调研组织工作

2018年4月11日，林芝市委副书记、市长旺堆（右一）到易贡茶场调研春季茶叶生产情况

2018年5月30日，林芝市政府副市长尼玛扎西（右二）到易贡茶场调研茶产业发展情况

2017年10月11日，市政府副市长丁勇辉（左三）到易贡茶场调研
灾后重建工作以及白龙沟地质灾害有关情况

2018年8月26日，林芝市委副书记、常务副市长许典辉（前排左二）
携中国台湾考察团到易贡茶场考察调研茶产业发展情况

2018年9月4日，林芝市政府副市长尼玛扎西（右二），中国茶叶流
通协会副会长、北京茶叶企业商会会长高晨生（右一）到易贡茶场
考察调研

2017年5月23日，自治区党委常委、组织部长曾万明同志到易贡茶场调研产业发展
情况并亲切慰问了茶场干部职工

2017年10月11日，西藏自治区人大常委会副主任李文汉同志（右二）到易贡茶场调研

2018年3月12日，西藏农牧学院党委副书记、院长高学（左二）到易贡茶场调研茶产业发展情况

2010年，茶场党委书记黄伟平、副书记江秋群培和副场长周喜佳现场办公

2011年，黄伟平等茶场领导与第二、第三批援藏医疗队成员合影

2011年，易贡茶场邀请西南农业大学茶叶专家到茶场进行实地调研

易贡茶场歌舞团合影（李国林提供）

1996年，李国林在易贡茶场的照片（李国林提供）

1996年，李国林在易贡茶场的照片（李国林提供）

1996年，李国林在易贡茶场的照片（李国林提供）

1996年，李国林在易贡茶场的照片（李国林提供）

2010年，茶场职工在炒茶（李国林提供）

2010年，李国林在易贡茶场的照片（李国林提供）

2010年，茶场职工在拣选茶叶（李国林提供）

2010年，李国林与茶场职工的合照（李国林提供）

李国林与茶场职工一同采茶（李国林提供）

2010年，茶场职工的聚会（李国林提供）

2012年新疆生产建设兵团资料征集组与易贡老职工座谈合影

2019年5月31日，易贡茶场职工展示刚采摘的茶叶（新华社记者 晋美多吉 摄）

2002年4月被堵塞成湖的易贡湖淹没了易贡茶场①

易贡茶园②

易贡茶场③

易贡的油菜园④

十八军军长张国华原住所将军楼外观

① 聂作平著、杨勇摄影, 天堂隔壁是西藏[M]. 武汉: 湖北美术出版社, 2004: 80。
② 李烨, 阅读西藏 注释神奇的土地[M]. 兰州: 甘肃人民出版社, 2008:283。
③ 《西藏攻略》编辑部, 西藏攻略[M]. 北京: 华夏出版社, 2017: 164。
④ 张继民撰文、摄影, 神奇峡谷——雅鲁藏布[M]. 广州: 广东省地图出版社, 1999: 21。

易贡铁山

2010年，易贡茶场的茶叶照片（李国林提供）

2012年3月，验收通过广东对口援助的西藏林芝地区易贡茶场第二批
援藏项目，包括茶叶一队活动室、茶叶加工厂、易贡湖景宾馆等

易贡晨雾（李国林提供）

易贡茶场茶园（李国林提供）

守望易贡茶场的纳雍嘎波雪山，海拔6 388米（李国林提供）

2019年6月，易贡茶场职工在采摘茶叶
（新华社记者　晋美多吉　摄）

2019年5月31日，易贡茶场职工在采摘茶叶
（新华社记者　晋美多吉　摄）

易贡湖边的茶园①

---

① 张继民撰文、摄影. 神奇峡谷——雅鲁藏布[M]. 广州: 广东省地图出版社, 1999: 21。

专栏：伟大社会主义祖国欣欣向荣

新华社北京一九七二年十二月十一日消息　专栏：伟大社会主义祖国欣欣向荣

西藏生产建设部队开发边疆作出新贡献

西藏生产建设部队广大军垦战士艰苦奋斗，建设高原，今年，各垦区战胜多种自然灾害，夺得农业好收成，共向国家提供商品粮一千万斤，比去年增加二百万斤，上交利润一百万元。同时，还为当地藏族群众提供了一批粮种、树种和茶种等。苹果、香梨、水蜜桃的总产量比去年增长七成。茶叶、烟叶、花生、大麻等迅速发展，并试种成功哈密瓜。目前，各垦区口粮、种籽、饲料、肉食、蔬菜全部自给，到处呈现一派欣欣向荣的景象。

在开发边疆、建设高原的过程中，西藏生产建设部队发扬了艰苦奋斗的光荣传统。他们以边疆为家，以艰苦为荣，在万里高原上，战风沙，斗严寒，开荒造田，建造林带、果园。易贡湖畔的东波觉果园，原来是一片荒无人烟的乱石滩。十多年前，一批军垦战士来到这里垦荒拓岭，历尽千辛万苦，把这里建设成为生产建设部队的大果园之一。今年，这里结出了二十七万斤丰硕的果实。察隅县区沙冲坝的大片土地，原来是灌不上水的"望水地"。军垦战士以惊人的毅力，自己勘测，自己设计，修起了一条盘旋峭岭，横穿绝壁、长达十四华里的水渠，把从雪山冰湖直泻而下的水源，引入干旱的沙冲坝，把凹凸不平的碎地改造成稻田。今年，这个垦区水稻单位面积产量超过五百斤，成为稻谷飘香的"西藏江南"。地处拉萨河上游的澎波农场，海拔三千八百五十米，历来种青稞，一克地（克相当于亩）产量才一百来斤。军垦战士积极从内地引进多小麦试种。经过多年反复试验，终于培育出一种适应当地特点的多小麦良种。今年，这个农场近万亩多小麦平均亩产达到四百斤以上。

新华社新闻稿1972年第1166期《伟大社会主义祖国欣欣向荣》报道易贡开发

通麦

通麦镇是川藏线上的一个补给点，有几个招待所和饭店可提供饮食住宿。镇上有兵站。西面不远是著名的横跨帕隆藏布河的通麦大桥。通麦西距排龙乡15公里，这一带川藏线路程山体疏松，且遍布雪山河湖，遇到下雨天气，非常容易发生塌方和泥石流。以临近排龙的老虎嘴最为凶险。通行此段要做好准备，快速通过；遇到塌方还需徒步走过陡坡、泥地。

通麦一带位于峡谷中，海拔只有1800米，气候宜人，丰富的雨水常将谷地两侧的山石冲开，附近的帕隆藏布南行与雅鲁藏布江交汇于大拐弯处。

易贡湖

位于波密县易贡乡境内，海拔2200米，湖面面积为20平方公里左右。"易贡"藏语是美丽的意思。易贡湖是形成于100年前，即1897年的大型冰川泥石流堵塞易贡藏布河形成的。在雨季或发生泥石流时湖区会变大，干季湖面积会缩小。湖区生态环境保存较好，湖水湛蓝如镜、湖畔有绿草野花，周围高山上有原始森林。易贡湖所在的谷地开辟有农场。

易贡茶场

易贡湖南畔的易贡茶场是西藏少有的茶场，据说是世界上海拔最高的茶场。茶园面积有2100多亩，因为易贡海拔低、冬无严寒夏无酷暑、湿度大、日照不强烈，特别适宜茶树的生长。

旅行提示：从通麦镇西行过通麦大桥，沿桥西侧的公路向西北行25公里即到易贡，一片建设整齐颇具规模的青砖瓦建筑群就是茶场。据说，这里以前曾是西藏自治区党校。易贡湖就在茶场北面不远，可到通麦租车前往。

66

2003年易贡茶场旅游介绍彩页①

2016年夏，藏族茶农在采茶②

---

① 金旅雅途编著，西藏[M]. 北京：中国铁道出版社，2003:66。
② 《雪域茶场采新茶》，《光明日报》2016年07月23日，第10版。

易贡湖畔①

泥石流龙头上的巨石素描②

① 费金深, 冰川奇观 [M], 上海: 上海教育出版社, 1986: 160。
② 费金深, 冰川奇观[M], 上海: 上海教育出版社, 1986: 163。

1967年西藏易贡农垦团工人证

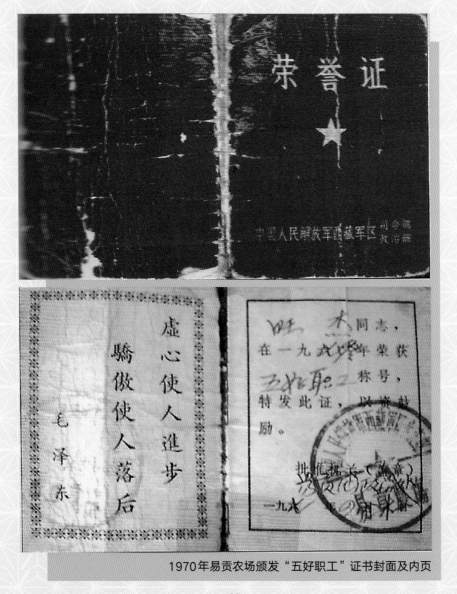

1970年易贡农场颁发"五好职工"证书封面及内页

中国农垦农场志丛编纂委员会

主 任

张桃林

副主任

左常升　邓庆海　李尚兰　陈邦勋　彭剑良　程景民　王润雷

成 员（按垦区排序）

马　辉　张庆东　张保强　薛志省　赵永华　李德海　麦　朝

王守聪　许如庆　胡兆辉　孙飞翔　王良贵　李岱一　赖金生

于永德　陈金剑　李胜强　唐道明　支光南　张安明　张志坚

陈孟坤　田李文　步　涛　余　繁　林　木　王　韬　魏国斌

巩爱岐　段志强　聂　新　高　宁　周云江　朱云生　常　芳

中国农垦农场志丛编纂委员会办公室

主 任

王润雷

副主任

陈忠毅　刘爱芳　武新宇　明　星

成 员

胡从九　李红梅　刘琢琬　闫保荣　王庆宁

中国农垦农场志

《西藏易贡茶场志》编纂委员会

主　编

宋时磊　刘光明

副主编

何方俊　曹玉涛　戴　宝

编　委（按姓氏笔画排序）：

才　程　冯新悦　池心怡　陆晗昱　陈　凯

林锦明　黄华林　黄若慧　落桑扎西　程昊卿

武汉大学茶文化研究中心、广东省第九批援藏工作队、

西藏自治区林芝市易贡茶场　联合编写

中国农垦农场志丛

总 序

中国农垦农场志丛自 2017 年开始酝酿，历经几度春秋寒暑，终于在建党 100 周年之际，陆续面世。在此，谨向所有为修此志作出贡献、付出心血的同志表示诚挚的敬意和由衷的感谢！

中国共产党领导开创的农垦事业，为中华人民共和国的诞生和发展立下汗马功劳。八十余年来，农垦事业的发展与共和国的命运紧密相连，在使命履行中，农场成长为国有农业经济的骨干和代表，成为国家在关键时刻抓得住、用得上的重要力量。

如果将农垦比作大厦，那么农场就是砖瓦，是基本单位。在全国 31 个省（自治区、直辖市，港澳台除外），分布着 1800 多个农垦农场。这些星罗棋布的农场如一颗颗玉珠，明暗随农垦的历史进程而起伏；当其融汇在一起，则又映射出农垦事业波澜壮阔的历史画卷，绽放着"艰苦奋斗、勇于开拓"的精神光芒。

（一）

"农垦"概念源于历史悠久的"屯田"。早在秦汉时期就有了移民垦荒，至汉武帝时创立军屯，用于保障军粮供应。之后，历代沿袭屯田这一做法，充实国库，供养军队。

中国共产党借鉴历代屯田经验，发动群众垦荒造田。1933 年 2 月，中华苏维埃共和国临时中央政府颁布《开垦荒地荒田办法》，规定"县区土地部、乡政府要马上调查统计本地所有荒田荒地，切实计划、发动群众去开荒"。到抗日战争时期，中国共产党大规模地发动军人进行农垦实践，肩负起支援抗战的特殊使命，农垦事业正式登上了历史舞台。

20 世纪 30 年代末至 40 年代初，抗日战争进入相持阶段，在日军扫荡和国民党军事包围、经济封锁等多重压力下，陕甘宁边区生活日益困难。"我们曾经弄到几乎没有衣穿，没有油吃，没有纸、没有菜，战士没有鞋袜，工作人员在冬天没有被盖。"毛泽东同志曾这样讲道。

面对艰难处境，中共中央决定开展"自己动手，丰衣足食"的生产自救。1939 年 2 月 2 日，毛泽东同志在延安生产动员大会上发出"自己动手"的号召。1940 年 2 月 10 日，中共中央、中央军委发出《关于开展生产运动的指示》，要求各部队"一面战斗、一面生产、一面学习"。于是，陕甘宁边区掀起了一场轰轰烈烈的大生产运动。

这个时期，抗日根据地的第一个农场——光华农场诞生了。1939 年冬，根据中共中央的决定，光华农场在延安筹办，生产牛奶、蔬菜等食物。同时，进行农业科学实验、技术推广，示范带动周边群众。这不同于古代屯田，开创了农垦示范带动的历史先河。

在大生产运动中，还有一面"旗帜"高高飘扬，让人肃然起敬，它就是举世闻名的南泥湾大生产运动。

1940 年 6—7 月，为了解陕甘宁边区自然状况、促进边区建设事业发展，在中共中央财政经济部的支持下，边区政府建设厅的农林科学家乐天宇等一行 6 人，历时 47 天，全面考察了边区的森林自然状况，并完成了《陕甘宁边区森林考察团报告书》，报告建议垦殖南泥洼（即南泥湾）。之后，朱德总司令亲自前往南泥洼考察，谋划南泥洼的开发建设。

1941 年春天，受中共中央的委托，王震将军率领三五九旅进驻南泥湾。那时，南泥湾俗称"烂泥湾","方圆百里山连山",战士们"只见梢林不见天",身边做伴的是满山窜的狼豹黄羊。在这种艰苦处境中,战士们攻坚克难,一手拿枪,一手拿镐,练兵开荒两不误,把"烂泥湾"变成了陕北的"好江南"。从1941年到1944年,仅仅几年时间,三五九旅的粮食产量由0.12万石猛增到3.7万石,上缴公粮1万石,达到了耕一余一。与此同时,工业、商业、运输业、畜牧业和建筑业也得到了迅速发展。

南泥湾大生产运动,作为中国共产党第一次大规模的军垦,被视为农垦事业的开端,南泥湾也成为农垦事业和农垦精神的发祥地。

进入解放战争时期,建立巩固的东北根据地成为中共中央全方位战略的重要组成部分。毛泽东同志在1945年12月28日为中共中央起草的《建立巩固的东北根据地》中,明确指出"我党现时在东北的任务,是建立根据地,是在东满、北满、西满建立巩固的军事政治的根据地",要求"除集中行动负有重大作战任务的野战兵团外,一切部队和机关,必须在战斗和工作之暇从事生产"。

紧接着,1947年,公营农场兴起的大幕拉开了。

这一年春天,中共中央东北局财经委员会召开会议,主持财经工作的陈云、李富春同志在分析时势后指出:东北行政委员会和各省都要"试办公营农场,进行机械化农业实验,以迎接解放后的农村建设"。

这一年夏天,在松江省政府的指导下,松江省省营第一农场(今宁安农场)创建。省政府主任秘书李在人为场长,他带领着一支18人的队伍,在今尚志市一面坡太平沟开犁生产,一身泥、一身汗地拉开了"北大荒第一犁"。

这一年冬天,原辽北军区司令部作训科科长周亚光带领人马,冒着严寒风雪,到通北县赵光区实地踏查,以日伪开拓团训练学校旧址为基础,建成了我国第一个公营机械化农场——通北机械农场。

之后,花园、永安、平阳等一批公营农场纷纷在战火的硝烟中诞生。与此同时,一部分身残志坚的荣誉军人和被解放的国民党军人,向东北荒原宣战,艰苦拓荒、艰辛创业,创建了一批荣军农场和解放团农场。

再将视线转向华北。这一时期，在河北省衡水湖的前身"千顷洼"所在地，华北人民政府农业部利用一批来自联合国善后救济总署的农业机械，建成了华北解放区第一个机械化公营农场——冀衡农场。

除了机械化农场，在那个主要靠人力耕种的年代，一些拖拉机站和机务人员培训班诞生在东北、华北大地上，推广农业机械化技术，成为新中国农机事业人才培养的"摇篮"。新中国的第一位女拖拉机手梁军正是优秀代表之一。

（二）

中华人民共和国成立后农垦事业步入了发展的"快车道"。

1949 年 10 月 1 日，新中国成立了，百废待兴。新的历史阶段提出了新课题、新任务：恢复和发展生产，医治战争创伤，安置转业官兵，巩固国防，稳定新生的人民政权。

这没有硝烟的"新战场"，更需要垦荒生产的支持。

1949 年 12 月 5 日，中央人民政府人民革命军事委员会发布《关于 1950 年军队参加生产建设工作的指示》，号召全军"除继续作战和服勤务者而外，应当负担一部分生产任务，使我人民解放军不仅是一支国防军，而且是一支生产军"。

1952 年 2 月 1 日，毛泽东主席发布《人民革命军事委员会命令》："你们现在可以把战斗的武器保存起来，拿起生产建设的武器。"批准中国人民解放军 31 个师转为建设师，其中有 15 个师参加农业生产建设。

垦荒战鼓已擂响，刚跨进和平年代的解放军官兵们，又背起行囊，扑向荒原，将"作战地图变成生产地图"，把"炮兵的瞄准仪变成建设者的水平仪"，让"战马变成耕马"，在戈壁荒漠、三江平原、南国边疆安营扎寨，攻坚克难，辛苦耕耘，创造了农垦事业的一个又一个奇迹。

1. 将戈壁荒漠变成绿洲

1950 年 1 月，王震将军向驻疆部队发布开展大生产运动的命令，动员 11 万余名官兵就地屯垦，创建军垦农场。

垦荒之战有多难，这些有着南泥湾精神的农垦战士就有多拼。

没有房子住，就搭草棚子、住地窝子；粮食不够吃，就用盐水煮麦粒；没有拖拉机和畜力，就多人拉犁开荒种地……

然而，戈壁滩缺水，缺"农业的命根子"，这是痛中之痛！

没有水，战士们就自已修渠，自伐木料，自制筐担，自搓绳索，自开块石。修渠中涌现了很多动人故事，据原新疆兵团农二师师长王德昌回忆，1951 年冬天，一名来自湖南的女战士，面对磨断的绳子，情急之下，割下心爱的辫子，接上绳子背起了石头。

在战士们全力以赴的努力下，十八团渠、红星渠、和平渠、八一胜利渠等一条条大地的"新动脉"，奔涌在戈壁滩上。

1954 年 10 月，经中共中央批准，新疆生产建设兵团成立，陶峙岳被任命为司令员，新疆维吾尔自治区党委书记王恩茂兼任第一政委，张仲瀚任第二政委。努力开荒生产的驻疆屯垦官兵终于有了正式的新身份，工作中心由武装斗争转为经济建设，新疆地区的屯垦进入了新的阶段。

之后，新疆生产建设兵团重点开发了北疆的准噶尔盆地、南疆的塔里木河流域及伊犁、博乐、塔城等边远地区。战士们鼓足干劲，兴修水利、垦荒造田、种粮种棉、修路架桥，一座座城市拔地而起，荒漠变绿洲。

2. 将荒原沼泽变成粮仓

在新疆屯垦热火朝天之时，北大荒也进入了波澜壮阔的开发阶段，三江平原成为"主战场"。

1954 年 8 月，中共中央农村工作部同意并批转了农业部党组《关于开发东北荒地的农建二师移垦东北问题的报告》，同时上报中央军委批准。9 月，第一批集体转业的"移民大军"——农建二师由山东开赴北大荒。这支 8000 多人的齐鲁官兵队伍以荒原为家，创建了二九〇、二九一和十一农场。

同年，王震将军视察黑龙江汤原后，萌发了开发北大荒的设想。领命的是第五师副师长余友清，他打头阵，率一支先遣队到密山、虎林一带踏查荒原，于1955年元旦，在虎林县（今虎林市）西岗创建了铁道兵第一个农场，以部队番号命名为"八五〇部农场"。

1955年，经中共中央同意，铁道兵9个师近两万人挺进北大荒，在密山、虎林、饶河一带开荒建场，拉开了向三江平原发起总攻的序幕，在八五〇部农场周围建起了一批八字头的农场。

1958年1月，中央军委发出《关于动员十万干部转业复员参加生产建设的指示》，要求全军复员转业官兵去开发北大荒。命令一下，十万转业官兵及家属，浩浩荡荡进军三江平原，支边青年、知识青年也前赴后继地进攻这片古老的荒原。

垦荒大军不惧苦、不畏难，鏖战多年，荒原变良田。1964年盛夏，国家副主席董必武来到北大荒视察，面对麦香千里即兴赋诗："斩棘披荆忆老兵，大荒已变大粮屯。"

3. 将荒郊野岭变成胶园

如果说农垦大军在戈壁滩、北大荒打赢了漂亮的要粮要棉战役，那么，在南国边疆，则打赢了一场在世界看来不可能胜利的翻身仗。

1950年，朝鲜战争爆发后，帝国主义对我国实行经济封锁，重要战略物资天然橡胶被禁运，我国国防和经济建设面临严重威胁。

当时世界公认天然橡胶的种植地域不能超过北纬17°，我国被国际上许多专家划为"植胶禁区"。

但命运应该掌握在自己手中，中共中央作出"一定要建立自己的橡胶基地"的战略决策。1951年8月，政务院通过《关于扩大培植橡胶树的决定》，由副总理兼财政经济委员会主任陈云亲自主持这项工作。同年11月，华南垦殖局成立，中共中央华南分局第一书记叶剑英兼任局长，开始探索橡胶种植。

1952年3月，两万名中国人民解放军临危受命，组建成林业工程第一师、第二师和一个独立团，开赴海南、湛江、合浦等地，住茅棚、战台风、斗猛兽，白手起家垦殖橡胶。

大规模垦殖橡胶，急需胶籽。"一粒胶籽，一两黄金"成为战斗口号，战士们不惜一切代价收集胶籽。有一位叫陈金照的小战士，运送胶籽时遇到山洪，被战友们找到时已没有了呼吸，而背上箩筐里的胶籽却一粒没丢……

正是有了千千万万个把橡胶看得重于生命的陈金照们，1957年春天，华南垦殖局种植的第一批橡胶树，流出了第一滴胶乳。

1960年以后，大批转业官兵加入海南岛植胶队伍，建成第一个橡胶生产基地，还大面积种植了剑麻、香茅、咖啡等多种热带作物。同时，又有数万名转业官兵和湖南移民汇聚云南边疆，用血汗浇灌出了我国第二个橡胶生产基地。

在新疆、东北和华南三大军垦战役打响之时，其他省份也开始试办农场。1952年，在政务院关于"各县在可能范围内尽量地办起和办好一两个国营农场"的要求下，全国各地农场如雨后春笋般发展起来。1956年，农垦部成立，王震将军被任命为部长，统一管理全国的军垦农场和地方农场。

随着农垦管理走向规范化，农垦事业也蓬勃发展起来。江西建成多个综合垦殖场，发展茶、果、桑、林等多种生产；北京市郊、天津市郊、上海崇明岛等地建起了主要为城市提供副食品的国营农场；陕西、安徽、河南、西藏等省区建立发展了农牧场群……

到1966年，全国建成国营农场1958个，拥有职工292.77万人，拥有耕地面积345457公顷，农垦成为我国农业战线一支引人瞩目的生力军。

（三）

前进的道路并不总是平坦的。"文化大革命"持续十年，使党、国家和各族人民遭到新中国成立以来时间最长、范围最广、损失最大的挫折，农垦系统也不能幸免。农场平均主义盛行，从1967年至1978年，农垦系统连续亏损12年。

"没有一个冬天不可逾越，没有一个春天不会来临。"1978年，党的十一届三中全会召开，如同一声春雷，唤醒了沉睡的中华大地。手握改革开放这一法宝，全党全社会朝着社会主义现代化建设方向大步前进。

在这种大形势下，农垦人深知，国营农场作为社会主义全民所有制企业，应当而且有条件走在农业现代化的前列，继续发挥带头和示范作用。

于是，农垦人自觉承担起推进实现农业现代化的重大使命，乘着改革开放的春风，开始进行一系列的上下求索。

1978年9月，国务院召开了人民公社、国营农场试办农工商联合企业座谈会，决定在我国试办农工商联合企业，农垦系统积极响应。作为现代化大农业的尝试，机械化水平较高且具有一定工商业经验的农垦企业，在农工商综合经营改革中如鱼得水，打破了单一种粮的局面，开启了农垦一二三产业全面发展的大门。

农工商综合经营只是农垦改革的一部分，农垦改革的关键在于打破平均主义，调动生产积极性。

为调动企业积极性，1979年2月，国务院批转了财政部、国家农垦总局《关于农垦企业实行财务包干的暂行规定》。自此，农垦开始实行财务大包干，突破了"千家花钱，一家（中央）平衡"的统收统支方式，解决了农垦企业吃国家"大锅饭"的问题。

为调动企业职工的积极性，从1979年根据财务包干的要求恢复"包、定、奖"生产责任制，到1980年后一些农场实行以"大包干"到户为主要形式的家庭联产承包责任制，再到1983年借鉴农村改革经验，全面兴办家庭农场，逐渐建立大农场套小农场的双层经营体制，形成"家家有场长，户户搞核算"的蓬勃发展气象。

为调动企业经营者的积极性，1984年下半年，农垦系统在全国选择100多个企业试点推行场（厂）长、经理负责制，1988年全国农垦有60%以上的企业实行了这项改革，继而又借鉴城市国有企业改革经验，全面推行多种形式承包经营责任制，进一步明确主管部门与企业的权责利关系。

以上这些改革主要是在企业层面，以单项改革为主，虽然触及了国家、企业和职工的最直接、最根本的利益关系，但还没有完全解决传统体制下影响农垦经济发展的深层次矛盾和困难。

"历史总是在不断解决问题中前进的。"1992年，继邓小平南方谈话之后，党的十四大明确提出，要建立社会主义市场经济体制。市场经济为农垦改革进一步指明了方向，但农垦如何改革才能步入这个轨道，真正成为现代化农业的引领者？

关于国营大中型企业如何走向市场，早在1991年9月中共中央就召开工作会议，强调要转换企业经营机制。1992年7月，国务院发布《全民所有制工业企业转换经营机制条例》，明确提出企业转换经营机制的目标是："使企业适应市场的要求，成为依法自主经营、自负盈亏、自我发展、自我约束的商品生产和经营单位，成为独立享有民事权利和承担民事义务的企业法人。"

为转换农垦企业的经营机制，针对在干部制度上的"铁交椅"、用工制度上的"铁饭碗"和分配制度上的"大锅饭"问题，农垦实施了干部聘任制、全员劳动合同制以及劳动报酬与工效挂钩的三项制度改革，为农垦企业建立在用人、用工和收入分配上的竞争机制起到了重要促进作用。

1993年，十四届三中全会再次擂响战鼓，指出要进一步转换国有企业经营机制，建立适应市场经济要求，产权清晰、权责明确、政企分开、管理科学的现代企业制度。

农业部积极响应，1994年决定实施"三百工程"，即在全国农垦选择百家国有农场进行现代企业制度试点、组建发展百家企业集团、建设和做强百家良种企业，标志着农垦企业的改革开始深入到企业制度本身。

同年，针对有些农场仍为职工家庭农场，承包户垫付生产、生活费用这一问题，根据当年1月召开的全国农业工作会议要求，全国农垦系统开始实行"四到户"和"两自理"，即土地、核算、盈亏、风险到户，生产费、生活费由职工自理。这一举措彻底打破了"大锅饭"，开启了国有农场农业双层经营体制改革的新发展阶段。

然而，在推进市场经济进程中，以行政管理手段为主的垦区传统管理体制，逐渐成为束缚企业改革的桎梏。

垦区管理体制改革迫在眉睫。1995年，农业部在湖北省武汉市召开全国农垦经济体制改革工作会议，在总结各垦区实践的基础上，确立了农垦管理体制的改革思路：逐步弱化行政职能，加快实体化进程，积极向集团化、公司化过渡。以此会议为标志，垦区管理体制改革全面启动。北京、天津、黑龙江等17个垦区按照集团化方向推进。此时，出于实际需要，大部分垦区在推进集团化改革中仍保留了农垦管理部门牌子和部分行政管理职能。

"前途是光明的，道路是曲折的。"由于农垦自身存在的政企不分、产权不清、社会负担过重等深层次矛盾逐渐暴露，加之农产品价格低迷、激烈的市场竞争等外部因素叠加，从1997年开始，农垦企业开始步入长达5年的亏损徘徊期。

然而，农垦人不放弃、不妥协，终于在2002年"守得云开见月明"。这一年，中共十六大召开，农垦也在不断调整和改革中，告别"五连亏"，盈利13亿。

2002年后，集团化垦区按照"产业化、集团化、股份化"的要求，加快了对集团母公司、产业化专业公司的公司制改造和资源整合，逐步将国有优质资产集中到主导产业，进一步建立健全现代企业制度，形成了一批大公司、大集团，提升了农垦企业的核心竞争力。

与此同时，国有农场也在企业化、公司化改造方面进行了积极探索，综合考虑是否具备企业经营条件、能否剥离办社会职能等因素，因地制宜、分类指导。一是办社会职能可以移交的农场，按公司制等企业组织形式进行改革；办社会职能剥离需要过渡期的农场，逐步向公司制企业过渡。如广东、云南、上海、宁夏等集团化垦区，结合农场体制改革，打破传统农场界限，组建产业化专业公司，并以此为纽带，进一步将垦区内产业关联农场由子公司改为产业公司的生产基地（或基地分公司），建立了集团与加工企业、农场生产基地间新的运行体制。二是不具备企业经营条件的农场，改为乡、镇或行政区，向政权组织过渡。如2003年前后，一些垦区的部分农场连年严重亏损，有的甚至濒临破产。湖南、湖北、河北等垦区经省委、省政府批准，对农场管理体制进行革新，把农场管理权下放到市县，实行属地管理，一些农场建立农场管理区，赋予必要的政府职能，给予财税优惠政策。

这些改革离不开农垦职工的默默支持，农垦的改革也不会忽视职工的生活保障。1986年，根据《中共中央、国务院批转农牧渔业部〈关于农垦经济体制改革问题的报告〉的通知》要求，农垦系统突破职工住房由国家分配的制度，实行住房商品化，调动职工自己动手、改善住房的积极性。1992 年，农垦系统根据国务院关于企业职工养老保险制度改革的精神，开始改变职工养老保险金由企业独自承担的局面，此后逐步建立并完善国家、企业、职工三方共同承担的社会保障制度，减轻农场养老负担的同时，也减少了农场职工的后顾之忧，保障了农场改革的顺利推进。

从 1986 年至十八大前夕，从努力打破传统高度集中封闭管理的计划经济体制，到坚定社会主义市场经济体制方向；从在企业层面改革，以单项改革和放权让利为主，到深入管理体制，以制度建设为核心、多项改革综合配套协调推进为主：农垦企业一步一个脚印，走上符合自身实际的改革道路，管理体制更加适应市场经济，企业经营机制更加灵活高效。

这一阶段，农垦系统一手抓改革，一手抓开放，积极跳出"封闭"死胡同，走向开放的康庄大道。从利用外资在经营等领域涉足并深入合作，大力发展"三资"企业和"三来一补"项目；到注重"引进来"，引进资金、技术设备和管理理念等；再到积极实施"走出去"战略，与中东、东盟、日本等地区和国家进行经贸合作出口商品，甚至扎根境外建基地、办企业、搞加工、拓市场：农垦改革开放风生水起逐浪高，逐步形成"两个市场、两种资源"的对外开放格局。

（四）

党的十八大以来，以习近平同志为核心的党中央迎难而上，作出全面深化改革的决定，农垦改革也进入全面深化和进一步完善阶段。

2015 年 11 月，中共中央、国务院印发《关于进一步推进农垦改革发展的意见》（简称《意见》），吹响了新一轮农垦改革发展的号角。《意见》明确要求，新时期农垦改革发展要以推进垦区集团化、农场企业化改革为主线，努力把农垦建设成为保障国家粮食安全和重要农产品有效供给的国家队、中国特色新型农业现代化的示范区、农业对外合作的排头兵、安边固疆的稳定器。

2016 年 5 月 25 日，习近平总书记在黑龙江省考察时指出，要深化国有农垦体制改革，以垦区集团化、农场企业化为主线，推动资源资产整合、产业优化升级，建设现代农业大基地、大企业、大产业，努力形成农业领域的航母。

2018年9月25日，习近平总书记再次来到黑龙江省进行考察，他强调，要深化农垦体制改革，全面增强农垦内生动力、发展活力、整体实力，更好发挥农垦在现代农业建设中的骨干作用。

农垦从来没有像今天这样更接近中华民族伟大复兴的梦想！农垦人更加振奋了，以壮士断腕的勇气、背水一战的决心继续农垦改革发展攻坚战。

1. 取得了累累硕果

——坚持集团化改革主导方向，形成和壮大了一批具有较强竞争力的现代农业企业集团。黑龙江北大荒去行政化改革、江苏农垦农业板块上市、北京首农食品资源整合……农垦深化体制机制改革多点开花、逐步深入。以资本为纽带的母子公司管理体制不断完善，现代公司治理体系进一步健全。市县管理农场的省份区域集团化改革稳步推进，已组建区域集团和产业公司超过300家，一大批农场注册成为公司制企业，成为真正的市场主体。

——创新和完善农垦农业双层经营体制，强化大农场的统一经营服务能力，提高适度规模经营水平。截至2020年，据不完全统计，全国农垦规模化经营土地面积5500多万亩，约占农垦耕地面积的70.5%，现代农业之路越走越宽。

——改革国有农场办社会职能，让农垦企业政企分开、社企分开，彻底甩掉历史包袱。截至2020年，全国农垦有改革任务的1500多个农场完成办社会职能改革，松绑后的步伐更加矫健有力。

——推动农垦国有土地使用权确权登记发证，唤醒沉睡已久的农垦土地资源。截至2020年，土地确权登记发证率达到96.3%，使土地也能变成金子注入农垦企业，为推进农垦土地资源资产化、资本化打下坚实基础。

——积极推进对外开放，农垦农业对外合作先行者和排头兵的地位更加突出。合作领域从粮食、天然橡胶行业扩展到油料、糖业、果菜等多种产业，从单个环节向全产业链延伸，对外合作范围不断拓展。截至2020年，全国共有15个垦区在45个国家和地区投资设立了84家农业企业，累计投资超过370亿元。

2. 在发展中改革，在改革中发展

农垦企业不仅有改革的硕果，更以改革创新为动力，在扶贫开发、产业发展、打造农业领域航母方面交出了漂亮的成绩单。

——聚力农垦扶贫开发，打赢农垦脱贫攻坚战。从20世纪90年代起，农垦系统开始扶贫开发。"十三五"时期，农垦系统针对304个重点贫困农场，绘制扶贫作战图，逐个建立扶贫档案，坚持"一场一卡一评价"。坚持产业扶贫，组织开展技术培训、现场观摩、产销对接，增强贫困农场自我"造血"能力。甘肃农垦永昌农场建成高原夏菜示范园区，江西宜丰黄冈山垦殖场大力发展旅游产业，广东农垦新华农场打造绿色生态茶园……贫困农场产业发展蒸蒸日上，全部如期脱贫摘帽，相对落后农场、边境农场和生态脆弱区农场等农垦"三场"踏上全面振兴之路。

——推动产业高质量发展，现代农业产业体系、生产体系、经营体系不断完善。初步建成一批稳定可靠的大型生产基地，保障粮食、天然橡胶、牛奶、肉类等重要农产品的供给；推广一批环境友好型种养新技术、种养循环新模式，提升产品质量的同时促进节本增效；制定发布一系列生鲜乳、稻米等农产品的团体标准，守护"舌尖上的安全"；相继成立种业、乳业、节水农业等产业技术联盟，形成共商共建共享的合力；逐渐形成"以中国农垦公共品牌为核心、农垦系统品牌联合舰队为依托"的品牌矩阵，品牌美誉度、影响力进一步扩大。

——打造形成农业领域航母，向培育具有国际竞争力的现代农业企业集团迈出坚实步伐。黑龙江北大荒、北京首农、上海光明三个集团资产和营收双超千亿元，在发展中乘风破浪：黑龙江北大荒农垦集团实现机械化全覆盖，连续多年粮食产量稳定在400亿斤以上，推动产业高端化、智能化、绿色化，全力打造"北大荒绿色智慧厨房"；北京首农集团坚持科技和品牌双轮驱动，不断提升完善"从田间到餐桌"的全产业链条；上海光明食品集团坚持品牌化经营、国际化发展道路，加快农业

"走出去"步伐，进行国际化供应链、产业链建设，海外营收占集团总营收20%左右，极大地增强了对全世界优质资源的获取能力和配置能力。

千淘万漉虽辛苦，吹尽狂沙始到金。迈入"十四五"，农垦改革目标基本完成，正式开启了高质量发展的新篇章，正在加快建设现代农业的大基地、大企业、大产业，全力打造农业领域航母。

（五）

八十多年来，从人畜拉犁到无人机械作业，从一产独大到三产融合，从单项经营到全产业链，从垦区"小社会"到农业"集团军"，农垦发生了翻天覆地的变化。然而，无论农垦怎样变，变中都有不变。

——不变的是一路始终听党话、跟党走的绝对忠诚。从抗战和解放战争时期垦荒供应军粮，到新中国成立初期发展生产、巩固国防，再到改革开放后逐步成为现代农业建设的"排头兵"，农垦始终坚持全面贯彻党的领导。而农垦从孕育诞生到发展壮大，更离不开党的坚强领导。毫不动摇地坚持贯彻党对农垦的领导，是农垦人奋力前行的坚强保障。

——不变的是服务国家核心利益的初心和使命。肩负历史赋予的保障供给、屯垦戍边、示范引领的使命，农垦系统始终站在讲政治的高度，把完成国家战略任务放在首位。在三年困难时期、"非典"肆虐、汶川大地震、新冠肺炎疫情突发等关键时刻，农垦系统都能"调得动、顶得上、应得急"，为国家大局稳定作出突出贡献。

——不变的是"艰苦奋斗、勇于开拓"的农垦精神。从抗日战争时一手拿枪、一手拿镐的南泥湾大生产，到新中国成立后新疆、东北和华南的三大军垦战役，再到改革开放后艰难但从未退缩的改革创新、坚定且铿锵有力的发展步伐，"艰苦奋斗、勇于开拓"始终是农垦人不变的本色，始终是农垦人攻坚克难的"传家宝"。

农垦精神和文化生于农垦沃土，在红色文化、军旅文化、知青文化等文化中孕育，也在一代代人的传承下，不断被注入新的时代内涵，成为农垦事业发展的不竭动力。

"大力弘扬'艰苦奋斗、勇于开拓'的农垦精神，推进农垦文化建设，汇聚起推动农垦改革发展的强大精神力量。"中央农垦改革发展文件这样要求。在新时代、新征程中，记录、传承农垦精神，弘扬农垦文化是农垦人的职责所在。

（六）

随着垦区集团化、农场企业化改革的深入，农垦的企业属性越来越突出，加之有些农场的历史资料、文献文物不同程度遗失和损坏，不少老一辈农垦人也已年至期颐，农垦历史、人文、社会、文化等方面的保护传承需求也越来越迫切。

传承农垦历史文化，志书是十分重要的载体。然而，目前只有少数农场编写出版过农场史志类书籍。因此，为弘扬农垦精神和文化，完整记录展示农场发展改革历程，保存农垦系统重要历史资料，在农业农村部党组的坚强领导下，农垦局主动作为，牵头组织开展中国农垦农场志丛编纂工作。

工欲善其事，必先利其器。2019年，借全国第二轮修志工作结束、第三轮修志工作启动的契机，农业农村部启动中国农垦农场志丛编纂工作，广泛收集地方志相关文献资料，实地走访调研、拜访专家、咨询座谈、征求意见等。在充足的前期准备工作基础上，制定了中国农垦农场志丛编纂工作方案，拟按照前期探索、总结经验、逐步推进的整体安排，统筹推进中国农垦农场志丛编纂工作，这一方案得到了农业农村部领导的高度认可和充分肯定。

编纂工作启动后，层层落实责任。农业农村部专门成立了中国农垦农场志丛编纂委员会，研究解决农场志编纂、出版工作中的重大事项；编纂委员会下设办公室，负责志书编纂的具体组织协调工作；各省级农垦管理部门成立农场志编纂工作机构，负责协调本区域农场志的组织编纂、质量审查等工作；参与编纂的农场成立了农场志编纂工作小组，明确专职人员，落实工作经费，建立配套机制，保证了编纂工作的顺利进行。

质量是志书的生命和价值所在。为保证志书质量，我们组织专家编写了《农场志编纂技术手册》，举办农场志编纂工作培训班，召开农场志编纂工作推进会和研讨会，到农场实地调研督导，尽全力把好志书编纂的史实关、政治关、体例关、文字关和出版关。我们本着"时间服从质量"的原则，将精品意识贯穿编纂工作始终。坚持分步实施、稳步推进，成熟一本出版一本，成熟一批出版一批。

中国农垦农场志丛是我国第一次较为系统地记录展示农场形成发展脉络、改革发展历程的志书。它是一扇窗口，让读者了解农场，理解农垦；它是一条纽带，让农垦人牢记历史，让农垦精神代代传承；它是一本教科书，为今后农垦继续深化改革开放、引领现代农业建设、服务乡村振兴战略指引道路。

修志为用。希望此志能够"尽其用"，对读者有所裨益。希望广大农垦人能够从此志汲取营养，不忘初心、牢记使命，一茬接着一茬干、一棒接着一棒跑，在新时代继续发挥农垦精神，续写农垦改革发展新辉煌，为实现中华民族伟大复兴的中国梦不懈努力！

中国农垦农场志丛编纂委员会

2021 年 7 月

西藏易贡茶场志
XIZANG YIGONG CHACHANGZHI

序言

易贡过去原称"野贡"，本是荒野之地。

在中华人民共和国成立、西藏和平解放之初，易贡确实是满目榛荒之地，恰如当时藏族农奴的生活状态，原始而穷苦。他们即便有几杯酥油茶充饥，那些茶也都是翻越千山万岭，经茶马古道从川、滇等地贩运而来。

70年后，这一切都改变了。易贡的百姓，已经全面进入小康社会，他们衣食无忧，出行有各式汽车，户有余粮，家有存款。酥油茶所需之茶叶，就来自他们眼前的田园：成片成片的茶园在易贡河谷、山坡受云雾之滋养，这里是全国知名的海拔最高的"雪域茶谷"。茶叶加工厂机器轰鸣，不仅生产藏族同胞日常生活所用的雪域藏茶，还源源不断地按照国家认可的标准，接受企业定制，生产出易贡绿茶、红茶，满足西藏人民需要的同时，还通过营销网络面向全国销售，易贡茶场甚至成为出口示范基地。

这一切改变离不开中国共产党的坚强领导，这是一个代表最广大人民根本利益的政党，这是一个拥有9500多万名党员、领导着14亿多人口大国、具有重大全球影响力的世界第一大执政党。在党的指引下，原十八军军长张国华率其部队平定叛乱时，来到易贡，为易贡茶场留下了红色印迹——将军楼；1967年易贡农垦团的潘永和，在易贡河谷播下了第一批茶籽，易贡茶场的绿色基因由此肇始；21世纪特别是党的十八大以来，随着援藏、扶贫攻坚、乡村振兴等政策持续推进，生态易贡呼之欲出。从早期的"以茶为主，粮油并重，多种经营"的方针，到打造"绿色易贡、红色易贡、生态易贡"为主题的发展之路的转变，是几代易贡茶场人对"艰苦奋斗、勇于开拓"的农垦精神坚持不懈的践行，是共产党员对实现全体人民共同富裕的初心和使命。

在中国共产党成立100周年之际，对易贡茶场60多年的发展历程和现状进行系统梳理尤为必要。这不仅有助于易贡茶场梳理自身的"来路"，更有助于从一个具体而微的角度展现易贡茶场所取得的巨大成就。2020年，农业农村部农垦局决定组织开展第一批中国农垦农场志丛编纂工作，易贡茶场有幸被列入首批启动场志编写的51个农场之一。为此，易贡茶场联合武汉大学茶文化研究中心，共同编写了本茶场志。易贡茶场的资料散佚较多，搜寻不易。在编辑本书时，编者通过各种途径尽可能追查茶场的历史档案，结合现有的文献资料，并参酌使用了少量口述内容。在内容编排和撰写上，力求达到"方向正确、依法治志、存真求实、修志为用"的总要求。

当然，本书编写时间较为紧张、材料来源较多，加之编者视野相对有限，难免有疏漏，还请方家批评补正。

在今天，易贡不再是荒野之地，而是真正的美丽之地、令人心满意足之地。

编　者

2021 年 6 月

中国农垦农场志

目 录

第二编　易贡茶场相关资料

中国农垦农场志

概　述

西藏林芝市易贡茶场属县级国营茶场，地处西藏东南部念青唐古拉山以南，横断山脉以西的林芝市波密县易贡湖畔。地理位置东经 94°52′，北纬 30°19′，位于神秘的北纬 30°线上。谷地海拔高度 1900～2300 米。距林芝市巴宜区 167 公里，离波密县城 108 公里。易贡茶场辖地 160 平方公里，现有茶园面积 5000 余亩*，有场部、茶叶加工厂、茶叶一队、二队、三队、单卡队（在波密扎木一飞地）、酒店、卫生站、640 千瓦的水力发电站，在林芝八一和拉萨各有一栋大楼及茶叶门市。318 国道与 305 省道在著名的通麦大桥处交汇，由 318 国道向北转入 305 省道沿易贡藏布江溯流而上 20 多公里，便可到达易贡湖畔的易贡茶场。

20 世纪 50 年代，易贡茶场是解放军十八军进藏后的军部所在地，场内的"将军楼"是十八军军长张国华将军的办公和居住之地。20 世纪 80 年代，场内机关办公的场部还做过西藏自治区的党校，80 年代初自治区党校搬回拉萨。易贡农场始建于 1966 年，解放军十八军和后续部队的部分干部战士留驻易贡，建设军垦农场；1967 年上级从新疆建设兵团抽调一批骨干到易贡，组建"新疆建设兵团西藏易贡五团"，实行部队编制和管理；1969—1970 年参加组建的新疆人员陆续调回新疆，1971 年易贡五团交由西藏军区生产建设师管理，更名为"西藏生产建设师 404 部队易贡五团"；1978 年移交西藏自治区农垦厅管辖，改名"西藏林芝地区易贡农场"；1988 年移交林芝地区管辖，改名"西藏林芝地区易贡茶场"；1998 年改制为"西藏太阳农业资源开发有限公司"（私企）后，茶园荒芜，茶叶无销路，员工工资发不出，茶场生产经营陷入困境；2008 年林芝地委、行署决定重新恢复易贡茶场，并派出工作组进驻茶场，开展维稳和恢复生产工作。2010 年 7 月，广东省将易贡茶场列为对口支援单位，茶场又从四川雅安等地请来茶叶专家对茶场的技术人员和工人进行茶园管理和茶叶加工的技术指导和培训，茶场焕发了新的生机和活力；2015 年林芝"地改市"后，易贡茶场改名为"西藏林芝市易贡茶场"。

2014 年以前，易贡茶场是西藏历史上唯一一个拥有上规模的茶园，拥有西藏第一批茶叶生产加工技术人员和制茶工人，有批量的茶产品，是能生产出名优茶产品的茶场。这

---

* 亩为非法定计量单位，1 亩＝1/15 公顷。

打破了西藏不能种茶的神话，也改写了西藏无名优茶的历史，是西藏茶产业之始，为西藏茶产业做出了重大贡献。

易贡，在藏语中意为"美丽"，但美丽之中却也隐藏着地质灾害多发的忧患。仅在场部周围 1 公里范围之内，就发生过多次灾难。1995 年此地发生过雪崩，堵塞了通往场部和茶叶一队的唯一道路；2000 年又发生了特大山体崩塌滑坡。易贡湖的形成就是因为 1900 年时易贡藏布左岸扎木弄沟发生的一场大型泥石流，泥石流堵塞了易贡藏布形成了堰塞湖，即易贡湖。100 年后的 2000 年，扎木弄沟又发生了世界罕见的特大山体崩塌滑坡，在易贡湖的出口处形成天然大坝，坝体总堆积土方量超过 3.8 亿立方米，形成易贡堰塞湖，在 62 天的时间里，水位累计上升 55.36 米，水最深处由 7.2 米增加到 62.1 米，湖的面积由 9.8 平方公里扩展到 52.7 平方公里，为山崩堵江前的 5.4 倍，造成湖区大片土地、房屋、农田、茶园被淹，茶场职工搬家到山腰上避难。62 天后溃坝不可避免地到来了，狂泄的洪水以惊天动地之势和恐怖的破坏力冲击着堤坝，在几小时之内便使下游河水水位暴涨 40 至 50 米，洪水过后下游河道两岸满目疮痍，易贡藏布、帕隆藏布及雅鲁藏布江沿岸 40 多年来陆续建成的所有桥梁、道路、通信设施全部被毁。

灾后地域内地质痕迹显露，西藏第一个国家地质公园建立。该国家地质公园以世界罕见的特大山崩灾害遗迹和中国最大的海洋性现代冰川群为主体，有中国最大的现代海洋性冰川雪山群（其中的卡钦冰川是中国最大的海洋性冰川，长 35 公里，面积约 172 平方公里，冰舌末端伸入原始森林地带。冰舌末端海拔为 2530 米）、堰塞湖、冰湖、峡谷、反向河、瀑布、泥石流、滑坡、塌方、滚石、滑石、角峰、铁山等地质地貌景观。地质公园范围包括易贡藏布——易贡湖、巴玉、古乡和许木四大景区，是一个面积达 2160.6 平方公里的"露天地质灾害博物馆"，被命名为"易贡国家地质公园"，易贡茶场就位于"易贡国家地质公园"的核心区域；2016 年场部背后白龙沟发生泥石流，冲毁了易贡茶场的学校、沟口的桥梁、五六十亩茶园和部分民居。

发源于平均海拔 6000 米的念青唐古拉山南麓的易贡藏布江在茶区奔腾而过，两岸雪山环列雄峙，冰川发育，溪沟众多，水源充足，茶园为天然冰雪融水和自然降水浇灌。地处密林深处的易贡茶园自然生态条件极佳，湛蓝如洗的天空、飘浮的白云、清晨林中缓缓升起的弥雾、永恒雄峙的雪山、湖风吹动的经幡、茂密的原始森林、清澈的湖水、牧马和水鸟和谐相处，春季野生桃花、野生的木瓜花和大树杜鹃花竞相怒放，茶园近有"铁山"、易贡湖相伴，远有海拔 6388 米的纳雍嘎波雪山相守，成片的茶园和自然风光融为一体，风景绝美。

易贡茶场属中纬度亚热带湿润气候区，每年来自印度洋的能量巨大的湿热气团被西南季风挟带输送，沿着雅鲁藏布江大拐弯以下的河谷大通道长驱直入，深入西藏东南腹地，甚至远在念青唐古拉山南麓，地处北纬 32°的嘉黎，也能感觉到印度洋清新的海风。海风给雅鲁藏布江及其支流流域墨脱、察隅、波密、易贡等地带来温暖的气候、充沛的降水、弥漫的云雾，滋养着这片土地。因此，易贡茶区各项热量指标均较同纬度、同海拔高度的我国东部茶区高。在易贡茶区，茶树和许多典型的植物、动物的分布都超越了同纬度、同海拔高度的我国东部茶区，达到了它们水平分布的最北限和垂直分布的最高限。

地处平均海拔高度 2250 米的易贡茶园是世界上海拔最高的茶园之一，年平均气温 11.4℃，大于等于 10℃的年有效积温 3109℃，年降水 960 毫米，年平均日照时数 1544 小时，日照率 41.1%，相对湿度 73%，无霜期 219 天，极端最低温－10.7℃，极端最高温 32.8℃，易贡茶区的光、温、水、汽诸多条件均能基本满足茶树生长的要求。易贡茶场为典型的高山茶场，具有降水多、云雾多、有效积温偏低、紫外线较强、病虫害少、年较差小、日较差大等特点。在这种自然条件下，茶树新梢鲜嫩度好、茸毫多、叶片厚、持嫩性长，有利于茶树芽叶内含的氨基酸与可溶性氮等鲜爽物质含量提高，有利于茶树光合作用的产物积累，有利于茶叶芳香物质的形成，其产品具有特殊的"地域香"，即"易贡香"：制出的绿茶，其香气为清香中带有栗香；制出的红茶，其香气为蜜香中带有玫瑰花香，且香气高锐持久、品质极佳。然而，较之东部产茶区，由于年有效积温偏低，年生长期偏短，年采摘批次较少，故产量偏低。产量低的同时却能保证品质——由于采摘批次少，茶树芽叶内含物质也就较高，其品质也就更好，产值不低于内地茶园。

当地土壤植被为常绿阔叶、落叶混交林，针阔叶混交林。境内土层深厚，为洪冲积沙壤土和黄棕壤，土壤 pH 为 6.2～7.0。易贡茶场地处雪域高原密林深处，空气清新、水源洁净、土壤无污染，是最理想的有机茶叶和绿色生态茶叶的生产基地，适宜发展极具特色优势的有机茶产业和绿色生态茶产业。茶场茶叶产品有：雪域银峰（绿茶类）、易贡云雾（绿茶类）、林芝春绿（绿茶类）、易贡红茶（红茶类，分特级、一级两种）、雪域藏茶（黑茶类，有大小、规格、包装各异的多种产品）、砖茶（黑茶类，有传统康砖茶、健康砖茶）等各种极具雪域高原特色的茶叶产品。

茶场制定并严格执行《易贡绿茶》（标准号 Q/YG0001S—2017）、《易贡红茶》（标准号 Q/YG0002S—2017）企业标准，茶场茶叶产品已获中国质量认证中心颁发的 CQC 有机茶认证和国家质检局 QS 认证。2016 年"雪域茶谷"商标被评选为"自治区第九批著名商标"。2017 年"特级易贡红茶"荣获中国第十五届国际农产品交易会金奖。2018 年"易贡云雾茶"（绿茶类）荣获第二届中国国际茶叶博览会金奖。2020 年"易贡甄选绿茶"荣获 2020 年第十届"中绿杯"全国名优绿茶产品质量推选活动"特金奖"，这也是西藏自治区在该届推选活动中的唯一获奖产品。

大 事 记

● **1960 年**　根据当时西藏军区的指示，中国人民解放军第 18 军留藏复员干部组建易贡建设军垦农场，支援边疆建设。

● **1963 年**　部队官兵为响应"开发边疆　建设边疆"的号召，引种雅安蒙顶山茶树。希望在易贡种植茶叶，学习制茶方法，以解决内地到藏区路途遥远，茶叶运输成本高的问题。

● **1966 年**　2 月 22 日，周恩来总理召见在北京参加农垦工作会议的直属垦区负责人座谈。在座谈会上，周恩来总理要求新疆生产建设兵团在 20 天内，组织一个 1500 人的建制团，到西藏长期从事农垦建设事业，时任新疆生产建设兵团政委的张仲瀚参加座谈。

5 月，从新疆生产建设兵团农二师、农六师、农七师、农八师抽调大批骨干到易贡，组建新疆生产建设兵团西藏易贡五团，为部队建制，编制为 1 个团，下辖 4 个营，计 11 个连、1 个加工厂、1 个机运连、1 个汽车连、1 个卫生队、1 个伐木队、2 处牧场，并将易贡周围群众以扩场工的身份全部扩场进团，将所有生产物资有偿征收。易贡五团军垦农场的范围包括从波密县通麦至贡德吊桥之间和波密县扎木镇单卡、扎木镇一部分，通麦全部、波密县索乡，以及林芝县尼玛一部分。拥有可耕地 1 万多亩，辖地 200 多平方千米。

● **1967 年**　易贡农场引进四川雅安大叶茶，在九连双玉进行试种，取得成功，取名珠峰绿茶。

5 月，上级从新疆生产建设兵团抽调大批骨干到易贡，组建新疆生产建设兵团西藏易贡五团。

● **1969—1970 年**　参加组建新疆生产建设兵团西藏易贡五团的新疆生产建设兵团工作人员全部调回新疆。

● **1971 年**　易贡五团交西藏军区生产建设师，更名为西藏生产建设师 404 部队易贡五团，继续采用部队建制。

1978 年 隶属农垦五团，实行部队式管理。

西藏军区生产建设师解散，成立西藏自治区农垦厅，易贡建设军垦农场更名为易贡农场。

1980 年 3 月 14 日至 15 日，中央书记处在北京召开西藏工作座谈会，由中共中央总书记胡耀邦主持。西藏自治区驻北京的几位负责同志向中央书记处报告了工作。会议产生了《西藏工作座谈会纪要》，以中共中央名义转发。这是实现西藏和平解放和民主改革后西藏历史转折的重要会议。座谈会指出，西藏经济要发展，开启了西藏发展的历史性转折。会后，中央政府根据西藏的实际情况和国家的经济形势，增加了对西藏的援助，并相应地制定了各项优惠政策。

1981 年 易贡茶场选派大批有文化、有经验的人员到四川名山茶场进行培训，并聘请四川名山茶场著名茶师到茶场传授种茶、制茶技术，在加工环节采用先进技术和设备。

1982 年 国家投入巨资，在易贡农场进行大面积茶叶种植，成茶面积达到 2108 亩。根据具体情况，易贡农场制定了以茶为主，兼多种经营的发展方针。

1984 年 2 月至 3 月，中央书记处召开第二次西藏工作座谈会。会议由胡耀邦同志主持，中央和中央有关部门负责人，以及西藏自治区党政军负责人和地市委负责人共 70 余人参加。此次座谈会的召开，标志着全国性的援藏工程的开始。党中央、国务院决定由北京、上海、天津、江苏、浙江、四川、广东、山东、福建等 9 省（市）和水电部、农牧渔业部、国家建材局等有关部门帮助西藏建设 43 个近期迫切需要的中小型工程项目。

1986 年 林芝地区恢复成立，易贡农场交林芝地区管理。

1989 年 林芝地区行署根据易贡农场具体情况，对易贡农场一连、二连进行退场还农，对退场还农职工进行了补贴，无偿提供生产工具、农机具及马、牛，保留了易贡农场的四个连和扎木镇一部分。对农场进行生产经营调整，成立了 3 个生产管区、2 个连队，进行家庭农场改革，加大对茶叶生产和加工的投入。

1993 年 易贡农场更名为易贡茶场。

1994 年 7 月 20 日至 23 日，中共中央、国务院在北京召开第三次西藏工作座谈会。座谈会作出"分片负责、对口支援、定期轮换"的重大战略决策。到 2014 年，全国有 17 个省（市）、17 家中央企业，以及中央国家部委对口支援西藏。

易贡茶场生产的珠峰牌绿茶系列，经国家绿色食品认证中心认证，获得西藏自治区首家绿色食品证书。同年获得"申奥标""陆羽杯"金奖。

1995 年　自治区成立 30 周年之际，自治区人民政府在 62 项大型建设工程项目中，安排易贡茶场改扩建工程（修建易贡电站，扩建茶园 800 亩），在拉萨修建易贡茶场驻拉萨办事处。易贡茶场生产的珠峰牌绿茶（名茶）被西藏自治区评定为西藏自治区成立 30 周年大庆指定产品。

　　6 月，南平市援藏干部邱运才同志作为福建省首批援藏干部，到易贡茶场任党委书记。

1995—1996 年　易贡茶场又选派业务骨干到西南农业大学进行专业系统培训。

　　1996 年以后，易贡茶场作为国有企业，由于受交通不便、历史包袱较重以及市场经济冲击等诸多因素的影响，企业经济效益下滑，走入低谷。

1997 年　林芝地区行署根据易贡茶场的资源优势，提出对易贡茶场进行资产重组，引进重庆太阳集团，并由重庆太阳集团、易贡茶场等 5 家企业重新组建西藏太阳农业资源开发有限公司，进行了重组筹备工作。

1998 年　1 月 8 日，西藏太阳农业资源开发有限公司在易贡茶场挂牌成立。茶场生产经营陷入困境。

1998—1999 年　再次选派部门负责人、业务骨干到全国各地实地考察学习，同时引进世界先进水平的意大利依玛公司茶叶加工机械设备。

2001 年　6 月 25 日至 27 日，中共中央、国务院在北京召开了第四次西藏工作座谈会。会议以邓小平理论和党的基本路线为指导，总结第三次西藏工作座谈会以来西藏工作的成绩和经验，分析 21 世纪初西藏工作面临的形势和任务，研究进一步做好西藏工作的一些重大问题，促进西藏实现跨越式发展和长治久安。会议指出，促进西藏经济从加快发展到跨越式发展，促进西藏社会局势从基本稳定到长治久安，这就是我们在 21 世纪全面推进西藏工作的主要任务。

2008 年　林芝地委、行署委派江秋群培、朗色、朗聂三名副县级干部进驻茶场，维持稳定、恢复生产。

2010 年　1 月 18 日至 20 日，中共中央、国务院在北京召开第五次西藏工作座谈会。会议对推进西藏实现跨越式发展和长治久安作出了战略部署，还对加快四川、云南、甘肃、青海省藏区经济社会发展作出全面部署。会议认为，西藏存在的社会主要矛盾（人民日益增长的物质文化需要同落后的社会生产之间的矛盾）和特殊矛盾（各族人民同以达赖集团为代表的分裂势力之间的矛盾）决定了西藏工作的主题必须是推进跨越式发展和长治久安；使西藏成为重要的国家安全屏障、重要的生态安全屏障、重要的战略资源储备基地、重要的高原特色农产品基地、重要的中华民族特色文化保护地、重要的世界旅游目的地。

易贡茶场获得"有机茶生产基地"称号和国家 QS 认证，茶场也注册了"雪域茶谷"商标。

7月，广东省新增易贡茶场为对口援助单位，选派黄伟平、周喜佳组成援藏工作组进驻茶场分别担任党委书记和副场长。

广东省援藏地点从传统的林芝、波密、察隅、墨脱四县，第一次扩大到了偏远的易贡茶场。

7月广东省援藏工作组进驻茶场，组建新领导班子，积极发展茶叶经济，改善基础设施，带领茶场职工群众脱贫致富，各项工作稳步开展。

- **2011 年** 2月22日，太阳公司依法解散。

- **2012 年** 年初，组织调派广东援藏干部韦建辉任农场副场长，加强易贡茶场技术力量。

- **2013 年** 6月，中共广东省委、省政府决定由广东省国资委与易贡茶场建立结对支援关系，由广东省国资委单独对口支援林芝易贡茶场，并选派欧国亮同志担任易贡茶场党委书记，周喜佳同志担任副场长。

- **2015 年** 8月24日至25日，中央第六次西藏工作座谈会在北京召开。会议首次概括了党的治藏方略，即六个"必须"。

- **2016 年** 7月，广东省第七批援藏工作队完成任务、交接工作，第八批援藏工作队杨爱军、王韶华等进驻易贡茶场开启援建历程。

- **2017 年** 林芝易贡"雪域茶谷"牌茶叶获得国家质检总局颁发的《生态原产地产品保护证书》。

  因为独特的制作工艺，易贡砖茶被评为林芝市首批市级非物质文化遗产。

- **2018 年** 易贡云雾茶获得第二届中国国际茶叶博览会金奖。

  8月2日，"西藏广东商会爱心捐赠仪式"在西藏易贡茶场举行。詹洵会长代表西藏广东商会向西藏易贡茶场捐赠资金15万元，用于易贡茶场茶叶加工设备的改造和职工的茶艺技能培训。

2019 年 易贡茶场已有茶园 6090 亩。林芝市先后投入资金 5.42 亿元人民币，推进茶产业发展。林芝市波密县、察隅县、墨脱县、易贡茶场、察隅农场均种植茶叶，种植规模达 3.12 万亩。

7 月，第八批援藏工作队完成援藏任务，第九批援藏工作队曹玉涛、戴宝、黄华林、林锦明等进驻茶场。

2020 年 8 月 28 日至 29 日，中央第七次西藏工作座谈会在北京召开。中共中央总书记、国家主席、中央军委主席习近平出席会议并发表重要讲话。习近平强调，面对新形势新任务，必须全面贯彻新时代党的治藏方略，坚持统筹推进"五位一体"总体布局、协调推进"四个全面"战略布局，坚持稳中求进工作总基调，铸牢中华民族共同体意识，提升发展质量，保障和改善民生，推进生态文明建设，加强党的组织和政权建设，确保国家安全和长治久安，确保人民生活水平不断提高，确保生态环境良好，确保边防巩固和边境安全，努力建设团结富裕文明和谐美丽的社会主义现代化新西藏。

易贡茶场相继获评为"西藏自治区农畜产品加工领军企业"和"自治区高原特色生物产业基地创建主体企业"；荣获第十届"中绿杯"名优绿茶产品质量推选"特金奖"，成为西藏自治区在该届推选活动中的唯一获奖产品。

易贡茶场新增林芝和拉萨体验店各 1 家，扶贫直销店 1 家，品牌展示馆 1 家，新增网上平台合作经营店 13 家，新上市 3 个系列共 26 款新产品。

第一编

易贡茶场历史变迁

中国农垦农场志

第一章 易贡农场的建立（1960—1965 年）

西藏，地处我国青藏高原的西南部，平均海拔在 4000 米以上，素有"世界屋脊"之称。高原日照长，辐射强烈，气温较低，温差大、干湿分明，冬春干燥、多大风，气压低，氧含量少。青藏高原的荒野周围则点缀着海拔较低、气候较湿润的河谷，这些河谷地带是发展农业种植的理想地区。

易贡主要指雅鲁藏布江河谷支流的易贡藏布河谷，东经 94°49′～95°09′，北纬 30°06′～30°22′。现属西藏东南部的林芝市波密县管辖，在县城扎木西北方向 110 公里。易贡处在念青唐古拉山脉的东南部，横断山脉以西，喜马拉雅山东段的北面，是强热切割的高山深谷区。河谷平均海拔仅有 2200 米，常年云雾缭绕，湿润多雨，植被茂盛，水热条件理想。河谷中有平缓流淌的易贡藏布江、巍峨耸立的铁山、圣洁壮美的卡钦冰川……易贡的名称即来自藏语，"美丽""令人心满意足"。

易贡低洼的谷地、优越的水热条件、肥沃的土壤成了建设西藏的宝地。西藏地方政府与部队加快在波密地区的试验性种植等工作的进展，同时也在农垦中取得了宝贵的科学经验。

第一节 "向荒野进军，向土地要粮"

一、西藏农垦制度的提出

西藏是中国神圣领土不可分割的一部分。西藏地区的治理问题自唐、宋以来备受中央政权的重视。中华人民共和国成立后，西藏地区仍然处在政教合一的封建农奴制社会，当时的政治条件异常复杂。如何解放西藏地区、巩固边疆安全成为中央政府的战略重点。

1951 年年底，进藏部队到达拉萨、日喀则、江孜等地区驻军。当时条件艰苦，驻军亟须"向荒野进军，向土地要粮"。一方面，公路尚未修建，交通不便，主副食供应相当困难；另一方面，西藏上层一些亲帝分子对驻军实行严密的粮食封锁，不准卖粮食给解放军，并扬言"赶不走解放军，饿也得把他们饿走"。面对如此困境，广大干部、战士都勒紧裤腰带，省吃俭用搞建设，但即使这样，有时一天连两顿稀饭也喝不上，只能用青稞粒、豌豆、蚕豆、野菜充饥。解决吃饭问题，成为摆在驻军面前的首要任务。

考虑到西藏艰难复杂的政治状况与西藏重要的战略地位，1952年4月6日，毛泽东同志亲自起草，向西南局、西藏工委发布方针指示，提出争取西藏群众支持的基本条件就是精打细算，生产自给，并以此影响和发动群众。"公路即使修通，也不能靠此大量运粮。印度可能答应交换粮物入藏，但我们的立脚点，应放在将来有一天万一印度不给粮物我军也能活下去。我们要用一切努力和适当办法，争取达赖及其上层集团的大多数，孤立少数坏分子，达到不流血地在多年内逐步地改革西藏经济、政治的目的；但也要准备对付坏分子可能率领藏军举行叛变，向我袭击，在这种时候我军仍能在西藏活下去和坚持下去。凡此均须依靠精打细算，生产自给。以这一条最基本的政策为基础，才能达到目的。"[①]

二、西藏军区的农垦实践

西藏军区，即中国人民解放军第十八军（以下简称十八军），遵照毛主席的指示，提出"开荒生产，自力更生，站住脚跟，建设西藏"的战略方针，发出"向荒野进军，向土地要粮，向沙滩要菜"的号召。在西藏军区张国华司令员与谭冠三政委的带领下，1952年8月1日，驻军开垦了西藏地区第一个军垦农场——八一农场作为军区机关和直属部队的生产基地。[②] 八一农场在自给自足的前提下，还将余粮分给当地群众，与民共同度过困顿时期，这消除了汉藏群众之间的隔阂，促进了汉藏友谊的发展。阿沛·阿旺晋美夫妇、饶格夏夫妇、达赖喇嘛的母亲以及西藏的上层爱国人士和妇联、青年联谊会的男女老少，都先后前往八一农场参观，他们惊奇地称赞道："从来没有见过这样好的军队。"[③]

三、解放军在波密开垦

1951年6月，十八军53师副政委苗丕一着手筹建波密分工委，主要在波密、工布、珞渝等地开展工作。波密分工委的大本营设在倾多宗（现波密县倾多乡一带），苗丕一担任波密分工委书记，53师教导大队政委连有祥被指派担任珞渝工作组组长，先期考察珞渝地区，为解放军进入西藏做准备。

---

① 中共中央关于西藏工作方针的指示，1952-4-6。
② 孙鹤玲，西藏农垦概况 [R]. 拉萨：西藏新华印刷厂，1986：3-4。
③ 赵慎应，张国华将军在西藏 [M]. 北京：中国藏学出版社，2011。

珞渝在藏语中为"南方之地"，珞渝地区即西藏东南部与印度接壤的地区，现属墨脱地区。1952 年 6 月 25 日，工作组一行 8 人向珞渝挺进。工作组原定的路线，是从波密倾多出发，沿易贡藏布江顺江而下，经通麦后，沿帕隆藏布江顺江而下到达雅鲁藏布江大拐弯顶端扎曲，然后顺江而下，翻越果布拉山口，再经甘登、加热莎，最终到达珞渝的帮辛。但当年 6 月，由于易贡藏布江的河水上涨，流沙、碎石不断从山上垮塌下来，工作组不得不放弃原定路线，后借助波密倾多宗随村珞渝帮辛区头人索朗旺扎介绍的向导，翻越随拉山口近乎直上直下的羊肠小道，最终于 1952 年 7 月 24 日成功到达帮辛。

工作组在帮辛立刻加派人手至 19 人。为实现自给自足，必须开垦一块至少生产够 20 人粮食的供应土地，在帮辛宗、墨脱宗当地藏族、门巴族、珞巴族势力交错的困境中，工作组最终在金珠宗布隆村一带找到了合适的农垦耕地。1953 年当年即获得粮食大丰收，人均收粮 583 斤 *，大大超过了西藏工委规定的 161 斤，不仅解决了工作组全年的粮食供应，还把剩余的粮食无息贷给了缺粮群众，此举既救济了当地贫苦村民，也带来了良好的社会效应。秋收结束后，金珠、帮辛、卡布的群众按照传统习惯，举行了庆丰收仪式。[1]

四、1959 年西藏的农垦成果

战士们高唱着"一手拿枪，一手拿镐，保卫边疆，建设边疆，把世界屋脊变成人间天堂"，继续向西藏前进，走到哪里，就把开荒生产发展到哪里。没有工具，就炼废铁自己做，没有种子，就从家乡寄来。从拉萨附近的八一农场到中印边境的金珠，开荒生产丰收的喜悦鼓舞了进藏部队长期建藏的士气，激发了战士们以边疆为家的勇气与信心。藏族同胞也从丰收的胜利中，看到了中国共产党领导的解放军确实是各民族人民的子弟兵，认同解放军有能力为藏族同胞改善生活、实现丰衣足食的梦想。

在驻藏部队垦荒方针的指导下，1954 年，解放军队伍顺利地进驻了拉萨、日喀则、昌都、波密、阿里等战略要地，继续向边境探路屯垦，为解放西藏奠定坚实的物质基础。同时，为改变西藏地区的交通状况，消除当地与内地的隔膜，实现当地经济发展，解放军勠力同心，抓紧时间赶通川藏公路。1958 年，著名的 318 国道川藏线——成都至拉萨的线路成功通车。贯通这一"血脉通道"，西藏地区终于天堑变通途。

1959 年 6 月，张国华将军担任西藏平叛总指挥，率领十八军成功平叛西藏乱局。在

---

* 斤为非法定计量单位，1 斤＝500 克。

[1] 王梦敏，留在西藏珞渝的记忆——访十八军老战士连有祥［N］. 西藏日报（汉）：2011 - 7 - 7.

西藏平定后，考虑到局势仍不稳定，十八军继续屯兵西藏，贯彻屯垦的基本政策，自给自足。1960 年 4 月 8 日，经党中央批准西藏军区生产部成立，军级建制。此时，十八军已经在西藏五个地区建立了野马岗、达拉、拉兹、浪卡子、林芝、桑耶、雪八、米林八个大型的军垦农场和自治区筹委农牧处筹建的澎波农场。7 月，为适应建场办厂的需要，军区成立了生产部基建大队，后改名为工程团，承担农垦内的基本建设任务。①

第二节　波密县倾多农场的农业实验

一、倾多农场概况

1. 地理环境

倾多农场是波密分工委最早设立的农场，为易贡农场的前身之一，在 1965 年与易贡农场合并之前，是整个波密县最大的农场。倾多农场距离县城仅 42 公里，海拔 2800 米，平均气温 7.9℃，最高 15.6℃，最低 1.6℃，无霜期 273 天。1960 年，倾多农场粮食获得了大丰收，粮食产量达到了 34000 斤，亩产为 123 斤。

2. 管理体制

倾多农场在管理体制方面，队直属场里领导，生产上分场、队两级管理，为了便于工作，队下设有生产小组。经济核算方面为一级核算，即场里按队统一核算。原本打算按两级核算，但因各队都找不到统计、会计人员，故无法开展业务与统计核算及包工包产工作。场里管理采用生产责任制，设正副场长各一名，一人管生产及其他，一人管政治、党团工作及行政，农业技术干部管全场的生产，会计人员管财务与供应副食、百货等，兽医管牲畜，还有一名普通医生。场内主要采用固定工资，因当时条件不充分，未能采用基本工资加奖励的制度。②

二、1961 年倾多农场的生产情况

1. 机构与人员设置

1961 年，倾多农场发展得颇具规模。全场职工有 153 人，其中行政干部 4 人，技术

---

① 孙鹤玲，西藏农垦概况［R］. 拉萨：西藏新华印刷厂，1986：5－7。
② 林芝专区倾多农场，林芝专区倾多农场一九六三年生产总结［R］. 1964－2－5。西藏自治区农业农村厅档案科藏。

干部 5 人，医务 3 人，工人 141 人。工人中从事农业（包括种菜）的有 104 人，牧业 17 人，副业 7 人，从事基建工作的有 5 人，机务 2 人，其他 6 人。共开垦荒地 1037.44 亩，当年实播面积 1022.52 亩。农业生产分三处经营，两个农业生产队，一个蔬菜生产队。在冬季前，蔬菜生产队的实验人员另设为一个组。[①]

2. 粮食生产情况

1961 年，倾多农场在粮食生产方面取得了较大的成绩，并着力于加强农业实验，引进各类作物、蔬菜品种以丰富当地粮食作物种类。农业方面，粮食总产量达到了 133479 斤，比 1960 年增长了 2.9 倍，亩产 135.83 斤，增加了 10.43%。除大米、冬麦、青稞等主要粮食作物外，还实验了其他品种，其中散穗形栗子亩产 444.44 斤，产量很高。有 1 个蚕豆品种、4 个玉米品种、5 个向日葵品种，大麻、亚麻等作物都能适应易贡的水土，实验表现良好。

实验成功的蔬菜有莴笋、2 个四季豆品种、2 个黄瓜品种、辣椒、南瓜、胡萝卜、菠菜、青菜、牛皮菜、黑白菜、芹菜等。

经济树木方面，成功种植与移栽了部分香椿、核桃、糖梨、桃子、苹果等果木，有一部分已经出苗成活，待移植。

3. 取得的实验成果

在实验种植中，工人们逐渐摸索出了当地的农业规律。在波密地区，根据老农经验与气象资料，青稞、小麦以 3 月上中旬播种为宜，比当地群众提前了 15～20 天。事实证明，早播的麦子生长良好，比迟播的增产。洋芋在 3 月下旬播种较为合适。春小麦播种量以每亩 25 斤较为适当，超 30 斤便有产量下降趋势。春小麦播种方法以窄形条播密植最好，行距 6～8 寸，苗足穗多，点播次之，以粗放的撒播方式产量最低。

小麦在分苗、拔节、孕穗、抽穗期间，当地往往干旱不雨，此时蒸发量大，适量浇水增产的效果更为显著，少量高地浇不上水的小麦亩产只有 56 斤，减产 56.6%。

4. 灾害与管理问题

同时，倾多农场也遭遇了一些困难，主要体现在管理方面。场内干部进藏不久，对当地自然情况不熟，且当地工人大多生产技术生疏。首要的问题来自畜牧业，由于饲养与管理方面不科学，且缺少兽医与药品，导致疫病发生时束手无策，牲畜大批死亡。死亡与丢失的大牲畜有 190 头（只），其中猪羊就死亡 140 只。粮食生产方面，主要是浇水施肥等措施没跟上，麦类只浇了一遍水，豌豆、油菜有些未浇上水，只有 100 多亩施肥，导致

---

① 林芝专区倾多农场，1961 年工作总结［R］. 1962 - 3 - 10. 西藏自治区农业农村厅档案科藏。

产量还不高。易贡山谷天气变化快，蔬菜方面主要是莲花白，收获过迟，遭遇霜冻，因而不易保存；在窖藏时，未能很好保温，蔬菜烂掉很多。在播种和管理上，放松了抗旱工作，部分蔬菜受旱减产。诸如此类问题颇多，亟须培养专业人才和加强管理。

5. 生产教育

在生产中，农场鼓励工人发挥个人的主观能动性，对工人进行爱国主义教育与远景教育，让工人树立以场为家和当家作主的思想。在各个重要的农业生产季节，农场积极进行政治动员，组织各类竞赛评比，实施奖励，以此来激发工人的生产热情。1961 年秋收的粮食作物有 900 多亩，预计需要一个月完成收割任务，结果只用 15 天就完成了，收割工效比 1960 年提高了一倍。与此同时，为了节约开支，很多基建工程都是工人们就地取材，自己动手，因此当年农场最终达到了收支平衡。[①]

三、1962 年倾多农场生产情况

1. 机构与人员设置

1962 年，倾多农场实行工人精减，职工 149 人，其中行政干部 4 人，技术干部 3 人，医务 2 人，工人 140 名，工人中全劳力 100 个，半劳力 40 个。从事农业生产的（包括种菜）104 人，牧业 13 人，基建 15 人，其他 8 人。农业生产分三处经营，两个生产队以种粮为主，兼营牧业和蔬菜，一个蔬菜队以种菜为主，兼营粮食和牧业。根据需要另设基建组，以房屋建设为主，农忙时亦参加农业生产。[②]

2. 粮食生产情况

1962 年春夏播种耕地面积 1323.28 亩，比 1961 年增加 29.4%，每人平均负担 5 亩。由于机械停工，只完成了计划面积 1805 亩中的 73.2%。全场粮食作物耕地面积为 1193.57 亩，占全部播种面积的 90.2%。在播种面积中，牧业占 8.77 亩。为了争取粮食产量、多种粮食，农场用骡马和机械先后开荒 436 亩，但因遇上机械缺油停工，未能全部完成当年的春夏耕作任务。

自 2 月中旬，全场职工就投入了紧张的春耕运动中。3 月上旬，基本结束了浇水蓄墒、耕整土地、运肥施肥等播种前的准备工作，紧跟着破土下种，先播青稞、小麦，后播豌豆、油菜。到 4 月上旬，除荞麦外，各种粮食作物全部播完。豌豆采用撒播，落籽均

---

① 林芝专区倾多农场，1961 年工作总结 [R]. 1962 - 3 - 10。西藏自治区农业农村厅档案科藏。
② 林芝专区倾多农场，1962 年上半年工作总结 [R]. 1962 - 7。西藏自治区农业农村厅档案科藏。

匀，生长良好；油菜自 3 月下旬到 4 月下旬播种，因为品种不好，结荚不良，地瘦苗稀，便将其中 30 多亩改种了荞麦；荞麦在 6 月中旬种完，因荞麦苗生长期逢雨，生长较好；大豆在苗期遭到霜害，生长不良。

3. 蔬菜生产情况

1962 年，倾多农场播种和移栽各种蔬菜 74.22 亩，占全场播种面积的 5.6%。马铃薯占 38.5 亩，萝卜、白菜 12.44 亩，芜根 16.3 亩，甜菜 2.5 亩，菜种 3 亩，其他细菜 1.5 亩。4 月上旬开始整地施肥，各种育苗蔬菜陆续下种。5 月上旬到下旬，分期播种大萝卜。5 月底到 6 月中旬，移栽莲花白，由于整地精细，施肥充足，天气多雨，作物生长旺盛。洋芋在 3 月中下旬播种，及时进行了中耕培土，结薯丰收。甜菜于 3 月中旬播种完成，缺苗严重，剩下的甜菜经过精细管理，生产较好。莴笋与芜根均获得较好收成。

4. 农业实验成果

在 1962 年的农业实验中，农场从四川万县引进的几个半冬性小麦品种，如山农 205 等，都表现出早熟、穗大粒多、耐涝抗病的优势。山农 205 每亩有效穗可达 45 万个，其余品种均在 20 万个以上；四川万县引进的洋芋品种巫峡 9334 能抗疫病，表现早熟。这些实验证明了四川冬性小麦适合在波密本地春播。此外，还筛选出武功 744 麦易感染病害、浸浦米大麦极早熟雨期倒伏等不合适的品种，为下一年播种筛选出了优质品种。

5. 畜牧业

据 1962 年 1 月底统计，全场大小牲畜 182 头（只），到 1962 年 6 月底，存栏数达 205 头（只），增加 12.6%，其中生猪增加 54%。

1 月初猪瘟流行，一次死亡 36 只，由于及时采取了分圈隔离和加强饲养管理等措施，2 月以后已停止猪死亡现象；骡马老弱病死 6 匹，春季普遍染上疥癣，经过治疗和偏喂，病势好转，体质变优；奶牛生产仔季节，通过集中管理，专人割取青牧喂养，在 7 月初，奶牛被赶出放牧，膘肥体壮。

对比 1961 年，由于养殖经验的增加与精细化管理，牲畜数量已明显增加。

6. 基本建设

根据需要，倾多农场在春种之后成立了一个基建队，专门从事基建，农忙时也会投入农业生产。在农闲时，各生产队也会适当抽调人手支援基建。上半年采用土法上马，因陋就简地建成机车棚 38 平方米，食堂 63.5 平方米，另建有职工宿舍 552 平方米，外廓基本完工，秋收后进行内部装修。基建队还新开水渠一条，长达 1000 多米，引水浇地，已收到效益。[①]

四、1963 年倾多农场生产情况

1. 机构与人员设置

1963 年，倾多农场进一步扩场，耕地面积增加了 59 亩，共 1456 亩。农场分两部分：浪秋乡近 1000 亩，为主场部；月许区、亚塔乡耕地约 500 亩，设有一个生产队，距离主场部约 35 公里。全场总人口 208 人，男女整劳力 91 人，半劳力 44 人，其中干部 9 人，家属 64 人。场内各类牲畜 338 头，其中骡子 24 头，马 12 头，牛 76 头，生猪 210 头，羊 16 头。场内拥有东方红拖拉机一台，铁牛 40 型拖拉机一台，但铁牛拖拉机因缺主要零件无法使用，还有马车 3 辆。场区下设 3 个生产队负责粮食生产和 1 个生产队负责蔬菜生产：浪秋队负担粮食生产 750 亩，各种牲畜 137 头；南岛队负担粮食生产 500 亩，各种牲畜 150 头；刚果队负担粮食生产 116 亩，各种牲畜 8 头；蔬菜队负责 90 亩蔬菜经济作物生产，还有各种牲畜 43 头。

2. 粮食与蔬菜种植情况

当年种植青稞 627 亩，小麦 428 亩，豌豆 170 亩，荞麦 64 亩，油菜 85 亩，蔬菜 84 亩，胡豆 3 亩，玉米 2 亩，饲料作物 15 亩。实收粮食 132323 斤，油菜 2000 斤，蔬菜实收 294843 斤，无商品粮上交（表 1-1-1）。

表 1-1-1　1963 年各项作物种植面积单产、总产完成指标表

品种	播种面积（亩）	计划单产量（斤）	实收单产量（斤）	计划总产量（斤）	实收总产量（斤）
青稞	627	200	128.72	136900	80704
小麦	428	225	102.54	96300	43891
豌豆	170	100	26.2	17000	4450
荞麦	64	100	41.5	6400	2658
胡豆	3	300	103.3	900	310
玉米	2	200	155	400	310
以上粮食作物小计	1294	187.5	102.25	257900	132323
油菜	85	90	22.8	7650	2000
蔬菜	84	3660	3510	307500	294843
烟叶	2	300	20	600	40
大麻	1	200	10	200	10

---

① 林芝专区倾多农场，1962 年上半年工作总结［R］. 1962-7. 西藏自治区农业农村厅档案科藏。

3. 农业灾害

1963年的农业种植遭遇了自然灾害，且因管理不善出现了减产现象。农场中有155亩、占8.62％的粮食生产地的作物染上锈病。6月中旬仅个别叶子发生条锈，6月下旬便发展至成株成片严重并生，7月初连续降雨，锈病更为猖獗，至7月中旬，渐行衰退。根据浪秋与南岛生产队的观察，主要是近两年新开垦的种植地锈病严重，熟地较轻，以浪秋地区沙壤土最严重，黄沙土较轻。只有红青稞品种比较抗病，比其他品种产量高。还有一部分苗4月中旬才播完，扬花期正逢连绵阴雨，致使空壳率大，受灾严重。

4. 农场的管理问题

在农场管理方面，由于1962年农场调走和精减20余人，而耕种面积每年都有所扩大，解决劳动力紧张的问题迫在眉睫，且因当时懂生产的人员外调，造成粮食作物等的减产。全场熟地全部除草一次，但仍有很多田地没有及时除草，近两年应中耕一次的新开荒地未中耕。耕地时土内杂草多，土块未破，空隙大，无法保温保水，幼苗经过冬天，死亡率亦大。

冬麦播种期迟，从10月下旬开始下种，到11月中旬才播完，当时的气温达不到种子发芽的条件，种子有霉烂现象。到了5—6月，又遇上天气干旱，麦苗枯萎，个别地块有干死的现象发生。当时虽教育工人种植的注意事项，但有个别队认为5—6月不是浇水的时候，致使实际浇水质量不高，后期抽穗小，产量不高。最终冬麦播种300亩，实收18145斤，平均亩产60.48斤，产量很低。

整地施肥下种也不够精细，肥料全为有机肥，未充分腐熟，地耕翻后，肥料施于地面，造成整地粗糙，且下种深度又不均匀，有的过深，有的还露在外面，被雀鸟祸害不少。收获时，青稞与小麦不是同一成熟期，青稞易掉粒、掉穗、折秆，收割后费了很大劲去拾穗，还是无法拾干净，致使减产。另外，没有铁工，农业工具不能得到及时的修理与添置。

倾多农场的实验性种植尽管遇到了一系列困难，却也在挫折与探索中积累了众多经验，为波密县的农业种植起到了表率与示范作用，也为整个西藏的农业发展提供了科学经验，奠定了科学基础。

第三节　易贡农场的建立

一、易贡农场的建立

1960年，根据西藏军区生产部指示，西藏军区原十八军和后续部队的一批干部战士复员到易贡建设军垦农场。1961年，十八军在波密县境内以易贡河谷为中心建立了野贡农场，又称易贡农场。选择该地建立农场具有至关重要的作用，首先，易贡地区处在川藏线的中段，虽有通麦天险，但离拉萨核心地区与印度边境地区都不远，有着重要的战略意义；其次，易贡地区人口少，部队在波密已展开政治工作多年，政治环境相对稳定；最后，最现实的因素在于易贡海拔较低，进藏部队可免受高原反应之苦，且当地水热条件优越，适合发展农业及畜牧业，能及时为驻军和当地居民提供补给，无疑是理想的屯垦驻兵地点。

二、农场生产情况

1962年易贡农场的播种面积总计290亩，其中油料作物75亩，占25.9％，饲料60亩，占20.7％。除饲料全部自给、粮食自给农场工人3个月外，要求当年为机关生产油料作物10000斤（花生4000斤、黄豆6000斤），经济作物110000斤（其中西瓜10000斤、甜瓜5000斤、其他细菜10000斤）。还计划试种芝麻与青麻。

具体播种面积和产量计划如表（1-1-2）所示：

表1-1-2　1962年易贡农场播种面积和产量计划表

作物	计划亩数（亩）	计划总产（斤）	计划平均亩产（斤）
青椒	65	97500	1500
黄豆	50	6000	120
花生	20	4000	200
玉米	20	3000	150
小米	5	500	100
绿豆	5	400	80
油菜	5	300	60
荞麦	20	1600	80
小麦	26	2080	80
茄子	5	10000	2000
西瓜	2	10000	5000
甜瓜	1	5000	5000
其他细菜	2	10000	5000
芫根	10	50000	5000

根据中共西藏工委关于发展机关生产的指示，易贡农场计划逐步实现半机械化，全部依靠已有36名专业生产人员包干完成生产任务。此外，抓好肥料问题尤为关键，易贡农场种植的作物因大部分属经济作物，需要足够的肥料，因肥源较广，故要求经济作物每亩

施底肥 3000～5000 斤。

在生产安排上，易贡农场根据作物耕作的要求将作物分为三类：第一类有辣椒、茄子、西瓜、甜瓜、芫根、其他细菜，共 87 亩，占 30%；第二类有麦子、芝麻、绿豆、小米，共 62 亩，占 21.4%；黄豆、花生、苞谷、荞麦、小麦、油菜为第三类，共 141 亩，占 48.6%。

根据土地面积和比例，按劳力进行包干到班，共设四个班，共计 31 人，其中男劳力24 人，女劳力 7 人，男劳力每人包 10 亩（一类 3 亩，二类 2.14 亩，三类 4.86 亩），女劳力每人包 7 亩（一类 2.1 亩，二类 1.5 亩，三类 3.4 亩）。

三、副业方面

副业方面，易贡农场养猪 6 头，计划到 1963 年增加到 50 头；养鸡 70 只，计划到1963 年扩展到 300～350 只。农场有水磨，主要用于解决牲畜饲料与加工部分面粉、提取麦麸等方面的问题。此外，农场还发展了养蜂场。

四、分配制度

分配制度方面，易贡农场首先要满足参加农场单位的需要，对吃饭人数进行分配，价格也可略低一些。在满足有余时，亦供应其他单位，但价格会按有关业务部门规定的市价出售。

奖励制度方面，易贡农场实行包工包产—奖励，即"两包一奖制度"，抽超产部分的20%奖给工人个人，30%作为"公益金"，50%作为"公积金"，以此来激励农场工人参与生产建设、促进农场生产发展。[①]

第四节　易贡农场扩场

一、张国华将军驻防易贡

1962 年 6 月，中印边境自卫反击战爆发，临近中印边境的墨脱、波密地区局势紧张。

---

① 中共西藏工委办公厅行政处，工委机关达孜、易贡农场 1962 年生产任务安排意见（初稿）[R]．1962 - 2 - 20．西藏自治区农业农村厅档案科藏。

时任十八军司令员的张国华将军亲自指挥对印自卫反击战。10 月 20 日，对印自卫反击战取得胜利，共毙、俘印军 7000 余人，张国华将军被印军称为"战神"。然而，西藏上层亲帝分子、印度和其他帝国主义国家仍不死心，1962 年 11 月 14 日，印度与逃往印度的"藏独"分裂势力达赖集团组建了 1 万人的印藏特种边境部队。该部队的主要任务是渗入西藏境内开展游击战，对民众进行策反、颠覆等破坏行动，他们嚣张地宣扬所谓的"西藏独立"。此时的易贡农场，在加紧生产、保证边疆战士的粮食安全的同时，也紧锣密鼓地进行军事训练，参与对藏独分裂分子的围剿。

1964 年，为巩固西藏边防安全，张国华将军亲自驻兵易贡农场，现存于易贡茶场的将军楼就是张国华将军当时的住所，也是十八军军部所在地，张经武、张国华、谭冠三等原西藏工委、西藏军区领导都曾在此居住。

二、建立水文站

1964 年 4 月，正值"三线建设"[①]的热潮，在"备战备荒为人民""好人好马上三线"的时代号召下，西藏自治区党委在易贡地区进行了"小三线建设"，以期发展易贡工业，建设易贡城市，为开发易贡藏布江流域，为水利、水电建设需要提供水文资料，建立了易贡水电站。该水电站位于波密县易贡区易贡藏布江上，即易贡湖上游贡德村，控制流域面积为 13307 平方公里，是自治区藏布流域的国家基本站之一，主要测绘项目有水位、流量等。水文站到 1972 年停用。[②]

三、三场合并

为了驻兵西藏、保卫边疆，海拔 2000 多米的波密地区易贡河谷被作为西藏的备选行政中心，如此一来，易贡农场的发展问题成为重中之重。于是，自 1964 年开始，西藏工委开始将波密地区的几个农场合并进易贡农场。

1965 年，西藏自治区工委在波密镇成立了扎木农建师。林芝筹委、区公路工程局、西藏工委将在易贡沟内建设的三个农场全部移交生产部，合并进野贡农场，成立了易贡军垦农场。三个农场分别是林芝筹委建造的易贡经济作物试验场、区公路工程局建造的易贡

---

① "三线建设"是指 1964 年起在中国西部 13 个省市开展的一场以战备为指导思想的工业科技、国防和基础设施等方面的建设。各省区后方的建设，称为"小三线建设"。

② 西藏自治区水文系统革委会，撤销易贡水文站的报告［R］. 1972 - 11。西藏自治区农业农村厅档案科藏。

— 22 —

农场、西藏工委建造的倾多农场。由于三个农场的经营规模不大，同时又较集中，合并工作顺利进行。

1. 资产与人员方面

西藏工委决定将当时波密规模最大的倾多农场合并进易贡农场。1964 年，原林芝专属倾多农场自林芝专区撤销后，工委确定，将倾多农场的土地、房屋等交劳改局，场内原有的人员、经费等由西藏自治区筹备委员会农牧处接收，与易贡农场合并，合并后由农牧处直接领导。基建方面，倾多农场加快整修 148 人的宿舍、公用房屋，并按计划购置载重汽车。[①] 农业生产及管理方面，倾多农场根据有利生产、有利节约的原则，将一部分猪、牛、羊、鸡、小型农具、办公用具等调往易贡农场。倾多农场的工人大部分调入易贡农场，倾多农场的流动资金全部调入易贡农场。[②]

2. 管理体制方面

根据西藏自治区农牧处的指示，林芝分工委在生产管理体制方面应秉持"宜简不宜繁、宜粗不宜细"的精神，实行一级管理，一级核算，场部直接领导生产组，不再设生产队，减少管理层次，优化管理结构。在经营方针上，西藏自治区农牧处也同意让易贡农场根据自然条件继续种植以烟、茶、辣椒、花生为主的经济作物，并适当地发展一些粮食作物。在生产安排方面，对试验成功的经济作物应扩大其播种面积，对尚未成功或经验不足的作物更应积极试验，分析过程和摸索经验，待成功后再扩大种植面积，以实现粮食作物大丰收。

3. 干部编制方面

干部编制方面，根据易贡农场的规模和西藏工委关于整顿国有农场的意见规定："一般农牧场非生产人员不得超过全场职工总数的百分之十二"，农场配备了书记一人，场长一人，技术干部选留二人，并同意配给易贡农场汽车一辆。在原场工人处理的问题上，对不安心农场工作的员工，要通过整场进行耐心的教育，把思想工作做深做透，既要解决他们的思想问题，又要解决面临的实际问题；经教育后，仍不愿意留场和确有严重的疾病不适宜农场工作的员工，经过摸底排查后，在不影响生产的前提下，由接收单位负责处理。[③]

---

① 西藏自治区筹备委员会农牧处，申请划转倾多农场基建投资预算指标的报告［R］．财字第 147 号，1964 - 10 - 26。西藏自治区农业农村厅档案科藏。

② 西藏自治区筹备委员会农牧处，函复倾多农场 8 日来电［R］．1964 - 11 - 13。西藏自治区农业农村厅档案科藏。

③ 西藏工委，代工委批复林芝分工委"关于工筹委在易贡三个农场合并接交工作有关问题处理的请示报告"［R］．农牧委组 086 号，1964 - 11 - 26。西藏自治区农业农村厅档案科藏。

四、茶叶试种成功

茶叶，是西藏人民长期以来为适应高原地理气候和特殊生活条件的一种生活必需品，在西藏人民生活中占有举足轻重的地位，它关系到西藏人民的生活与身体健康，又关系到边疆的建设和边防的巩固。

西藏试种茶树开始于 1956 年。当时驻在察隅的人民解放军部队从云南带进茶种，在察隅乡日马村日卡地方首次试种，成活 2000 多株。经过几年生长，以中叶种较好，长势较强，枝叶茂盛，发育正常。其中 100 多丛云南大叶种适应性差一些，长势较弱，冬季有落叶现象。察隅试种茶树获得成功，为西藏茶叶发展史揭开了新的一页。当时西藏的社会制度还没有彻底改革，茶树试种工作就没有进一步扩大。1960 年，在平叛取得伟大胜利的大好形势推动下，山南、林芝、昌都等地区都有计划地继续进行茶树试种工作，但因选地不当或缺少技术指导，均告失败。[①]

但易贡农场在屯垦中取得了突破性成就——试种茶叶成功。1963 年、1964 年，各地又继续试种茶叶，察隅农场、易贡农场均获得成功。1964 年 3 月，部队从四川带入群体茶种，采用茶籽育苗，成活率高达 85%，平均苗高 30 厘米。1964 年，原中共西藏工委在林芝会议上作出了大力发展茶叶生产的决定。次年 4 月，又移植成功了 49.5 亩。在这之后，自治区有关部门加强了对茶叶生产的组织领导，制定了相应的政策和措施，派人去四川茶区学习茶叶技术。同时，由于西藏人民对酥油茶的高需求，易贡茶叶的种植面积进一步扩大，逐年有所发展。西藏重要的民生物资——茶叶的发展，使易贡农场的重要性再次提升，这为未来易贡农场的发展奠定了基础。

易贡茶叶的诞生标志着高原进入了自产茶叶时代。1949 年之前，尽管英国人、达赖喇嘛都曾在高原这片土壤尝试移植茶叶，然而都未获得成功。1949 年之后，在易贡农场人的不懈努力下，高原试种茶叶成功，这不仅是茶叶这一经济作物在生产技术上的突破，更是中国共产党人屯垦边疆、艰苦奋斗的红色精神的象征。

---

① 徐永成，西芷种茶 [J]. 中国茶叶，1979（2）。

第二章　新疆生产建设兵团屯垦易贡
（1966—1969 年）

西藏与新疆同为国家最重要的边疆地区，一南一北唇齿相依，屯垦戍边的革命战士用生命守护着祖国安宁。为巩固西藏地区的稳定，谋求当地的发展，在周恩来总理与贺龙元帅的支持下，新疆生产建设兵团先后动员了两千多人参与援藏工作，进入易贡地区发展屯垦事业。

易贡农垦团是新疆生产建设兵团为援藏而组建的整建制团，当地藏族同胞以扩场工的身份加入。全团 4 个营，合计 11 个连，另有加工厂、机运连、汽车连、伐木队、卫生队各 1 个，以及 2 个牧场，辖区面积达 2000 多平方公里。单位整体定名为"新疆军区生产建设兵团西藏易贡五团"。它的发展史是中华人民共和国成立后最早的、规模最大的、持续时间最长的一段新疆兵团援藏建设历史。

军垦团在易贡地区开垦出耕地 36000 多亩，主要种植粮食、茶叶、果树，养殖畜禽，此外还在当地办起了食品厂、服装厂、学校、医院、供销社等生产及社会服务机构。经过数年耕耘，军垦团把群山环抱、人烟稀少的易贡山区开发成了藏东的米粮川。4 年后，根据中央的统一安排，易贡军垦团将开发建设的数万亩耕地和十几个企事业单位逐步移交给西藏地方。1970 年，由兵团选派的援藏团干部、职工大部分返回兵团各师工作。[①] 这一时期新疆生产建设兵团的生产建设为易贡农场进一步发展农业及其他产业、完善农场组织架构产生了深远影响。

第一节　新疆生产建设兵团援藏团的组建

一、1966 年之前新疆生产建设兵团对西藏的支援

相比西藏艰难的地理条件，新疆生产建设兵团以其地理与人口优势迅速发展。1954年 10 月 7 日，新疆生产建设兵团成立，10.5 万官兵集体就地转业，部队整编为国防部队

---

① 农七师史志编纂委员会，农七师简史［M］. 北京：中共党史出版社，2013：215。

和生产部队。1957 年年底，兵团农业总产值已经比建团时增长 1.54 倍，耕地面积扩大 1.9 倍，播种面积扩大 1.49 倍，粮食总产量也有较大增长。[①] 工业方面，有独立工矿企业 32 个，团属工矿企业 83 个，该兵团三年累计利润总额 10486 万元。即使在三年自然灾害期间，新疆不仅没有发生大的饥荒事件，还供给了大量粮食支援内地受灾省份，为国家提供商品粮、商品棉等战略物资。[②]

1. 1963 年

早在 1963 年，新疆生产建设兵团就开始了小规模的援藏。1963 年 7 月，兵团党委就从农二师、农六师、农八师、农科所分别调出焉耆种公马母马、科斯特罗姆种公牛、新疆种公羊母羊、改良母羊、头山羊、改良母牛等支持西藏的兄弟部队。[③]

2. 1965 年

1965 年 2 月，新疆生产建设兵团农垦部抽调了技术员（农业机械 2 名、农场机务副场长 1 名、小麦方面农学专家 1 名、植物病理专家 1 名）和技术工人（拖拉机修理工 1 名、燃油泵试验工 1 名、曲轴磨床工 1 名、果树园艺工苹果方面 1 名、果树园艺工蔬菜方面 1 名）。[④] 1965 年 11 月，又支援西藏军区种马 5 匹，计值流动资金 6179.45 元。[⑤]

零星的支援难以缓解西藏农垦事业缺少人才的根本问题。与西藏相比，新疆拥有相对优越的自然条件与农垦的成果，吸引了众多内地知识青年报名参加新疆的农垦工作。西藏方面则由于高原反应、气候恶劣、崇山峻岭、交流沟通不便，难以吸引技术人才，农垦支边工作的推进面临更多困难。

二、援藏构想的提出

新疆生产建设兵团援藏的构想最先由贺龙同志提出。1965 年 9 月下旬，在新疆维吾尔自治区成立 10 周年庆祝大会上，贺龙同志作为中央代表团团长，在听取了新疆兵团副政委张仲瀚的工作汇报后，高度评价了新疆兵团自新疆维吾尔自治区成立以来取得的巨大成就。10 月 3 日，贺龙同志在对兵团做出的指示中提到，国家给生产兵团投资，各省帮

---

① 周丽霞，屯垦戍边：新疆生产建设兵团组建与发展 [M]．长春：吉林出版集团有限责任公司，2009。
② 新疆生产建设兵团史志编纂委员会，新疆生产建设兵团发展史 [M]．乌鲁木齐：新疆生产建设兵团出版社，2011。
③ 兵团档案：新疆军区生产建设兵团司令部《关于调拨种畜支援西藏军区的通知》，1963 - 7 - 19。转引自新疆生产建设兵团史志编纂委员会，新疆生产建设兵团史料选辑（23）[M]．乌鲁木齐：新疆人民出版社，2013：3 - 4。
④ 兵团档案：农垦部党组《为西藏抽调技术干部和技术工人》，1965 - 2 - 11。转引自新疆生产建设兵团史志编纂委员会，新疆生产建设兵团史料选辑（23）[M]．乌鲁木齐：新疆人民出版社，2013：31。
⑤ 兵团档案：新疆军区生产建设兵团司令部《关于支援西藏军区种马及移交尉犁县塔里木人民公社财产的批复》，1965 - 11 - 5。转引自新疆生产建设兵团史志编纂委员会，新疆生产建设兵团史料选辑（23）[M]．乌鲁木齐：新疆人民出版社，2013：78。

了忙，现在兵团的家业大了，各方面都赚了，不仅要在农、工、文教卫生等事业上大发展，还要帮助地方的生产发展。并指示陶峙岳，新疆生产建设兵团要向外调好干部，有能力的、有干劲的、革命的、出色的干部，兵团是个大熔炉，调走了还可以再培养锻炼。[①]这次会议贺龙同志还谈到西藏建设问题，他说西藏自治区成立不久，百废待兴，新疆生产建设兵团的经验可以借鉴。

对于援藏的问题，贺龙回北京后马上联系了西藏的主要领导。西藏军区生产部副部长兼农建师师长安跃宗在听完贺龙同志的指示后，立刻带领了一个考察组到新疆石河子，全面深入了解新疆兵团各方面的情况，考察组还在一些师团做了介绍西藏情况的报告，号召有志青年到西藏为祖国作贡献，为西藏开发建设事业作贡献。1966年2月22日，北京全国农垦工作会议期间，安跃宗向周恩来总理报告，各地青年都愿意到西藏去，为加速西藏社会主义革命和建设，加强战备，巩固边防，急需大批人员援藏，并问新疆军区生产建设兵团能否组建一个农垦示范团，帮助西藏建设。[②]

周总理当即指示新疆生产建设兵团副政委张仲瀚，要求20天内，组织一个精干的1500多人的建制团，由知识青年组成，到西藏长期从事农垦事业。[③] 4月中旬，由安跃宗同志率工作组前往新疆，进行接收。

三、抽调计划

1966年2月26日，兵团党委召开紧急动员会议。新疆生产建设兵团党委接到在北京参会的张仲瀚司令的电话指示后，做出《关于支援西藏发展军垦生产的决定》，明确了具体的人员抽调方案。该团所需人员由农二、六、七、八师抽调组建。团领导配10人，司令部60人：设生产、基建、供销、劳资、武装、行政、计财等7个股，及1个卫生队。政治处21人：设组织、干部、宣教、政法4个股。团部下辖一机修保养间，计30人；团直服务人员33人；8个机农合一的连，1个基建连，每个连队含干部在内各为150人。连以上领导干部抽调要求政治可靠、历史清楚、立场坚定、思想纯正、作风正派、干劲充足、身体健康以及具有丰富的政治工作与领导生产的经验，且要求必须是党员。领导核心

① 兵团档案：贺龙副总理对兵团工作的指示（节录），1965-11-16。转引自新疆生产建设兵团史志编纂委员会，新疆生产建设兵团史料选辑（23）[M].乌鲁木齐：新疆人民出版社，2013：85-92。

② 万朝林，黄梅：新疆生产建设兵团西藏易贡农垦团的建立与发展 [J]. 石河子大学学报（哲学社会科学版），2019（6）：27-34。

③ 晏凤利，揭秘新疆兵团援藏史系列报道之———周总理指示：组团到西藏去 [N]. 都市消费晨报，2006-4-11。转引自新疆生产建设兵团史志编纂委员会，新疆生产建设兵团史料选辑（23）[M]. 乌鲁木齐：新疆人民出版社，2013：189-198。

成员要求年龄在 35 岁以下，其他营连干部必须在 30 岁以下。一般业务干部及排长：排长要求 25 岁左右，业务干部不得超过 30 岁，党、团员各占 40％。班长与工人亦要政治可靠、历史清楚、思想进步、身体健康，既要在 25 岁以下又要有两年以上的实际生产经验，党员不少于 15％，团员不少于 30％，女职工应保持 35％的比例。[①]

27 日，农七师党委召开常委会议，研究贯彻兵团党委支援西藏发展军垦生产这一决定的具体方案，会议指定师党委常委朱耀臣、张晓村负责组织，干部科、劳动工资科设专人承办具体业务。各团场、单位均成立了专业班子负责这一工作。随后召集各有关单位领导开了紧急会议分配任务，要求各单位贯彻党委决定，把思想工作做透做细，坚决完成兵团党委交给的这一光荣的政治任务。当日晚，各单位领任务连夜返回。

四、确定援藏人员

兵团确定动员 1500 人进藏。但在二、六、七、八师普遍深入动员之后，自愿报名进藏的就有 4 万余人，其中写了申请书要求进藏的有 2 万余名，写血书的 40 余名，热烈响应党的号召。父亲鼓励儿子、爷爷鼓励孙子、妻子鼓励丈夫、夫妻互相鼓励的事例不胜枚举，情绪高昂的感人景象层出不穷。在动员成熟的基础上，各师、团根据兵团规定的政治、思想、身体、劳动、技术等条件进行了认真审查。1966 年 3 月，经过查档案、看表现、连队选、场部审、师部定，最后在数万报名者中选择了完全符合条件的共 2035 人参与援藏，凡进藏人员达到了 100％的自愿。[②]

支藏团由农二师、农六师、农七师、农八师、工一师、兵团商业处、团供销部等单位筹备组建，团级建制。农二师抽调组建第一连和一个 15 人组成的演出队；农六师组建第二连和第三连；农七师组建第四连、第五连、基建连；农八师组建支藏团第六连、第七连、第八连、机务连、卫生队部分人员；兵团商业处和供销处组建商业处、食品加工、加工厂；由工一师、农七师、农八师组建一个 10 余人的勘察设计队。

生产部将原 3 个老兵团和 3 个民工队交给支藏团，老兵三连分到五、六、七、八连和基建连。支藏团领导从农二师、六师、七师、八师抽调。团长、政委由兵团指令任命，副团职干部由师选任，共计 10 人，团长胡晋生，政委秦义轩。副团长农七师任命聂迎祥，

---

① 兵团档案：新疆生产建设兵团党委《关于支援西藏发展军垦生产的决定》，1966－2－26。转引自新疆生产建设兵团史志编纂委员会，新疆生产建设兵团史料选辑（23）［M］. 乌鲁木齐：新疆人民出版社，2013：121－126。

② 晏凤利：《揭秘新疆兵团援藏史系列报道之一——周总理指示：组团到西藏去》，《都市消费晨报》，2006－4－11。转引自新疆生产建设兵团史志编纂委员会，新疆生产建设兵团史料选辑（23）［M］. 乌鲁木齐：新疆人民出版社，2013：189－198。

农八师任命张发喜、邰丙礼。副政委农六师任命张复英，农七师任命王凤岐，王凤岐兼任政治处主任。农二师任命蒋仕琪为参谋长，吕希倡任政治处副主任，农七师任命王隆为司令部副参谋长。

选调工作经过动员教育、摸底审查、选定公布、集中欢送等四个阶段，在 17 个团场单位、68 个连队中共选调干部 90 人，其中团职 4 人，营职 6 人，党员 52 人，团员 25 人，年龄在 35 岁以下的 87 人。职工 460 人，其中农工 259 人，机务工 33 人，畜牧工 20 人，基建工 148 人；党员 60 人，团员 131 人。

第二节　两千将士过天路

一、临行前的嘱托

1966 年 4 月 5 日，第一批援藏人员从师部奎屯出发。上午，兵团政委张仲瀚在兵团机关小楼接见了援藏团的领导，他首先强调了中央对组建援藏团的重视："当时，周恩来总理在场，认为可行，总理批了，再报经毛主席，主席也签字同意了。"然后指示："这次去西藏同志们的任务是重大而光荣的，这是毛主席、周总理决定的，按照党中央的决定到那里去工作，到那里去保卫祖国，保卫边疆，发展多项生产建设。到了西藏以后，必须服从西藏党政军的领导，和西藏人民打成一片，搞好团结，尊重西藏人民一切生活习惯。在搞好生产的同时，对那里的一草一木、一山一水、一土一石都得爱惜，决不能浪费和毁坏。你们去西藏，要完成'三个队'的任务，既是战斗队，也是工作队，又是生产队。你们去是不调资、不升职的，你们去不是普通人，要做普通人做不到的事。你们去的人都是党员、团员和先进青年，和西藏人民同甘苦共命运，因地制宜。你们是任重而道远的历史建设者，兵团和自治区有关领导和部门将热情欢送你们，希望你们在新的环境锻炼成长，发扬兵团敢于拼搏、敢于战斗的伟大精神，努力建设繁荣富强的社会主义新西藏。"师长刘长进和政委史骥也都做了动员讲话，然后合影留念。

七师胡晋生团长带领一行 470 人从奎屯出发，沿乌伊公路走了 4 个小时，到达乌鲁木齐。当晚，兵团文工团为援藏团安排了慰问演出，女高音歌唱家为援藏人员演唱《边疆处处赛江南》活跃气氛、鼓舞士气。兵团政委张仲瀚致欢送词："同志们，我代表兵团党委、兵团全体指战员向你们问好！你们这次去支援西藏，是毛主席和周总理同意的，这不仅是我们兵团的事，也是党中央毛主席和全国人民对西藏军区和西藏人民的关怀。你们到了西藏以后要做到自供自给，为西藏人民创造更多的财富、更多的粮食，要完成毛主席指出的三个队的任务，即生产队、工作队和战斗队。这既是你们去西藏的宗旨，也是你们工作的指导思想，政治上的灵魂。这也是我们兵团党委对你们的殷切希望。你们向着奋斗目标前进吧！"援藏团团长胡晋生代表全体同志表决心，一定做到："安心边疆，长期建藏，巩固祖国，繁荣西藏。"

兵团对进藏人员的政治思想乃至日常生活都关怀备至，为每位职工发放毛主席语录或毛主席著作选读（甲种本）。兵团还为援藏团的战士们准备了御寒品——皮大衣一件、毛皮鞋一双、罩衣一套。有的单位还赠送生产小手工具、笔记本、针线包等纪念品。在离开乌鲁木齐时，又在车站组织了千余人的欢送队伍，非常隆重，敲锣打鼓，进藏人员身披红绸、胸戴大红花、照集体相，对进藏职工们鼓舞很大。[①]

二、前往西宁

兵团对援藏工作负责到底，以新疆生产建设兵团民兵工作部祝庆江部长为首，由各师团干部参加组成11人的护送组，一直送至目的地——西藏波密地区。

4月7日，战士们先乘火车从乌鲁木齐到兰州，再从兰州到西宁，火车停就安排下车吃饭。兰州到西宁的路上，刚开始，火车车厢内光线不好，战士们情绪有些低落。带队领导让识谱的战士教大家唱歌，歌一唱起来，气氛就活跃了，战士们一路上都在唱歌。还坚持学习毛主席著作，写心得，记笔记。每到一站就朗诵诗歌、表演快板等，士气饱满。

当火车到达西宁，援藏队伍还没下火车，就听到一阵敲锣打鼓声，站内还有一幅幅标语"欢迎战友们到西藏参加建设""祝战友们平安"……

在西宁，援藏人员停留了5天，进行了体检，因为怕有的同志不适应高原气候，到西藏身体受不了。检查以后，发现有一小部分人健康状况不行，为了安全就劝他们回兵团，但援藏人员依旧坚持，不愿回疆。兵团负责送行的人员就分头谈话，反复讲明利害关系，劝他们要以大局为重、事业为重，不能因为个人身体原因，影响了整个援藏团的行程。同志们都是通情达理的，大多身体不适的同志都回去了；有几个身体出现高原反应的，坚持要到西藏去，说他们身体本来很好，只是初到高原出现暂时的高原反应，能够慢慢适应。经领导研究以后，决定让他们绕道从四川走成都进藏，避免经过青藏高原。

---

① 胡晋生，难忘西藏［C］//农七师史志编纂委员汇编，农七师年鉴，北京：中华书局，2009。

三、从青藏线入藏

援藏队伍分为六批进藏。农七师在西宁休整了 5 天后，4 月 13 日，搭乘 40 多辆卡车，每辆 24 人，通过青藏线进入西藏。白天赶路，晚上住兵站，4 月 18 日到达格尔木时，每个人身上都落了一层厚厚的黄土。但沿途的藏羚羊、牦牛、骆驼、狼等也让大家新奇至极，忘却了途中的辛劳。格尔木海拔 2800 米，算是真正意义上的进藏起点。车队从格尔木出发没多久，就看到了雪山，到达海拔 3000 米以上。

卡车在高高低低的石子路上颠簸着。卡车一爬山，车上的人呼吸就粗重起来，像刚跑完步似的，有的人大张着嘴想多吸点氧气，有的人头上的血管，都凸了起来，有的人眼睛肿了，嘴唇紫紫的。4 月 21 日，到达了海拔 4786 米的昆仑山口。好在汽车很快就翻过了山口，下山的时候，战士们的高原反应缓解了一些。车队顺利到达了山底，住在七十道班兵站，这时援藏团的战士们都累得吃不下饭，只想睡觉。

易贡团四连的连长贾德良，回忆过天路的艰难。他当时 30 岁，坐在第一辆车驾驶室里，带领连队 125 人，共 5 辆车进藏，他的妻子赵瑞芳与两个孩子也跟随他一起进藏。他带头给大家鼓劲，"要挺住，要坚持，吃饭才有劲！"到了海拔 4000 米以后，他自己却撑不下去了，头疼、吃不下东西。他自己也在五道梁兵站吸了氧。

高原气候多变，本来是阳光四射的晴天，炎热难当。转眼间，几团乌云压过来，大雨倾盆，战士们被淋成了落汤鸡，冻得打战。到了山顶雨变成了雪和冰雹，蚕豆大的冰雹砸在人身上，时间长了，头顶都麻了，身体也麻了。路也变得湿滑难行，幸好西藏军区的司机们个个经验丰富，下山时尤其谨慎小心。

在离开格尔木的第 6 天，车队开始翻越五道梁。这里有一句谚语："到了五道梁，难见爹和娘。"五道梁其实是由五道看上去不起眼的山梁组成的，地势相对青藏线大多数地方来说，起伏较大，那里没有树，没有鸟，常常是六月雪、七月雹、八月封山、九月冻、一年四季刮大风。时任易贡农垦团计财股副股长的朱秀士，在他写的回忆录《从边疆到边疆》中，将援藏将士行走这一天路的情形写成了诗：

到了五道梁，遍野真荒凉；

到了五道梁，人人心里慌；

到了五道梁，个个头上像戴了紧箍咒，真想横冲直撞；

到了五道梁，军垦战士吃饭如打仗。

四、照顾病号

一路上，兵团对年龄较大身体较弱者和小孩都给予了妥善照顾，涌现了很多好人好事，有些副驾驶员同志主动把驾驶室让给妇女、病号坐。对进藏职工教育很大，大家都很感动。

在翻过昆仑山口五道梁兵站，援藏队伍中很多人都因为高原反应吃不下饭了。此时，队伍中有一小半的人因为高原反应生病了。后来任易贡农垦团八连的机务副机长刘丰，带领 36 个病号回到格尔木进行治疗。当时刘丰因为药物过量一度病危，7 天未醒，送去兰州后，经医治好转。其他 36 个病号也都好了过来。治疗一个月后，才再次出发去往青藏线。

当时不到 20 岁的唐玉坤，是仅有的几名女兵之一。一路火辣辣的太阳将她白皙的脸晒成了"黑张飞"，晒伤的脸还脱皮，又痒又疼，嘴巴也干裂肿了，男兵心疼她，就把自己的衣服脱下来让她顶在头上。她一米五的个子体重仅 35 公斤，由于身体不好，高原反应也比别人强烈，一路上不少士兵关心照顾她。

来自农八师四连的王云班长冒着生命危险，背了班里的高原反应严重的女同志邓秀英去兵站的卫生所里吸氧，当时医生这样责备他："你胆子大呀！人家走路都不敢快走，你还敢背人呀！"当晚，王云的头也疼了一夜。

有的高原反应强烈的战士晕倒了，车上的卫生员就赶紧拿过去氧气袋，让他吸上几口氧后，渐渐恢复。

翻越了昆仑山口与五道梁后，4 月 28 日，援藏队伍成功翻越了最后一道隘口——海拔 5150 米的唐古拉山口。

五、来自拉萨的慰问

4 月 30 日，援藏队伍顺利到达拉萨。一路上，汽车部队组织严密，行军过程中未发生任何事故。总后勤办与军区后勤部均给予了大力支持，沿途兵站招待热情，乘车和沿途兵站的食宿均做了很好的安排。各兵站对援藏团反映很好，说："真是保持了军队作风！"

5 月 1 日，西藏军区举行盛大隆重的欢迎仪式，拉萨驻地党、政、军、民 1400 余人夹道欢迎。自治区党委郭书记、麻书记、自治区副主席帕巴拉、军区吕副政委等首长，亲自接见了农垦团连以上干部。军区副政委吕寿山、张桂生，政治部主任尹华汤到会。吕寿山副政委说："欢迎你们远道而来，从祖国的西北边疆来到西南边疆，你们的到来壮大了我们的力量。我们要团结起来，共同建设新西藏，发展和完善西藏军垦事业，加速解决西藏吃粮的困难，稳定西藏，发展西藏的军垦事业。你们的到来，在西藏历史还是第一次。让我们共同为西藏的繁荣努力奋斗！"当晚，西藏军区还邀请才旦卓玛等艺术家，为援藏队伍举行了欢迎晚会。援藏团在拉萨休整时，军区还组织他们参观了西藏革命展览馆、革命烈士展览馆等。进藏人员深深体会到了党和政府对他们的亲切慰问和关怀。抵达拉萨后的第3天，援藏队伍再次踏上征程。[①]

第三节　初到易贡

一、人员

1966年5月4日，第一批新疆生产建设兵团的援藏战士们到达目的地——离拉萨300多公里的波密县易贡湖畔。由于身体不适应高原而返回新疆的有31人；回内地探亲、生小孩的共24人；不适应走青藏路而改走川藏路的25人；沿途病号2人。第二批进藏的293人。至5月底止，已到达波密地区总人数为1660人。其中干部225人，职工、家属共1435人。[②]

农垦团全体同志在整个行军途中直到目的地，都表现很好。经过评选，选出"五好"个人428人，占职工总数的29.9%，其中干部61人，占干部总数的27.1%；"五好"班28个，"五好"排9个。

二、机构

西藏军区将援藏团命名为"西藏军区404部队西藏易贡军垦团"，按人民解放军的装备形式设置机构，设司令部政治处，司令部下设生产股、基建股、行政股、计财股、武装股、供销股、劳资股，政治处下设组织股、干部股、宣教股、政法股。

援藏团有三个营，一营由一连、二连、老兵十连组成；二营由四连、六连、农三队、农四队组成；三营由五连、七连、八连、九连、农五队、农六队组成。团直单位：加工厂、卫生队、演出队、科研组、警卫班。有一所团中学，一营、二营办有小学。团有托儿

①　王建隆：揭秘新疆兵团援藏史系列报道之二——两千将士翻越唐古拉，都市消费晨报，2006-4-12。转引自新疆生产建设兵团史志编纂委员会，新疆生产建设兵团史料选辑（23）[M]．乌鲁木齐：新疆人民出版社，2013：199-209。
②　兵团档案：中国人民解放军西藏军区生产部《中国人民解放军西藏军区生产部关于农垦团进藏情况的报告》，1966-6-10。转引自新疆生产建设兵团史志编纂委员会，新疆生产建设兵团史料选辑（23）[M]．乌鲁木齐：新疆人民出版社，2013：153-156。

所1个，每个连队建1个托儿组。三营设1个供销社。

整个易贡军垦团辖区面积2000多平方公里。团机关分布在易贡湖南岸。一营管辖一、二、三连，在波密县城扎木镇附近，离易贡湖还有100多公里，驻扎在易贡湖以北的一条大山沟里。二营管辖四连、五连、九连、藏工队，其中当地藏胞以"扩场工"身份加入。三营管辖六、七、八连。四连、五连、六连、七连、八连、九连都驻扎在易贡河谷。其中，五连、六连、七连就驻扎在易贡湖畔，四连相对远一点，在加若村旁边，八连则驻扎在易贡大桥附近，曾负责守卫易贡大桥。在县政府所在的扎木镇安排驻守两个连。其余均屯住在距扎木镇96公里的易贡。全团4个营合计11个连，另有加工厂、机运连、汽车连、伐木队、卫生队各一个以及两个牧场。①

三、住房

新疆生产建设兵团援藏团刚到易贡农场时，农场已经有一些木板房和农工，房子全是用木板组合而成，由于缺少木工工具，木板很粗糙，木板与木板之间有缝。所以木屋的四面全在漏风。易贡农垦团的团长胡晋生说："当时，住宿是我们所面对的最大的一件事。"据乔玉海老人回忆，原易贡农场场部的房子不仅简陋而且很破旧，多半以上房子的四面是用砍刀砍出的一块块木板栽在地上叠连起来的；为了阻断地下的潮气，在离地几十厘米处铺了一层木板，人就在类似"吊脚楼"一样的木板房里工作与睡觉。

因此，来到易贡屯垦的第一天，贾良德和朱秀士就带领四连连队的同志们建木板房。他们发现有一种松树劈开后有一溜一溜的槽，既可以盖房顶，也可以做流水槽。但他们用尽了各种工具，还是没能把这种树劈开。当时到了中午，为了尽快找到会劈树的人，连长贾良德决定向当地藏民请教。一小时后，找来了一名略通汉语的藏民姑娘，叫卓玛，才20岁。她听懂后，立刻找来了一位强健的藏民。在这位藏民的帮助下，总算顺利地将树劈开。当时，附近七八名藏民都来观看，还高兴地向战士们喊"金珠玛米！金珠玛米"！金珠玛米意指解放军。在藏胞的帮助下，当晚，贾德良所在的连队部分战士就搬进了新盖好的木板房里。

在驻扎易贡的3天内，四连就盖好了十几间房子，除了各部门留一间做办公室，剩下的十来间房子就是大家的宿舍。不到半年，连队所有的同志都住进了新的木板房。②

① 王崇久，雪域高原上那朵格桑花——寻访易贡五团遗存［N］. 兵团日报，2012-8-5。
② 刘煜夏：揭秘新疆兵团援藏史系列报道之四——我们做出高原上第一块月饼，都市消费晨报，2006-4-14。转引自新疆生产建设兵团史志编纂委员会，新疆生产建设兵团史料选辑（23）［M］. 乌鲁木齐：新疆人民出版社，2013：226-240。

一连方面，驻扎在离扎木县 9 公里的单卡，用了 1 个多月的时间，就盖了 600 多平方米的房子，全部住进了有伙房、有住房的木板房。[①]

第四节 垦荒易贡谷

一、垦荒的迫切

1966 年 5 月 7 日上午，年仅 29 岁的贾德良连长带领着四连人马，驻扎在了易贡湖北岸——著名的铁山山脚，这里和团部隔着易贡湖，中间路程 22 公里。他回忆起第一天到达驻地的情景，让他记忆犹新的是吃第一顿饭的艰难。"西藏有句谚语，'一块石头十两油，没有石头还吃啥。'指的是易贡这样的地方，土壤全是沙土，几乎没有土块。当时，一来到驻地，战士们将行李放在地上后，只好找来三块大石头，将大锅支在石头上。在高原地区点火非常费劲，先后使用了 17 根火柴，才将锅底下的杂草引燃。那时，驻地啥吃的也没有，一丁点儿蔬菜也没有，我们只好先烧米饭。"在烧米饭的同时，贾德良就派人到驻地外去找能吃的菜，但最终还是未能找到蔬菜。贾德良说："这时我想起来还有一些盐巴，只好决定烧盐，大约一小时后，香气四溢的米饭熟了。当我吃下掺有盐水的米饭时，感觉一点都不好吃。"吃过中午饭后，贾德良与战友们兵分两路，一路找野菜，看啥野菜能吃。另一部分人打扫驻地的卫生，最后还是没有找到什么新鲜蔬菜。由此可以看出兵团援藏初期的艰苦。

垦荒战士们希望赶紧开展生产，觉得老吃供应粮不光彩。但 1966 年的多数时间里，战士们只能就着腊肉丁和黄豆煮的酱啃馒头，这些也是从四川和青海运到易贡的，偶尔才能吃到冻肉打打牙祭。这样的伙食一直吃到秋季，才等来了丰收的蔬菜和粮食。[②]

二、火药与机器开垦

尽管易贡湖畔风景旖旎，但是这里全是森林，能开垦的土地很少，只有沟里有小块地，这成为易贡农垦团长期以来遇到的最大困难。

---

① 孙虹杰：揭秘新疆兵团援藏史系列报道之七——新疆、西藏两地真情联动叙旧情，都市消费晨报，2006 - 4 - 20。转引自新疆生产建设兵团史志编纂委员会，新疆生产建设兵团史料选辑（23）[M]．乌鲁木齐：新疆人民出版社，2013：264 - 276。

② 江涛：揭秘新疆兵团援藏史系列报道之三——四年垦荒建起那一片片果树、茶园，都市消费晨报，2006 - 4 - 13。转引自新疆生产建设兵团史志编纂委员会，新疆生产建设兵团史料选辑（23）[M]．乌鲁木齐：新疆人民出版社，2013：210 - 225。

曾担任过八连连长的刘丰这样对比易贡与新疆的开垦难度："我们的垦荒过程实际是很艰难的，这里不像新疆戈壁滩上垦荒那么容易。比如，1958年在莫索湾开荒，地势平坦、开阔，梭梭等树木只要用大马力拖拉机一拉，树枝连树根都拽起来了，很快解决问题。而这里全部是山地、林地，地势极不平坦，从新疆带来的大马力拖拉机用不上，松树树根粗壮，需要人工一点一点啃。刚开始，我们先是用十字镐、铁锹一点一点地刨，一个班，10多个人，一天刨不出几棵树根来。对特别大的树根，大家就感到是'老虎吃天，无从下口'了。这时就有人提议'不是有炸药吗？干脆炸吧？'副连长张林一听说：'好办法！'"后来，农垦团总结的开荒伐树的方法是：用炸药先炸树根，炸后砍也容易，然后用绞车将树放倒，绞车一般要用五六个人转，树很高大，一般一二十米高，放倒后，再锯成一截一截的。易贡沟100多名战士费了半年多的工夫才开垦出一二十亩地。

在各营、连垦荒战士的辛勤耕作下，易贡农垦团在当年的8月就吃上了自己种植的蔬菜。次年，就实现了粮食自给自足。

三、开垦山顶

易贡四连驻扎在加若村，海拔大约2700米，山顶的海拔大约3000米，战士们爬上山顶开荒。四连连长带头将农用工具扛上山，战士们吃住在山上，将土地整好，把麦子种上，才下山。夏收时，因为怕麦子倒伏，战士们将麦子一把一把地辫起来，一排一排，成了壮观的种麦奇观。[①]

曾任易贡农垦团一营三连卫生员的杨六合，回忆起在山顶种小麦的经历：在茂密的森林中一条细窄的小路向高处延伸，当时，越往山坡上走高原反应就越来越强烈，"在山顶上垦荒是挑战生命极限。"但是为了进藏之前的誓言，他坚持了下来。

在二营四连战士们的努力下，加若村的垦荒成绩最明显。4年中，四连一共开了约550亩地，其中在山顶上开垦出了300多亩地，山沟里开了约200亩地，在易贡团各连中开垦荒地最多。山顶主要种玉米、小麦、青稞，半山腰，有五六十亩果园，种梨树、苹果树，还有20亩茶树。

四连驻地由于处于森林里，腐殖土最厚，都是上等的肥料。所以，四连种的1.5亩菜地也是各个单位中长势最好的。四连种了韭菜、萝卜、包菜，由于雨水多，墒情好，腐质层厚，蔬菜长得特别好。萝卜最大的1个有20斤，石头一样大。因为菜多菜好，当时，

---

① 胡晋生，难忘西藏［C］//农七师史志编纂委员会，农七师年鉴，北京：中华书局，2009。

连团机关的部分领导都愿意经常到四连连队来，四连还让他们把菜带回去。

四、雨水中抢收麦子

垦荒战士的另一大困扰是易贡河谷多雨的天气。原易贡农垦团九连战士程木林说："与高原反应相比最让人受不了的，就是每天出工都要穿雨衣。"有时候战士们刚干了半天雨水活，天就放晴，但是雨衣还是不敢脱，只能穿着已被雨水浇透的雨衣播种小麦，浑身上下全是水，特别难受。

为了适应西藏地区夏季多雨对收割不利的影响，改变割麦子带秆的坏处，垦荒战士通过实践总结出了特殊的办法——割麦子，一人要带三件宝：镰刀腰上绑，两根竹竿手里拿，一个背筐身边放。一天割上四五趟，割的多了没处藏，搭个凉棚藏麦，晾干之后再打场。有时麦子割不完，穗头又长出新麦苗。

曾任易贡团劳资股助理员的乔玉海老人解释两根竹竿的用法，由于小麦都是梯田，在坡降大的地方，镰刀不好用，就用两根竹棍将成行的麦头一夹，然后双手往上一提，麦子就下来了，用手搂进腰前的袋子里，大家给它取名"气死康拜因"。这办法一是快，二是轻，三是便于晾晒，便于脱粒，便于扬场。

五、扩场增加耕地

1967 年 2 月，西藏军区司令部下达了并场的指示，将易贡、宗本、松本、拉嘎 4 个地方的互助组并入易贡农垦团，将所有的生产物资有偿征收，4 个乡的 433 户、共计 247 人由原来的互助组社员变成了全民所有制的国有农场职工。至此，易贡农垦团拥有耕地 10000 多亩，辖地 2000 多平方公里。[①]

第五节　兵团技术人员、物资援藏

一、面粉厂建厂

为了改善战士们的伙食，在易贡团组建后，就开始谋划在当地建立食品加工厂。技术

---

① 万朝林，黄梅，新疆生产建设兵团西藏易贡农垦团的建立与发展 [J]. 石河子大学学报（哲学社会科学版），2019（6）：27-34。

人员从七一食品厂抽调，设备则是从内地购入。

面粉加工车间由林仲汉队长专门负责。当时，易贡面粉加工厂设施还比较简单，一共3台干磨，2台水磨，由5台大马力的发动机带动着，一天24小时昼夜不停地运转，负责按时供应全团3000多人的口粮，加工的粮食主要是冬小麦。在易贡团面粉厂质检车间做排长的田晓元回忆说："冬小麦种植的成功，能供应全团人，并且我们加工面粉最精细的时候还要磨三道。第一道磨出来的面粉像现在的90面，稍稍有点黑。第二道像是80面，已经比较白了。等第三道面粉出来又白又细，跟现在的75面粉差不多。我们在易贡吃的是大锅饭，人人都有饭吃。面粉磨好后，各个连队就按人头来领取面粉，加工厂从没有耽误过口粮供应。"

二、食品厂生产西藏第一块月饼

易贡农垦团在食品厂建厂当年就做出了西藏高原上的第一块月饼。曾在计财股担任副股长的朱秀士，还能回忆起食品厂制作月饼的复杂过程：先是要将已搓好的月饼皮，按斤两规格分好每个月饼的饼皮；其次，把要制作月饼品种的馅料按量分别称好，熟悉各种馅料配方和做法，如五仁类馅料要捏实捏圆滑，但馅料不能捏得过久，否则会渗油、离壳，每一种馅料在转换过程中标明品种，因为包好饼皮的饼坯，辨认不出其馅料容易造成混乱；在包馅时，把饼皮分别包裹已称量好的饼馅，包时饼皮要压得平正，合口处要圆滑均匀；然后，将包好的饼坯放进木模中轻轻用手压平、压实，力度要均衡，使饼的棱角分明，花纹清晰；脱模时，把饼拿到案板边上，将饼坯拍出，还要注意饼型的平整，不应歪斜；之后，送进烤炉里烤制，当时烤制的时间为14分钟左右，盘里的饼烘至饼皮微有金黄色时，才可以抽出；最后，在饼面上涂刷蛋浆再放回炉内烘至熟透。当时，做得最多的月饼品种是五仁月饼，馅内有很多的青丝玫瑰。1966年农历八月十五的中秋节，易贡农垦团食品厂将制作的第一批月饼送到了拉萨，拉萨人民第一次吃到了西藏自己生产的月饼。西藏军区生产部的首长也在会上赞赏月饼的口味纯正。[①]

三、第二批技术援藏人员进藏

在第一批援藏人员扎根易贡之后，人力、物力方面仍然匮乏。为了迅速有力地支援易

---

① 刘煜夏：揭秘新疆兵团援藏史系列报道之四——我们做出高原上第一块月饼，都市消费晨报，2006-4-14。转引自新疆生产建设兵团史志编纂委员会，新疆生产建设兵团史料选辑（23）[M]. 乌鲁木齐：新疆人民出版社，2013：226-240。

贡农垦团各方面的建设，1966 年 8 月 20 日，兵团党委决定再抽调一批干部、技术工人去西藏参加建设，支援一批种畜、种子、农机具。这次重点选调了一批技术干部，其中包括农业的、工业的、医疗卫生方面的，选调时强调技术工人要能带徒弟、身体健康、年龄不超过 40 岁。干部方面，前调的干部中，因本人及家属身体不宜进藏工作而返回者，原单位按之前的条件仍如数选调去西藏工作。另外，批准前已进藏人员中，确有未婚爱人留在兵团的可去藏工作，在 9 月中旬前做好一切准备，做好思想教育工作，待与第二批进藏人员一起进藏。这次选调过程中，吸取了上次的经验，特别强调认真进行体检，避免因身体或其他原因不宜进藏工作而返回的现象发生，确保善始善终地完成援藏任务。①

这批进藏人员于 1966 年 9 月在奎屯师部集中，到齐后，师政委史骥作了报告：“你们是师选拔的干部技术人员支援西藏，到西藏后要发扬我们兵团艰苦奋斗的优良作风，为藏族人民大办好事。”② 到乌鲁木齐，兵团的领导到住处看望进藏技术人员，兵团还为技术人员发了新的衣服：灰色的咔叽布的军装、黄色的皮大衣、黄帆布的大头鞋、黄绒棉帽。在出发前，兵团还给他们发放了食品、药品等。

四、畜牧技术

随第二批进藏人员进来的，还有新疆的种猪、种鸡、种羊、种马等，放在了三营六连。易贡团劳资股抽两个班人员组成一个排，叫种畜班，与新来的畜养技术人员一起专门饲养猪牛羊。新技术员们采用人工授精技术，开展各种禽畜的杂交改良实验。其中，黄牛杂交改良成果最突出，走在了前列。他们还进行牦牛与黄牛的种间杂交，繁殖犏牛，改良的犏牛不仅繁殖力强，而且产奶量也比土种牛高 1 倍以上。③

五、茶叶种植

1967 年 5 月易贡农垦团一位叫潘永和的大学生，从四川老家带来了一些茶籽，每颗茶籽呈棕色且发亮。九连在易贡湖畔找了 20 亩沙土地，战士们将沙土地里的石头一个个用手抠出来，干了一个月才整理完毕。

① 兵团档案：兵团司令部计财部、兵团政治部干部：《为支援西藏选调人员、物资的通知》，1966－8－20。转引自新疆生产建设兵团史志编纂委员会，新疆生产建设兵团史料选辑（23）［M］. 乌鲁木齐：新疆人民出版社，2013：157－162。

② 张川铭，进藏三年［C］//选自农七师史志编纂委员会：农七师年鉴（2007），北京：中华书局，2009。

③ 万朝林，黄梅，新疆生产建设兵团西藏易贡农垦团的建立与发展［J］. 石河子大学学报（哲学社会科学版），2019（6）：27－34。

茶籽栽种下去两个月，就在易贡的雨水下长到了 30 多厘米高。1968 年 4 月，茶叶长成。易贡九连的同志们一起采摘茶叶，出产的茶叶味道香浓，不易跑味。

易贡茶场地处高原，海拔高，采摘时间较迟，一般在每年 4 月底开采。春茶鲜叶标准为一芽二三叶的鲜嫩芽叶。经鲜叶摊放、杀青、炒青、初揉、炒二青复揉、三青等多道工序精制而成。成茶条索细紧有锋苗、露毫；色泽深绿光润，高香持久；汤色黄绿明亮，味道醇厚回甘；叶底嫩匀，黄绿明亮。①

六、农业机械化

为了发展农业机械化，易贡农垦团还专门成立了机运连。张光华是机运连的指导员，他经常给机运连的战友们传授拖拉机维修、汽车维修、联合收割机维修等技术。当时全团有 30 多辆汽车、10 多台拖拉机、3 台东风联合收割机，汽车是解放战争中缴获的美国制造的"大道吉"、苏联造的吉斯 150 和解放牌汽车。车很破旧，性能不好，经常坏，为了保证运输，他们经常白天连着晚上修车。西藏有些地方不适合大机械化耕作，需要改进，他就带领战友们攻关改进技术，让拖拉机在耕地中发挥了作用。张光华凭着过硬的技术本领，与勤劳肯干的精神被评为"西藏军区学毛选积极分子"，被树立为易贡团的标兵。②

新来的技术人员还成功改造了易贡原来小农场留下的一个废弃水锯，之前也有人尝试改造，但没有成功。在四连技术人员的研究之下，才改造成功这个 2 米长的水锯。它利用机械原理，用流水推动锯子两边，以此来锯木头，可以代替人工。四连为此还成立了一个专门负责锯木头的水锯班。

七、技术人员援助西藏春播

易贡农垦团的技术员人才济济，在整个西藏都很有名气。西藏军区其他农场由于缺少技术干部，曾从农垦团抽出 10 名技术员支援他部。春耕时节，澎波农场拖拉机出了故障，也是易贡农垦团派 10 名拖拉机能手和技术能手支援春播。同时，每逢关键农时，经常有

① 江涛，揭秘新疆兵团援藏史系列报道之三——四年垦荒建起那一片片果树、茶园 [N]. 都市消费晨报：2006 - 4 - 13。转引自新疆生产建设兵团史志编纂委员会，新疆生产建设兵团史料选辑（23）[M]. 乌鲁木齐：新疆人民出版社，2013：210 - 225。

② 孙虹杰，揭秘新疆兵团援藏史系列报道之七——新疆、西藏两地真情联动叙旧情 [N]. 都市消费晨报：2006 - 4。转引自新疆生产建设兵团史志编纂委员会，新疆生产建设兵团史料选辑（23）[M]. 乌鲁木齐：新疆人民出版社，2013：264 - 280。

易贡农垦团的技术能手援助指导，使西藏的农业管理水平快速提高。

第六节　英雄不朽

一、剿匪易贡谷

兵团援建易贡河谷一方面是要发展生产，另一方面的重任是维护边疆稳定。1966 年至 1970 年间，西藏的政治局势仍十分复杂。西藏边境地区仍然有外国势力与达赖集团暗中支持的匪徒，特别是在四川康巴叛乱和拉萨暴乱发生后，数千叛匪、暴匪隐匿乡间、高山沟谷，匪患泛滥成灾，他们四处出没，抢夺藏民的马、牛，打伤藏民。为此，易贡农垦团党委在八连成立了剿匪队，在整个易贡区日夜巡逻、放哨、侦查和搜剿，并时刻听命于西藏军区的调遣，协助剿匪。

八连还负责保卫川藏线上的重要交通设施——易贡大桥。当时的易贡大桥离八连连部有 7 公里，大桥长约 200 米，桥面宽十一二米，是连接波密县城和另一个县城的重要通道。此桥由两个排的人轮换守护，每天都是四个人拿着冲锋枪和步枪在大桥上巡逻。一旦有情报，八连连长李水友就带领一排人和军犬到深山密林里去剿匪。连长李水友回忆和同志们多次追土匪的经历："有一次，我们历尽艰苦翻了好几座山，把两个土匪堵在了一条河边，他们跳进河里想游过河继续逃跑。后来，我们在这条河下游发现了匪徒的尸体。"

除八连外，实际上很多连队也都曾参与过剿匪工作。当时，易贡农垦团属于西藏军区生产建设部 404 部队，干部职工都配备有枪，就是一支不戴帽徽领章的部队。

1966 年 5 月至 6 月，境外叛乱分子与境内反动势力勾结，在西藏多地实施暴乱，剿匪队在连长贾德良，排长马里德、张春男的带领下，奉命在波密县周围平叛剿匪，历时两个月，顺利完成任务，并将当地叛匪全部抓获，且无一人伤亡，因此被评为军区的"剿匪模范连"。

1968 年 6 月，易贡农垦团三营二连副连长李协兴接到有土匪的报告，在征得营长同意后，他带了一个枪法比较好的班去剿匪。临行前，李协兴与参加剿匪的同志们约定：他吹一声口哨就是开枪的命令，连吹两声口哨就是撤退命令。当晚，李协兴和剿匪的同志们隐蔽在藏民所说的路口，等候着伏击土匪。在黑黝黝的密林中，李协兴等人趴在地上一动不动，连呼吸都很小心。等了一个小时，没动静；两个小时没动静；三个小时过去了，还是没动静。李协兴讲述剿匪时的惊心动魄："那时，我估计土匪不会来了，就吹了两声口哨示意大家全体撤退，谁知道从远处竟然有两声口哨呼应。"过了 3 天，他们在森林里找到了一个山洞，并在洞中找到土匪用过的物品。这时，李协兴才明白当初与自己对口哨的正是土匪。

1968 年 7 月，易贡农垦团六连也接到报信，说在村子里有一户人家，偷偷给深山里的土匪送饭，他们已经跟踪送饭人，摸清了土匪藏身的地方。当天晚上，六连连长白莲塘带着战士高兴汉和闫海水等 12 人直奔土匪藏身的山林。他们在山林里寻找了两天都没有动静。直到第三天下午，白莲塘一行人才找到土匪的住处，那是深山密林里的一个山洞。他们没有立刻出击，而是在山洞附近隐蔽了起来。傍晚，四个土匪一边走，一边四处张望着进了山洞，有两个土匪临进山洞时还转过身子，警惕地向四面看了又看。等他们进了山洞，白莲塘下了行动的命令，战士们一路包抄聚向洞口，把四个土匪逮个正着。四个匪徒被抓捕后，供出一个是司令，一个是参谋长，两个是副团长。后来藏工四队的民兵队把他们带走了，交给了军区处置。①

二、扑灭山火

波密县森林资源丰富，森林总蓄积量位居西藏第二位，其中最高的云杉高达 80 米，单株木材蓄积量可达三四十立方米，每公顷蓄积量最高可达 2000 立方米，为世界罕见。就是这样宝贵的树种，39 年前差点毁在大火中。

1967 年 10 月初。当天际收尽最后一丝寒冷的阳光，灰暗的夜幕缓慢地低垂下来时，一股股乳白色的烟雾在天空中升起，在一望无际的大森林中，格外触目惊心。援藏战士朱秀士说："当时大家看见森林冒着白烟，就知道是着火了。"还没等团里下命令，人们纷纷从四面八方向火场赶去，在不到一个小时的时间，就有三千多人赶到现场。

战士们赶到现场，就在烟雾中灭火，发现一个着火点就消灭一个，火随着秋风呼叫不断地向山上蔓延。经过一天一夜的抢险，火终于被全部扑灭。到这时，援藏战士们才发现自己站在悬崖上。"当时光顾灭火，没有一个人知道自己是咋攀过悬崖峭壁的，下山时，大家就用皮带连接起来慢慢往下滑。"朱秀士回忆这次艰难的抢险："在这次抢险中，有不少人的鞋掉了，还有十多人的手被烧伤，可就是没有人叫苦。"

① 罗仰虎，揭秘新疆兵团援藏史系列报道之六——老兵共忆援藏峥嵘岁月 [N]. 都市消费晨报，2006 - 4 - 20。转引自新疆生产建设兵团史志编纂委员会，新疆生产建设兵团史料选辑（23）[M]. 乌鲁木齐：新疆人民出版社，2013：254 - 263。

三、抢通川藏公路

易贡地区自然条件复杂，山高谷深，冰川较多，山崩、泥石流、洪水、塌方、雪崩等地质灾害频发。自然灾害会经常损毁川藏公路这条生命线。

1967 年的 8 月 29 日，在易贡发生了轰动全国的帕隆拉月大塌方事件。当时，为了保卫祖国边疆，贯通川藏联系的"大动脉"，原总后勤部某部三营副教导员李显文，奉命带领十一连和十二连车队执行战备运输任务，由东向西飞驰在千里川藏运输线上。险区中心，烟雾沉沉，响声隆隆，巨石纷纷，严重影响了车辆的安全通行。8 月 29 日下午 1 时 23 分，山崩塌方加剧，险情扩大。山上飞下的巨石掉入东久河中，行车前途难卜。

为了进一步摸清险区情况，李显文、杨星春、陈洪光、程德凤、谭仁贵、曲月伦、杨庆忠、李荣昌、陈昌元和李兴富等 10 人一起冲进了塌方区。正当李显文、杨星春等 10 位同志分别从东西两端向险区中心汇聚时，伴着一阵巨响，特大山崩爆发了。此次山崩导致 10 位解放军战士全部牺牲，无一幸免。

拉月大崩塌轰动全国。后据有关研究人员估计，拉月山体崩塌土方量达 2000 万立方米，造成的人员伤亡和经济损失令人心惊。

当时，距离塌方现场最近的是易贡农垦团，只有四五十公里。拉月大塌方后，易贡农垦团立即组织人员抢险。时任易贡农垦团团长胡晋生命令四连和五连的同志们坐车到通麦大桥，背着行李，翻山越岭，在刚刚形成的易贡湖边扎上帐篷，伐树修路，开山放炮。据刘兰庭回忆，当时，只要不是病号，都来到了抢险现场，身体有病的人，则在家做后勤工作，在抢险中，应当是四连的两名职工在锯桦树时，因没有经验，一棵 20 多米高的桦树从半空中腰断掉，落在地上又弹起，将一名职工当场砸死。"在那次抢险中，还有人也牺牲了。"刘兰庭说。

经过一个多月的抢修，川藏公路终于通车。为表彰十位烈士的英雄事迹，中共中央军委发布命令，授予中国人民解放军原总后勤部队某汽车部队三营副教导员李显文等十位烈士"无限忠于毛主席的川藏运输线上十英雄"光荣称号。[①]

---

① 刘煜夏，揭秘新疆兵团援藏史系列报道之四——我们做出高原上第一块月饼 [N]. 都市消费晨报，2006 - 4 - 14。转引自新疆生产建设兵团史志编纂委员会，新疆生产建设兵团史料选辑（23）[M]. 乌鲁木齐：新疆人民出版社，2013：226 - 240。

四、最高荣誉

1968 年，新疆军区团以上干部赴北京参加毛泽东思想学习班，其中，援藏团有 10 名领导：胡晋生、秦义轩、王凤岐、张复英、张发喜、郜炳礼、聂迎祥、蒋仕其、王隆、吕希留。1969 年 1 月 25 日 16 时，毛主席接见了西藏军区团以上干部学习班的全体学员，易贡团的 10 位领导和援藏团的 10 位领导同时被接见。这是全体援藏团的光荣。[①]

第七节　汉藏一家

一、互相学习生活技能

易贡农垦团尤为重视搞好军民关系，到达驻地后就立即组织访贫问苦小组，帮助贫苦农民做好事，并进行文艺慰问演出。职工们自动筹款帮助贫苦农民还账，派人给群众看病、理发、担水、干农活、修水磨等，基建连给群众修筑水渠 3700 米。群众深感易贡农垦团对民众的关怀，满怀感恩地说："真是毛主席的好金珠玛米。"易贡团职工也主动学习藏族同志的长处，找藏民学习伐木的经验，和他们和睦相处，团结友好。[②]

1967 年，易贡乡的藏族同胞以扩场工的形式加入农垦团。年轻的党团员组成了藏工队，共有四个分队，有男女藏胞 100 多人，都在 30 岁以下。与波密县易贡乡加若村为邻的是易贡农垦团四连，有 125 人，驻铁山脚下，是易贡农垦团为数不多的能与当地藏民直接交流的连队。藏工三队和四连相隔不远，关系良好，藏工三队职工会十分虚心地向四连学习汉语和播种小麦等农业生产技术，投桃报李，藏工三队也会为四连战士教授藏语。原易贡农垦团供销股会计邵良才说："我当时管粮食经常到各连队检查他们的生产情况，藏工队也是我检查的对象，我不懂藏语，每次下藏工队都要带上翻译卢布江村，通过他我了解到很多藏工队员在连队干部职工的帮助下，认真学习汉语和生产技术。"

此外，藏族同胞也经常为部队官兵解决困难。那时三营二连是畜牧连，饲养着几十头种马与种牛。二排的排长李长年负责种牛的放牧工作。1967 年秋，李长年带领排里两位

①　胡晋生，难忘西藏［C］//农七师史志编纂委员会汇编，农七师年鉴，北京：中华书局，2009。
②　兵团档案：中国人民解放军西藏军区生产部《中国人民解放军西藏军区生产部关于农垦团进藏情况的报告》，1966 - 6 - 10。转引自新疆生产建设兵团史志编纂委员会，新疆生产建设兵团史料选辑（23）［M］. 乌鲁木齐：新疆人民出版社，2013：153 - 156。

同志赶着 30 多头牛转场，途中有条约 50 米宽的河，近两米深。眼看太阳要落山了，他们很着急。过了大概半个小时，一位藏族老艄公划着木船顺流向他们漂过来。那船是用一段掏空了树干的巨大松木做成的，直径有两米多，长 10 米左右。他们请求艄公帮忙把牛运到河对岸，因为语言不通，他们比划了半天老艄公才明白。藏族艄公把船靠岸后，将缆绳系在岸边的大树上，并且帮他们把牛群分成 3 批。李长年回忆那些牛很怕水，撅着屁股就是不肯上，他们只好硬把它们使劲往船上推。经过 3 个来回，30 多头牛被安全地送到了对岸。李长年排长拿钱酬谢老艄公，可他不肯收。于是，递了一根卷烟，艄公快活地接了，一面抽着烟，一面划着船就走了。

二、雪域高原的好医生

在新疆兵团援藏之前，波密县原来只有一个不足 10 人的小医院，缺医少药，团医疗队经常下乡，为藏族同胞看病。而易贡农垦团带来了齐全的医疗团队，儿科、妇产科、外科、五官科、传染科都有，还在医院配备了 X 光机，极大地改善了易贡地区落后匮乏的医疗状况，保障了当地藏民的生命健康。

易贡团的韩贵水医生在藏族同胞里以医术高明著称。他是二营五连卫生员，不但为战士们诊病治病，而且还为当地的藏民们治病，口碑特别好。许多藏民们得知他的医术高明后，纷纷赶来找他治病，有的藏民会赶几十里路来找他看病。他态度和蔼，会非常耐心地为藏民们治病，经他治疗救助的藏民不计其数。除了治病救人，他还会医治牲畜。藏民们把牛、羊赶来让他治病，结果也给治好了。藏民们对他精湛的医术非常佩服，称赞他是雪域高原的好医生。

三、汉藏联欢

六连驻地在易贡大桥北边二三百米的地方，与藏工队所在的中北村紧挨着。六连有一个宣传班，他们就和藏工队互相走动，经常联欢。宣传班通过编小节目，如天津快板、数来宝、歌曲、舞蹈、小话剧等形式宣传连队里的好人好事，借此融洽军民关系，丰富大家的文娱生活。当时藏工队的队长是布修，是一个 26 岁的帅气小伙子，不仅歌唱得好，而且舞跳得也好，只要歌舞起来，六连战士都跟着他学跳藏族舞蹈。在每次联欢中，20 多名宣传班的姑娘和小伙子们也不甘示弱，宣传班的高兴汉会从藏工队借来民族服装，让宣传班的同志们轮番上场表演，台下不时响起热烈的掌声和欢呼声。

四、汉藏联姻

1967 年初，柳华标又被调到连队食堂给首长们做饭，也就是在这个小小的食堂，他与藏族女孩布瑞相识相爱。布瑞经常利用在连队食堂吃饭的机会，与从上海来的女知青交流，开始布瑞就听同事讲食堂有一位大师傅做的菜很好吃，但是没有与这位大师傅见过面。布瑞回忆他们的首次相识："有一天，布瑞再次按时来到食堂时，在门口处与一位年轻人撞在一起，当时，年轻人连忙向我道歉，我也没往心里去，当我吃到快一半时，那名年轻人就坐在我旁边。这时，我才从同事口中得知，他就是那个有名的大师傅。"从此，布瑞就开始对这位年轻人有了好感，事后，布瑞知道年轻人叫柳华标。因为柳华标会烧菜，布瑞就认定他是要找的另一半。随着时间的推移，布瑞和柳华标距离拉得近了，布瑞通过好友向柳华标抛出了绣球。"那些日子，我整天都生活在幸福之中。"布瑞说。几个月后，柳华标正式拜访了布瑞的父母，在当天的家庭晚宴上，柳华标显露的一手厨艺让布瑞的父母很是高兴。1968 年 10 月，柳华标与布瑞举行了婚礼，就这样俩人成为正式夫妻。

还有二营的黄三妥与加若村的藏族姑娘卓玛结为夫妻。1970 年援藏结束后，黄三妥带着卓玛回到了新疆。二营的李四海也与藏工队的一个藏族保管员结婚了。[①] 来自易贡一连的蔡言发，找了连队的藏族翻译藏族姑娘次仁，一连的宁小根、彭小毛、冯小根都成了藏家女婿。

五、不舍分别

1969 年，正当新疆生产建设兵团将士们准备继续大展宏图时，"文化大革命"波及易贡，农垦团生产秩序受到严重破坏，同时易贡农垦团实施的机械化农场模式，也遭到了当地自然条件的挑战。1969 年 10 月，中央批准易贡农垦团返回新疆。12 月底，易贡农垦团开始撤退，女同志和小孩先期离藏，大概一个月后才回到新疆。

离开时，新疆援藏的战士们都十分不舍，张川铭与其他战友在收拾行李时，将西藏青冈木做成的榔头和擀面杖放进行李中。1970 年 1 月，绝大部分援藏战士及其家属近万人返回新疆。只有少部分人由于已和当地藏族联姻，留在了易贡。

---

① 罗仰虎，揭秘新疆兵团援藏史系列报道之六——老兵共忆援藏峥嵘岁月 [N]. 都市消费晨报，2006 - 4 - 20。转引自新疆生产建设兵团史志编纂委员会，新疆生产建设兵团史料选辑（23）[M]. 乌鲁木齐：新疆人民出版社，2013：254 - 263。

新疆援易贡团在 1966 年种植的苹果、梨子、茶树、桃树、葡萄等都留了下来，在 1970 年撤退时，都已经长成大树，挂满了果实。以苹果为例，逐渐成为当地特产，据《中国土产大全记载》："西藏易贡苹果，皮薄、汁多、含糖量达 13.8%，被评为西南地区的优质品种。"① 这些果实蕴含着新疆援藏战士对易贡这片土地深沉且历久弥新的热爱，也代表着新疆与西藏之间不可割舍的深厚情谊。

---

①　孙步洲，中国土特产大全下册［M］. 南京：南京工学院出版社，1986：184。

第三章 西藏自治区管理易贡农场
（1970—1985 年）

1969 年，受"文化大革命"的影响，中央批准新疆援藏人员全部返疆，易贡农场的生产进入停滞状态。

1970 年 1 月，易贡农场交由西藏军区管辖，为生产建设师 404 部队易贡五团，继续采用部队编制。在西藏军区的带领下，易贡当地的藏族扩场工与西藏军区易贡五团的战士们继续发扬"屯垦戍边"的精神。

1978 年，西藏军区生产建设师解散，易贡五团交由新成立的西藏自治区农垦厅改制。同年易贡五团交自治区农垦厅，更名为易贡农场。根据易贡的自然条件和种植经验，扩大了茶叶与果树种植，提高了易贡沟的发展水平。

1982 年，国家投入巨资，在易贡农场进行大面积茶叶种植，成茶面积达到 2108 亩。根据具体情况，易贡农场制定了"以茶为主、兼多种经营"的方针。

第一节 西藏军区易贡五团

一、西藏军区接管易贡五团

1. 人员编制

1970 年 1 月开始，新疆生产建设兵团绝大部分援藏将士及其家属返回新疆。易贡农场交由西藏军区管辖，为生产建设师 404 部队易贡五团，继续采用部队编制。

新疆生产建设兵团在撤退时，安排了原易贡农垦团一连的钟再贤与其藏族妻子留下。他们和其他已在当地成家而留下的人一起，搬到了易贡团团部柏村，在易贡团当地藏工队的基础上，成立了有几百人的新易贡五团，由钟再贤担任新易贡五团的政治处干事。[1] 在新易贡五团的带领下，易贡当地的藏族扩场工与留守易贡的战士们继续发扬"屯垦戍边"

---

① 孙虹杰，揭秘新疆兵团援藏史系列报道之七——新疆、西藏两地真情联动叙旧情［N］. 都市消费晨报，2006 - 4。转引自新疆生产建设兵团史志编纂委员会，新疆生产建设兵团史料选辑（23）［M］. 乌鲁木齐：新疆人民出版社，2013：264 - 280。

— 48 —

精神，维系汉藏民族团结，促进民族融合。

2. 畜牧业

1970 年，易贡农场对全场的牛群进行了整顿，按牦、黄种间杂交的繁育体系，编组成良种群、基础母牛群、杂交改良群、生产群。坚持进行牦牛与黄牛的种间杂交繁殖犏牛，犏母牛数量达 23 头，酥油产量 700 多斤。整顿后的农场虽然牲畜数量不多、产量不丰，但规范的管理体系为日后发展畜牧业打下了坚实的基础。

二、1971 年易贡五团生产情况

1. 粮食与经济作物

1971 年易贡五团的总播种面积为 8890 亩，粮食单产为 198 斤，总产为 176 万斤。油菜播种面积为 190 亩，单产为 21 斤，总产为 4000 斤。春麦 500 亩，冬麦 3729 亩。青稞混播 4651 亩。粮食产量满足了当地驻兵和藏民的日常生活需要，油菜等经济作物的产出成绩喜人，为 1977 年农场调整第一产业结构、扩大经济作物生产面积提供了可能。

得益于易贡得天独厚的生态环境，1971 年易贡五团尝试种植茶叶 100 亩，最终产量为 500 斤。水果种植为 400 亩。[①] 茶叶和水果的种植让易贡的农业生产有了更多的可能，用当地物产满足了本地藏民和驻兵的需求，极大地提升当地居民的生活质量，为易贡茶及水果走出西藏、走向全国奠定了良好基础。

2. 牲畜

1971 年易贡五团牲畜数量稳定增长，总计 2513 头牲畜。大牲畜 1592 头，其中牛 1071 头，马 521 匹。羊合计为 137 只，115 只山羊，22 只绵羊。猪 784 头。

肉及副产品产量颇丰，能够满足人们的需求。当年牛羊肉产量 9000 斤，猪肉产量 5000 斤，酥油产量 4000 斤，牛奶产量 22000 斤，羊毛产量 3500 斤。

3. 农业机械

易贡五团有东方红拖拉机 8 台，手扶拖拉机 2 台。农机具有播种机 8 台，机引耙 8 台，机引擎 8 台，脱粒机 1 台，榨油机 1 台，饲料粉碎机 1 台。运输工具有载重汽车 9 辆，畜力驭轮大车 25 台。

---

① 西藏军区生产建设师司令部编，西藏军区生产建设师 1971 年度工、农业生产统计报表［R］. 1977 - 3。西藏自治区农业农村厅档案科藏。

4. 职工人数与工资

易贡五团合计有 2926 人，职工 1689 人，职工家属 107 人，小孩 1130 人。职工中干部 128 人，工人 1561 人。职工以藏族为主，藏族 1417 人，汉族 144 人。职工中从事常年性工作的有 50 人，可维持农场正常运转。

职工工资总额为 53.96 万元。干部工资总额为 8.42 万元。工人工资总额为 45.54 万人，临时工为 0.7 万元。全部职工月平均工资为 26.6 元，工人工资平均为 24.31 元。

三、1970 年代的东波觉果园

1972 年，新华社《伟大社会主义祖国欣欣向荣》专栏对西藏生产建设开发部队的成就做了专题报道。部队战士们以边疆为家，以艰苦为荣，在万里高原上，战风沙，斗严寒，开荒造田，建造林带、果园，将垦区建成了产物丰硕的"西藏江南"。

"东波觉"在藏语中是乱石滩地之意，易贡湖畔的东波觉果园，原来是一片荒无人烟的乱石滩。10 多年前，一批军垦战士来到这里垦荒拓岭，历尽千辛万苦，把这里建设成为生产建设部队的大果园之一。1972 年，这里结出了 27 万斤丰硕的果实。察隅垦区沙冲坝的大片土地，原来是灌不上水的"望水地"，军垦战士以惊人的毅力，自己勘测，自己设计，修了一条盘旋翠岭、横穿绝壁、长达 14 华里的水渠，把从雪山冰湖直泻而下的水源，引入干旱的沙冲坝，把凹凸不平的碎地改造成稻田。1972 年，这个垦区水稻亩产超过 500 斤，成为稻谷飘香的"西藏江南"。[1]

20 世纪 70 年代中期，易贡农场年产水果达 20 多万公斤。由于易贡白天阳光强烈，光照时间长，适宜各种水果的生长，加之昼夜温差大，白天光合作用强，夜间呼吸作用弱，有利于果体的增大和糖类物质的积累，这种得天独厚的自然条件，使易贡果品的色、香、味俱佳，成为果中上品。其中，东波觉滩涂上所出产的苹果个儿大，香、甜、脆、美，深受欢迎。70 年代，曾作为西藏特产被自治区领导带进中南海，受到党和国家领导人的好评。[2]

四、1977 年"以茶为主"方针的提出

（一）农牧业情况

1977 年，易贡五团在党的十一大路线指引下，遵照毛泽东同志"以粮为纲，全面发

---

①　西藏生产建设部队开发边疆作出新贡献［R］. 新华社新闻稿，1972（1166）。

②　白玛朗杰，赵合，旺杰，等，林芝地区志［R］. 北京：中国藏学出版社，2006（9）：346 - 348。

展"的方针，结合易贡的自然特点，西藏生产建设师党委提出了"在粮食自给有余的基础上，尽快转向以茶叶生产为主"的经营方针。在保持粮食作物播种面积的同时，扩大了油菜、茶叶、果树等经济作物的种植面积。

1. 粮食作物

1977年易贡五团土地总面积为10999亩，耕地面积合计9881亩，总播种面积为9541亩。在主要播种粮食作物的同时，易贡五团不再局限于满足当地军民的生存需要，也在努力开发油菜等经济作物的播种面积，以期获得更多的经济收益。一方面，不失时机，保证质量，适时抢播，抓好冬播工作。另一方面，因地制宜，做好选种与发芽试验，力争经济用种，减少浪费，根据土壤肥力高低、种子发芽率和品种特性，选择合理群体结构。

易贡粮食作物播种面积为9026亩，每亩单产232.8斤，总产210.13万斤，较1976年增产13.6%。其中，小麦播种面积为5849亩，单产为276.5斤，总产为161.7万斤，小麦播种品种全部为冬小麦。青稞播种面积为839亩，单产185.9斤，总产为15.6万斤，青稞播种品种全部为冬青稞。豆类播种面积32亩，单产为12.5斤，总产为400斤。其他杂粮播种面积为2306亩，单产为142.2斤，总产为32.8万斤。

油菜播种面积为615亩，单产32.5斤，总产为2万斤，较1976年增产68%。榨油1.5万斤。

蔬菜总产21.5万斤。[①]

冬播作物种植情况与种子调拨情况如表1-3-1、表1-3-2所示：

表1-3-1 冬播品种种植比例表[②]

作物品种	肥麦1号（亩）	小麦"南大2419"（亩）	小麦"阿勃"（亩）	小麦"欧柔"（亩）	小麦"内乡五号"（亩）	小麦"解放四号"（亩）	青稞（亩）	豌豆（亩）	合计（亩）
一连	215	400		200		300	100	100	1315
二连	300	750	10	140			200	200	1600
三连		1850			200		100	350	2500
四连		350					100	100	550
五连		185					30	70	285
农建连		150							150
合计	515	3685	10	340	200	300	530	820	6400

注：五连185亩小麦"南大2419"包括15亩外引品种面积。

---

① 数据来源：西藏军区生产建设师司令部编报，西藏军区生产建设师1977年度工、农业生产统计报表［R］．1972-3-18．西藏自治区农业农村厅档案科藏。

② 数据来源：西藏军区生产建设师五团司令部编报，通知［R］．1977-9-15．易贡农场藏档案。

表1-3-2 冬播作物种子调拨表

品种名称	数量（斤）	调出单位	调进单位
小麦"内乡五号"	5000	一连	三连
小麦"欧柔"	3500	一连	二连
小麦"南大2419"	12000	三连	四连
小麦"南大2419"	5000	三连	五连
小麦"南大2419"	4500	三连	农建连
水稻"大红芒"	全部	五连	三连
水稻Ⅱ-37-38	全部	五连	三连
小麦解放四号（342）	全部	五连	三连

注：其他品种由各连解决。

2. 茶叶生产与加工

1977年，遵照毛主席"以后山坡上要多多开辟茶园"的指示，易贡五团提交了《关于发展茶叶生产的意见》报告。经过调查，易贡可种茶园面积达3000余亩。但1970年后，易贡对茶园管理粗放，效益低，争取资金、肥料较难，因此未得到全面发展。1977年，茶叶种植面积为155.5亩，产量5606斤。

易贡五团为发展茶叶生产，作出了具体规划，由约200名劳动力组成专业茶园连队，以6～7年的时间建成新茶园2000亩，即每年增植茶园300亩左右。培养技术人员，做好机械设备准备，预计12年后（即1990年），2000亩茶园可全部进入茶树成年期，按每亩产干茶200斤计，茶叶总产可达40万斤。根据管理规划，向上级申请每年投入15万元，5年共计75万元。[①]

基建方面，1977年当年新增茶叶间，施工房屋面积200平方米，竣工房屋面积200平方米，竣工房屋价值7000元，竣工房屋均造价为每平方米35元。茶叶间的修建，标志着当地茶叶的标准化生产迈上了一个新的台阶。

3. 果、林、药材

易贡五团果树种植面积合计770.5亩，共15065株，其中结果的面积有426亩，结果的株数是8429株，总产是100.9万斤。

苹果树种植552亩，共10902株。其中结果面积有394亩，7812株，总产98.5万斤。当年新增苹果树面积100亩，1200株。

桃树种植3亩，15株，全部结果，总产1000斤。

梨树种植122亩，2564株。其中挂果29亩，602株，总产2.3万斤。

---

① 数据来源：中共西藏军区生产建设师五团委员会，报告关于发展茶叶生产的意见［R］. 1977-11-27。易贡茶场藏档案。

核桃树种植面积为 93.5 亩，1583 株。

果树苗圃 8 亩，1500 株。

除满足军民的饮食需求之外，提高人民体质健康，提升生活质量也尤为迫切。易贡五团有原木储材 958 万斤，木炭产量 14.1 吨。挖中草药药材 4000 斤。

4. 畜牧业

1977 年易贡五团畜牧业平稳发展。牲畜年末存栏总数为 2416 头，较 1976 年增加了 6.2%。有大牲畜 1403 头。大牲畜中役畜 402 头，其中耕牛有 135 头。奶牛有 465 头。马有 494 匹，骡有 25 只，驴有 7 只。羊合计 369 只，其中绵羊 346 只，山羊 23 只。猪有 644 头。

1977 年新增仔畜 1122 头，成活总数 985 头，成活率 88%。大牲畜新增 182 头。新生幼崽的数量增多、成活率提升，为畜牧业的进一步发展打下了坚实的基础。

副产品方面，鸡蛋产量为 1666 斤，牛奶产量为 17800 斤，奶渣产量为 400 斤，满足了当地军民对蛋奶产品的需求。

5. 农业机械

易贡五团农业机械方面有农机 6 台，马力合计为 300 匹，其中轮式为 24 马力 2 台。较之 20 世纪 70 年代初机械较少，影响农业生产。

（二）工业生产情况

1. 食品加工

易贡五团食品加工厂加工面粉 312.5 吨，做粉条 7000 斤，可以满足当地军民对食品的需求。

2. 发电

易贡五团发电站兴建于 1975 年，1976 年 12 月建成投产，1977 年发电量为 11.58 万千瓦时。

3. 化学加工

烧石灰 965 吨。

（三）职工与住房

1. 职工情况

易贡五团人口总数为 2934 人，其中女性 1481 人，男性为 1453 人。其中职工总数为 1591 人，国家正式职工为 511 人，扩场工 1080 人。职工相比 1976 年减少 26 人，其中 20 人内调，2 人调出本单位到自治区部门。

五团中非农牧业人口 1044 人。劳动力合计为 1558 人，男性劳动力为 811 人，其中男性全劳动力为 755 人，女性劳动力为 747 人，其中女性全劳动力为 687 人。

易贡五团 1591 名职工中，管理人员 111 人，生产人员 1340 人，服务人员 140 人，还有退役干部 9 人，退役兵 64 人，支边青年 33 人。管理人员 111 人中，行政人员 22 人，政工人员 23 人，后勤人员 40 人，技术人员 6 人。生产人员 1340 人中，农业工人 777 人，林业工人 2 人，牧业工人 156 人，副业工人 103 人，农业机械工人 21 人，农机维修工人 15 人，汽车运输工人 7 人，基建工人 204 人，伐木及其他工人 55 人。服务人员 140 人中有炊事员 33 人。

2. 房屋情况

易贡五团扩场户数为 631 户。

易贡五团房屋合计 21590 平方米，其中住房面积为 13739 平方米。

（四）生产收支

1977 年易贡五团收入 124.38 万元，支出 124.31 万元，即盈利 700 元。盈利偏少，入不敷出，难以高效地开展下一步生产工作。

1. 收入情况

易贡五团收入合计 124.38 万元，其中农业收入 37.86 万元，林业收入 32.62 万元，牧业收入 5.51 万元，工副业收入 48.39 万元。

2. 支出情况

易贡五团支出合计 124.31 万元，其中农业支出 44.04 万元，林业支出 10.34 万元，牧业支出 14.15 万元，工副业支出 38.53 万元，其他支出 17.25 万元。[①]

第二节 改革开放下的易贡农场

一、农垦政策调整

1. 经济体制改革

从党的十一届三中全会召开到党的十二届三中全会召开前夕，西藏以农牧区改革为切入点，推行各种生产责任制改革，实行休养生息，确立了"两个长期不变"的政策，即在坚持土地、草场、森林公有制的前提下，农区实行"土地归户使用，自主经营，长期不

---

① 数据来源：西藏军区生产建设师司令部，西藏军区生产建设师 1977 年度工、农业生产统计报表［R］. 1972 - 3 - 18。西藏自治区农业农村厅档案科藏。

变"的政策，牧区实行"牲畜归户，私有私养，自主经营，长期不变"的政策。其间，中央先后于 1980 年和 1984 年召开第一次、第二次西藏工作座谈会，在深入调查研究的基础上，实现了指导思想上的"一个解放、两个为主、两个转变"。"一个解放"即解放思想，放开手脚，一切从西藏实际出发，从有利于调动广大农牧民和职工发展生产的积极性出发，充分发挥西藏自身优势，制定符合西藏的方针、政策；"两个为主"即按照西藏生产发展水平和群众意见，在坚持土地、森林、草场公有制前提下，实行以家庭经营为主、以市场调节为主的生产经营方针；"两个转变"即逐步从封闭式的经济转变为开放经济，增强自身活力，逐步实行西藏城乡经济的良性循环，使供给型经济逐步转变为经营型经济，以提高经营者积极性，提高经济效益。

按照中央决策部署，西藏自治区党委、政府制定了一系列有利于西藏经济发展，特别是有利于农牧区发展和农牧民治穷致富的特殊优惠政策。相继出台了《关于农村牧区若干政策规定（试行）》《关于民族手工业若干政策的暂行规定（试行）》《关于发展边境小额贸易有关问题的通知》等系列重要改革文件，施行"放、免、减、保"四字方针、"两个长期不变"政策，逐步调整理顺农牧区的生产关系和经营体制，实现了经济体制改革的政策框架基本定型，解放和发展了农牧区生产力，推动了农牧区经济快速发展，改善了农牧民生活。①

2. 改革政策具体化

1984 年 10 月，党的十二届三中全会确立了经济体制改革的目标是建立有计划的商品经济。按照党中央决策部署，1985 年 1 月，西藏自治区党委、政府出台了《关于改革经济体制和加快经济发展的意见》，把农牧区改革若干政策进一步具体化，实行企业扩权试点，全面启动经济体制改革。②

二、易贡农场的变革

1. 退场还农

西藏军区生产建设师于 1979 年解散，随后成立了西藏自治区农垦局，包括易贡在内的军垦农场移交给了西藏自治区农垦局管理，易贡五团正式改名为易贡农场。

1980 年，西藏自治区农垦局改为西藏自治区农垦厅。易贡农场的管理权转移到西藏

---

① 中共西藏自治区委员会党史研究室编，中国改革开放全景录·西藏卷［M］. 拉萨：西藏人民出版社 .2018：13 - 36。
② 中共西藏自治区委员会党史研究室编，中国改革开放全景录·西藏卷［M］. 拉萨：西藏人民出版社 .2018：47 - 56。

自治区农垦厅。根据中央指示，原军垦农场的官兵可以协商去留问题，自主选择是在农场继续工作，还是回原籍进行再就业。易贡农场中，除了少数已在当地安家的官兵外，大部分官兵都选择了回乡安置。因此，易贡农场的工作人员骤减。

考虑到西藏农垦事业的持续发展，西藏自治区党委和政府一致决定在包括易贡在内的国有农场中，一部分实行退场还农政策，另一部分根据自身发展需求进行合并经营。

2. 干部内调

1980年到1985年，原林周农场和澎波农场实行了全面的退场还农政策，留下的农垦正式职工及扩场工一部分进入了易贡农场工作。其间，西藏的支边知青也响应国家政策，离开西藏，返回了原籍。为维护西藏农垦事业的成果，加强农场管理工作，西藏各国有农场进行了大范围的汉藏干部内调工作。

3. 茶园建设

1982年，国家在易贡农场投资，兴建茶叶种植生产工程。易贡农场开始扩大茶叶种植面积，种植面积很快突破千亩。根据当时的实际情况，易贡农场制定了"以茶为主、兼多种经营"的发展方针，一个世界海拔最高的专业茶场初步形成。

1983年，西藏自治区党校迁至拉萨，旧校址所有地面附属物移交易贡农场，易贡农场场部与现在的茶叶二队搬迁入西藏自治区党校原址。

第三节　易贡农场的新发展

一、经济体制改革

1985年年初，易贡农场实行了经济体制改革，主要从以下三个方面进行改革：

1. 撤销连队建制

易贡农场改革了原有的管理体制，减少管理层次，撤销连队建制，建立三个管区，精简了管理人员，完善了管理结构。管理人员由过去的108人减少到67人，减少38%；减少的人员下队承包茶园和转向就业。

易贡农场下属三个管区，一个制茶车间。场机关设场长办公室、党委办公室、公安分局等三个职能机构，另设盛业公司、机运供销公司和劳动服务公司，并设有医院、学校两个事业单位。

2. 兴办家庭农场

易贡农场推行家庭联产承包责任制，改变了过去企业吃国家大锅饭的弊端，兴办了职工家庭农场，极大地提高了员工的生产积极性。

易贡农场到 1985 年总人口达到 2595 人，共 587 户。其中，正式职工 850 人（包括离退休职工 110 人），扩场工 521 人（含五保户 33 人）。家庭农场 433 户。其中，从事粮食生产的 167 户，职工 869 人；从事茶叶生产的 239 户，职工 547 人；经营管理果园的 22 户，从事其他生产的 5 户。

3. 改变经营方针与生产结构

易贡农场改变了过去以生产粮食为主的经营策略，因地制宜，实行以茶为主、多种经营的方针，优化了生产结构。

过去易贡农场基本上不种油菜，20 世纪 70 年代末起，油菜种植面积逐年增加，产量由过去的几千斤，发展到 1984 年的 11 万斤。耕地 8900 亩，其中粮食播种面积 5154 亩，茶园 2520.6 亩（其中已采茶地 98.7 亩，部分采茶地 200 余亩），果园 930 亩，各种果树 19700 株；各类牲畜 3449 头（只），其中，牛 1683 头，马 470 匹，猪 1075 头，羊 200 只。农场有人工草场 600 亩，天然草场 4000 多亩。[①] 经济作物的规模逐年递增，农业、畜牧业并举，生产结构合理，农场员工逐渐富裕起来。

二、农业生产

1. 改革耕作方式

耕作制度改革，也为易贡农场的发展带来了转机。藏族职工习惯于传统粗放的耕作方式，20 世纪 80 年代的退伍老兵又缺乏科学种田知识。在这种情况下，要提高粮食单产，就必须在播期、播量、播种方式、栽培技术、品种等方面进行改革。农场针对职工和基层干部的习惯，在反复说服教育的基础上，通过试验示范和运用计划调节，结合必要的行政手段，科学的耕作制度逐步推行开来。改变了原来二牛抬杠耕地和撒播下种的传统方式，普及了条播、机播等科学的耕作方式。改革成果斐然，麦类作物亩产比撒播增加了五至六千克。通过试验，保证了基本苗，实现了合理密植，粮食作物产量丰硕。

在栽培措施上，一方面，易贡农场逐步推广了作物不同生育期的合理施肥、灌水、中耕技术。另一方面，还通过调整播期，推行间作、套种，普遍实行了精选机选种、化学除草、药剂种植、增施深施化肥、绿色休耕。此外，易贡农场还改变了过去只通过粮豆混播和耕地白色休闲增肥地力而不重视施肥的习惯，大抓积肥、造肥。针对西藏海拔高、无霜

---

① 《关于易贡农场的调查报告》，1986 年 6 月 19 日，西藏自治区农牧厅文件，藏农发（1986）41 号。

期短、昼夜温差大、积温不足、不利于有机肥发酵腐熟的特点，在广泛宣传教育、进行科学实验、技术培训、组织现场观摩的基础上，农场推广了沤肥、燻肥、压绿肥、菌肥、化肥、叶面喷肥、因土施肥等新技术，改变了过去只重视氮肥的习惯，大面积施用复合肥。

以上所有改革和农业技术措施的推广应用，在西藏这一特殊的自然和社会经济条件下都有着不寻常的意义，不仅包含着农垦干部、职工和科技人员艰苦而辛勤的劳动，也意味着这是一场历史性的深刻变革。[①]

2. 治理病虫害

易贡农场自1983年开始，苹果白粉病大流行，苹果棉蚜在少数果园猖獗。针对这一情况，技术人员及时进行病虫情况调查和局部防治试验。1984年又与自治区林科所等单位联合组成专门防治小组，用自治区增拨的经费购买药械，研究制订了综合防治措施。经过3年努力，于1986年取得了成效，基本控制了白粉病的继续流行和蔓延。

易贡农场粮食作物中传染病病害比较普遍。农垦普遍推广药剂拌种，经过数年坚持，基本控制了麦类作物黑穗病、青稞条纹病等种传病害的发生。国有农场这种组织形式，便于及时采取措施，集中统一防治，较快控制住了病虫害问题。[②]

3. 引进新品种

易贡农场引进的油菜品种"川油二号"从1982年开始，连续五年获得大面积（500亩以上）高产（100千克以上），单产提高3倍多，从根本上改变了过去吃油靠外援的状况，实现了自给有余。1985年，农场获西藏自治区良种推广奖。[③]

4. 生产经营状况

易贡农场的生产经营情况并不乐观。直至20世纪80年代中期，农场规模仍然较小，经营单一。过去基本上是以粮食生产为主的自给性农场，除水果外，其他农副产品量很少。

自1971年有资料记载以来，到1985年，易贡农场15年的总产值累积为1331.45万元，平均每年产值只有88.8万元；粮食产量共计252882万斤，年产量多数在100万斤到180万斤的水平，其中1985年产量只有66万斤；生产油菜籽56.1万斤，肉42.32万斤，酥油6.32万斤，水果771.17万斤，茶叶仅8.75万斤。

在这15年中，有9年获得赢利，赢利总额69.11万元。其间，国家给农场的总投资为481.08万元，农田水利建设费占91.42万元，农垦事业费为58.7万元，茶园建设费为190万元，政策性支出为46.8万元，其他支出为94.16万元，流动资金110.74万元。易

---

① 西藏农垦概况编写组，西藏农垦概况 [R]. 拉萨：西藏新华印刷厂，1986：22-23。
② 西藏农垦概况编写组，西藏农垦概况 [R]. 拉萨：西藏新华印刷厂，1986：24-25。
③ 西藏农垦概况编写组，西藏农垦概况 [R]. 拉萨：西藏新华印刷厂，1986：70。

贡农场固定资产为 1314.79 万元。

但是，由于生产单一，经济发展较慢，易贡农场的职工收入水平并不高；农场的扩场工实行工分制，每工分 0.15 元，一个强劳动力每天最高 10 工分，即每天 1.5 元。每月扣除 5 天休息，实际收入不到 40 元。[①] 农场职工的生产积极性受到抑制。

三、茶叶生产

1. 茶园建设

根据四川省农牧厅农勤队提供的《茶园五年报产资料》，1980 年至 1986 年，易贡农场的茶园建设投资 400 多万元，每年每亩投资 319 元。易贡农场茶叶的发展水平，在西藏自治区农垦事业中居领先地位。早在 1956 年、1960 年、1963 年、1967 年，西藏就引进过茶籽，在察隅、易贡、错那、林芝试种，但其中发展最快、面积最大、真正成为茶叶生产基地的只有易贡农场。然而在 1964 年易贡种茶 38 亩后，便没有大的发展。

1979 年，易贡农场开始进行产业结构调整，确定了"以茶为主，粮油并重，多种经营"的方针。随后于 1981 年、1983 年两次进行宜茶地勘察和茶园建设规划设计。为了贯彻产业结构调整的方针，尽快建成易贡茶叶生产基地，西藏自治区人民政府投资 890 万元，1980 年开始大面积扩种茶园。根据考察结果，易贡农场有 40% 的宜茶地可以垦荒种茶，借此机会，易贡农场职工开始积极地进行茶叶开发建设。按照茶地要求，挖除树丛，炸掉巨石，平整土地，修建梯田，每建设一亩茶园都要付出艰苦的劳动和高昂的代价。但是，为了提高西藏茶叶自给自足的水平，易贡农场的工人不怕困难，使茶园以每年 500 亩的增速发展。1986 年，易贡农场建成茶园 1636 亩，制茶车间 1 座，采摘面积 298 亩。

2. 茶叶生产

1985 年，易贡农场生产炒青茶 2250 千克，金尖茶（民族用茶）3200 千克。就当时的生产水平看，无论在数量还是质量上，易贡茶园都可以达到国内先进水平。当年管理得当的茶树的枝条可生长 80 厘米，亩产鲜叶达 1500 千克。易贡农场生产的金尖茶深受藏族人民欢迎。易贡农场生产的金尖茶在煮茶时香气四溢，味道色泽优于当时市售的茶叶。[②]

易贡的炒青茶加工技术虽尚待改进，但依旧受到了日本友人的题字赞扬。1984 年 10 月上旬，上海市茶叶学会、上海市茶叶进出口公司专家和技术人员 20 多人，在品尝了西

---

① 《关于易贡农场的调查报告》，1986 年 6 月 19 日，西藏自治区农牧厅文件，藏农发（1986）41 号。
② 西藏农垦概况编写组，西藏农垦概况［R］. 拉萨：西藏新华印刷厂，1986：30－33。

藏自治区易贡茶场生产的炒青绿茶后，给予了很高的评价。技术人员认为易贡绿茶外形紧结、重实、润泽，香气清沁，带板栗香，汤色明亮清澈，滋味醇和爽口，叶底嫩亮，尤其是香气和汤色，可与内地特种名茶媲美。经上海市商检局和上海市茶叶进出口公司化学分析，易贡绿茶水含浸出物44.4%，茶多酚30.9%，水分4.5%。从感观评审和化学分析结果来看，是目前内地茶区难得见到的炒青绿茶。湘茶、婺茶、杭茶、舒茶、屯绿、温绿、饶绿珍眉等茶叶的茶多酚含量，一般为14.45%到17.7%，而易贡炒青茶却高达30.9%，由此可见其出众品质。[①]

20世纪80年代，易贡对茶叶种植进行了多项研究。通过开展茶树生长发育、适期采摘、剪枝、茶叶品质分析、茶苗越冬管理、茶叶加工技术、果林病虫害综合防治等方面的研究，有力地推动了当地果、茶业生产的发展。其中三项获垦区科技成果奖，茶叶种植研究效果显著。

四、畜牧业生产

畜牧业方面，易贡农场曾遭遇了一些挫折。1978年开始，易贡农场的牲畜存栏数从2600头逐年减少，到1983年就仅有300头。畜牧业遭受如此重创有以下几点原因：西藏高原气候，自然条件恶劣；草原牧草再生能力低，枯草期长达7个半月；牧场一般没有补种、灌溉、施肥条件；牲畜多数无棚无圈；饲养、管理十分粗放；土种家畜虽具有较强的适应性，但生产性能低，牦牛两年一胎，绵羊双羔率几乎没有，一个冬春牦牛减重达1/4，绵羊达1/3。

但农场在遭受挫折后并没有跌落谷底，1984年迅速回升到1500头，1985年增长至2100头。到1985年为止，易贡农场从国内外引进了聚合草、红豆草、小冠花等多种牧草品种，并进行了试种工作，人工种草面积有所增加。在饲养管理方面，易贡农场提高了牲畜的繁殖成活率和增重率，并且改变了传统粗放的畜牧模式，引进了科学的饲养管理方法，同时也增强了牛羊的抗灾越冬能力。农垦畜牧业之所以有这样的发展，是因为进行了畜种改良，推行了科学饲养管理，加强了草场基本建设，改善了生产条件，注重了畜牧兽医技术队伍的建设。

牲畜杂交技术的推进也提高了副产品的产量。1980年，牦牛与黄牛种间杂交繁殖的犏母牛数量达到200多头，易贡农场的杂交黄牛已占总数的90%以上。改良牛较土种牛

---

① 上海市茶叶学会，上海市茶叶学会简讯 [R]. 1985 (2)。

酥油产量提高一倍以上。1982 年，酥油产量达 2250 多千克，相比 1970 年增长 3 倍多。由于黄牛改良工作的开展和家庭养殖业的兴起，易贡农场的酥油由供不应求，发展到已自给有余。[①]

五、森林工业

易贡地区拥有丰富的森林资源，所以农场发挥优势，发展了小型木材加工，生产部分酥油桶、家具、木制农具、建筑用条木等，虽然数量少，但方便广大人民群众的生产、生活，开辟了新的生产经营门路，增加了企业和个人的收入。[②]

六、水利工程

除了农业生产相关资源外，易贡农场的水利资源也十分丰富，具有发展水电工程的巨大潜能。随着电力工业的发展，发电量的逐年增加，逐步解决了农垦广大职工以及附近部分群众的照明用电问题，结束了过去藏族群众一直靠酥油灯、菜油灯、松脂照明的历史。同时，水电工程不仅保证了工业企业的生产用电，还促进了农场工副业发展。到 1986 年，易贡农场的工副业项目如榨油、磨面、糕点制作、木材加工等主要是以电力为动力，生产机械化程度逐渐深化。为了进一步发展农场经济，促进农副产品加工业的发展，1985 年易贡农场计划在 3 年内完成装机容量为 505 千瓦的易贡电站，同时修建的还有澎波电站、山南隆子电站、米林电站等，使西藏农垦系统的电力工业达到一个新的水平。[③]

七、交通运输

西藏自治区的国有农场分布极为分散，西至拉孜县，东到察隅县，点多线长，绵延1600 多公里，农场内部的交通条件也较差，交通运输成为限制当地农场交流和发展的拦路虎。为了突破发展瓶颈，促进场间交流，提高生产效率，包括易贡农场在内的各农场，自筹资金大力修建场区的桥梁、公路，把场、生产队联系起来，形成了农场区域内的公路网络。在自治区有关部门的支持下，农场修建了易贡农场的铁山公路 8 公里，并承担公路

①　西藏农垦概况编写，西藏农垦概况［R］. 拉萨：西藏新华印刷厂，1986：27、73。
②　西藏农垦概况编写，西藏农垦概况［R］. 拉萨：西藏新华印刷厂，1986：44。
③　西藏农垦概况编写，西藏农垦概况［R］. 拉萨：西藏新华印刷厂，1986：41 - 42。

的养护。

20世纪80年代，随着农垦经济体制改革的深入推进，农垦运输业也发生了深刻变化。在经营方式上破除了计划经济体制下的"大锅饭"模式，变企业统负盈亏为单车核算或车辆个人承包，机车修理实行了经济责任制。这些措施调动了驾驶、修理人员的积极性，导致运输的优质、高效、低耗现象出现，经济效益明显好转，实载率显著提高。为了保证农业生产、生活物资的及时运送，提高车辆完好率，易贡农场十分重视运输服务的修理、零配件供应等工作。农垦农机厂，在搞好农机修配的同时，积极开展汽车修理业务及零部件的仿制、制造，使修理能力由维修发展到小、中、大修。[1]

八、文化教育

1979年开始，在农垦企业办学的基础上，西藏自治区财政从政策性、社会性开支中，拨给农场部分教育经费补贴，但远远不能满足办学的需要，主要费用、师资、校舍及设备等均需由企业自行解决。在企业社会负担甚重的情况下，由于各级领导的重视，肯定在智力上投资的举措，加上教育战线实施了行之有效的改革措施，农场的教育事业取得了显著的成绩。

1973年以来，易贡、澎波、林周、米林等离城镇较远的农场都办起了初级中学，农场教育事业初具雏形。1980年又办起了农场直属中学，当地对文化教育的重视逐渐深化，为更多适龄青少年提供了学习深造的场所。随着农垦经济的发展，办学条件有了根本改善。易贡农场修起了成片的新校舍，还添置了大量的教具和实验仪器，增设了文体活动设施，在学生学习文化知识的同时，也丰富了他们获取知识的途径，开展让学生能"德智体美劳"全面发展的素质教育。重视文化教育的结果令人欣慰，易贡、米林两农场学校的教学质量在所在县办和企事业办学校中均属于上等水平。

西藏农垦企业在边远、偏僻地区自办学校，不仅解决了农垦职工子女上学难的问题，稳定了职工队伍的思想，而且方便了附近部队和地方派出单位（哨、所、站、道班等）的子女上学的问题，承担了社会义务。[2] 对于维护汉藏关系、为祖国培养更多优秀的后备力量等方面，具有极其深远的影响。

---

① 西藏农垦概况编写组，西藏农垦概况 [R]. 拉萨：西藏新华印刷厂，1986：52。
② 西藏农垦概况编写组，西藏农垦概况 [R]. 拉萨：西藏新华印刷厂，1986：60-64。

九、卫生医疗

易贡农场设有卫生队一个，装备了 X 光机、心电图设备、超声波机、万能手术床、万能产床等医疗器械。一般伤病员不出生产队就能得到及时医治，避免了因延误造成的损失。易贡农场还有藏医门诊，藏医每年自己上山采集草药，从自治区藏医药厂换回藏成药为病人治病。这样既照顾了藏族民众畏惧西医的情绪，同时也鼓励了藏医的传承。

垦区没有设立专门的防疫机构，防疫工作由各场（厂）医院、卫生队（所）兼管。除计划免疫等工作外，医疗工作者还对垦区内的地甲病、大骨节病、麻风病、结核病、寄生虫病及儿童健康、妇科病、老年白内障进行了普查。通过回顾调查死因，对有些普查出来的病提出了防治措施，针对一些可防可控的病症进行了普治。易贡农场卫生队用当地产的"契洞嘎啦"对寄生虫病进行了普治，收到了显著的效果。

水源安全是抓好卫生工作的重要一环，为了搞好饮水卫生，减少疾病，易贡农场用上了土自来水，相比过去饮用水沟水或水坑水来说，是一大进步。[①]

第四节　易贡农场的发展机遇

一、易贡农场的优势

1. 茶叶生产的理想基地

茶树是喜欢潮湿的常绿阔叶植物，要求大于 10℃的积温 3000℃至 4000℃，所需年降水量 1000 毫米左右，生长期有 4 月至 10 个月，所需湿度 80％左右。易贡农场的年平均温度 10.14℃，大于 10℃期 197 天，大于 10℃积温 3109.5℃，年降水量 960 毫米，年平均相对湿度 73％，5 到 10 月达 80％以上。因此，该场的气候条件完全能够满足茶叶生长的需求。加之，易贡农场的昼夜湿差极大，有利于茶叶碳水化合物等干物质的累积，茶叶可达到较高的生产量，取得较好的经济效益。

茶叶又是喜酸忌碱的植物，要求不含石灰物质、夹砾量少、pH4.5 到 pH6.5、地下水位在 80 厘米以下、排水良好、土层含腐质多的土壤环境。

1986 年，经查明，易贡农场的土地一级宜茶地为 1553 亩，二级宜茶地为 1531 亩，

---

① 西藏农垦概况编写组，西藏农垦概况［R］. 拉萨：西藏新华印刷厂，1986：65－68。

三级宜茶地为 1712 亩，共 4796 亩，适宜发展茶叶经济。因此，西藏自治区农牧厅与农垦厅、区党委政策研究室联合调查组经过对易贡农场的调查后，预计可在易贡农场建设一个规模 4000 亩到 4500 亩的茶园。[①]

2. 水果生产和加工的发展潜力

易贡农场得天独厚的气候特点不仅适宜发展茶叶生产，也适宜发展水果生产，特别是苹果和梨子生产。到 1985 年，易贡农场已有果园 930 亩，果树 16700 株，其中已投入生产的有 12000 株，约 660 亩，常年水果产量在 50 万斤左右，最高年产量可达 70 万斤，成果喜人。易贡农场出产的水果不仅产量高，品质也很好。农场的苹果含糖分高，经化验含糖量达 18％，品质优良，在市场中占据优势。然而由于交通问题，运输路线经常中断，导致苹果积压，腐烂数量很大，尤其是 1985 年，腐烂苹果达 30 余万斤。因此，易贡农场在售卖鲜果的同时，另寻了水果销售的出路，如加工各种果脯、果酒、果茶等产品。

此外，易贡农场还有大量的野生桃树，年产桃子在 10 万斤以上，不仅可以获得上万斤桃仁，桃肉还可以被加工成果脯，在满足当地居民口腹之需的同时，还能提升农场的经济效益，是水果生产和加工的重要品种之一。

3. 植被

易贡农场地处藏东南林区，这里气候温湿多雨，植物种类繁多，分布着野生核桃、桃、木瓜、芭蕉等，适宜发展经济林木。易贡四面环山，生长着茂密的原始森林，绝大部分未开发利用，木材积蓄量较大，若能合理利用易贡农场的森林资源，对农场的经济发展和农场工人的生活水平提升都有益处。

4. 油菜

油菜生产是易贡农场 20 世纪 80 年代新发展的种植产业。1979 年以前，油菜生产属于试种，年产只有几千斤油菜籽。1980 年以后，易贡农场的油菜种植面积逐年扩大，年产量在 1985 年达到 11 万斤。油菜在易贡农场的生长表现出籽粒大、产量高、品质好的特点，一般株高在 60 厘米到 80 厘米，千粒重 4.5 克到 6 克，含油率 40％到 45％，平均每亩产量在 200 斤以上。对比种植粮食作物，种植油菜显示出产量高、产量稳、生产质量高的优点。与油菜相同，黄豆也是易贡农场易于获得稳产高产的经济作物之一，也是西藏自

---

① 西藏自治区农牧厅、自治区农垦厅、自治区党委政研室，关于易贡农场的调查报告［R］. 1986‐6‐19，西藏自治区农牧厅文件，藏农发（1986）41 号。

治区发展黄豆生产的少有产地之一。[①]

二、易贡农场的发展困境

1. 投资问题

资金问题是易贡农场面临的最重要的问题。西藏自治区计划经济委员会已于1985年10月对农垦厅关于建设易贡茶场投资概算做出了批复，其批复的总投资为898万元。在总投资中，1990年以前投资80%，1990年以后投资20%。这一批复基本是符合实际的，根据批复的总投资额，并本着"逐步建设、稳步发展"的精神，易贡农场对加工和动力的基本建设做出了安排。

鉴于1985年和1986年的资金困难，易贡农场把原计划在投资第一年建成的加工总厂改为两年建成，第一年先建成总厂车间的一部分，即贮青车间、炒揉车间、粗茶蒸揉车间、粗茶发酵车间、精制车间化验室、锅炉房等，建成面积为2272平方米，总投资为533870.5元。其他基建工程安排在1987年以后逐步建设。为了完成第一期的建设工程，易贡农场购买了水泥100吨以及各种加工设备。因此，易贡农场急需建设资金到位，否则，不仅不能完成原有的茶叶加工任务，还会造成部分新鲜茶叶的浪费，所购的100吨水泥也有部分会变质。

此外，由于第一期的基建工程所耗太大，既有投资资金不足以支撑，茶园建设还另需50万元。然而自1985年起，西藏自治区对易贡农场的投资已经中断，但易贡农场对茶园的建设仍在继续进行。为了维持茶园建设，农场在建设中所产生的支出，除了动用了该场的全部流动资金外，还暂时缓付工人交给农场的鲜茶叶款和管理费。到1986年第一季度，西藏自治区下拨了50万元款项，易贡农场才得以给工人兑现了前一年的收入，而1986年第三季度以后的费用还没有着落，只能依靠西藏自治区的投资才能解决开销问题。

2. 茶农口粮

易贡农场的茶农口粮问题急需解决。易贡农场的茶园基本上是由粮田改种的，因此农户改种茶叶后，口粮需要国家提供，否则无法维持生计，更不能维持茶叶生产。据统计，1985年易贡农场有茶农517人，加上其家属共计1500人。若按茶农每人每月45斤口粮计算，每年需口粮27.9万斤；若按茶农家属每人每月28斤口粮计算，每年共需口粮33

[①] 西藏自治区农牧厅、自治区农垦厅、自治区党委政研室，关于易贡农场的调查报告 [R]. 1986-6-19，西藏自治区农牧厅文件，藏农发（1986）41号。

万斤，全年共需口粮 60.9 万斤，这一缺口也是困扰易贡农场向前发展的迫切问题。

3. 茶叶生产技术

易贡农场的技术队伍建设工作还很欠缺。茶叶生产是一种技术性较强的种植业，特别是幼茶的抚育管理，技术要求十分严格。然而，直到 20 世纪 80 年代中期，易贡农场还没有一个茶叶技术员，也没有懂茶叶生产及管理的工人，茶叶工作的开展依旧缺乏技术支持。在茶园管理上，易贡农场存在许多问题，急需向内地请几位茶工来指导生产。同时，易贡农场也计划派数名青年工人到内地的茶场交流学习，或到其他茶场培训技术，以期尽快建立起一个能适应现代化茶叶生产的技术团队。[①]

三、易贡农场发展的方向

易贡农场在 20 多年的生产建设实践中已经积累了不少经验及教训。劳动组织、管理形式、管理方针、发展方向、主导产业问题也几经变化，到 20 世纪 80 年代中期，易贡地区的自然规律已被充分认识。根据西藏自治区农牧厅与农垦厅、区党委政策研究室联合调查组的调查，提出了易贡农场应重点推进的方向。

1. 进一步完善农场管理体制

在兴办易贡农场的 20 余年中，易贡的经济发展缓慢，职工生活水平不高，有些家庭的生活还颇为困难。鉴于这种情况，联合调查组带着"农场还办不办？还能不能办好？"这几个问题，到易贡农场进行调查，与群众共同讨论，让群众回答这个问题。经过个别访问和群众座谈会，多数群众在座谈中提道："我们入场二十年来，生活并不富裕，但比互助组的时候要好多了。如果退场还民，我们也难以富裕起来，因为这里土地少、质量差、产量低、农业收入少，副业门路也不多，而且交通不便，搞点副业生产也难以往外销售。还是把农场办起来为好。"也有群众说："过去我们在农场，虽然像关在笼子里面的鸟，不能飞远，但如果不办农场，我们也不知道往哪个方向飞。"少数群众则认为，要办家庭农场就彻底办，不受农场的制约。

对此，联合调查组认为，从易贡农场当时的情况和日后的发展方向上来看，易贡农场应当继续办下去，主要原因是茶叶生产已初具规模，势在必行，不宜下马。不论从短期利益还是长远利益上来看，易贡农场都应当继续办下去，而且一定要办好。易贡农场的自然

---

① 西藏自治区农牧厅、自治区农垦厅、自治区党委政研室，关于易贡农场的调查报告 ［R］. 1986 - 6 - 19，西藏自治区农牧厅文件，藏农发（1986）41 号。

条件十分适宜发展茶叶、水果、粮油、豆类等经济作物及水果、木材的加工，若能得到充分开发，可以给易贡地区及西藏自治区积累资金及生产经验，也能为群众致富提供更多的机会和条件。此外，农场已有相当的基础，尤其是1985年易贡党校的全套基础设施已转交给了易贡农场，为易贡农场的发展创造了更好的条件。因此，联合调查组赞成将易贡农场继续办下去，并提出了两个办场方案。第一个办场方案是，将茶叶生产集中的第二、三管区留场，办成以茶叶生产为主的国有农场，第一管区的耕地不宜种茶，可以退场还民；第二个办场方案是，继续维持现有的农场规模，通过调整经营方针和生产结构来发展农场经济，以期为国家做出更多贡献。

2. 农垦体制的改革方向

1984年，西藏自治区党委常委胡颂杰、顾委常委张增文等同志主持召开了由区党委办公厅、区政府办公厅、区组织部、区经济计划委员会、区财政厅、区民政厅、区党委政策研究室、区农垦厅等单位有关负责同志参加的会议，就西藏自治区农垦厅提出的有关农垦体制的改革方案进行了认真的讨论，发表了自己的意见。他们一致认为，基于西藏自治区农垦厅的特殊性，国有农场，尤其是易贡农场、澎波农场、林周农场三个扩场工农场急需全面改革，国有农场农工也需休养生息。同时，参会同志一致认为，国有农场应对农场正式职工及扩场工采取相同的政策待遇，贯彻中央六号文件规定的放宽政策，改善西藏自治区农牧民生活。此时，易贡农场、澎波农场、林周农场三个农场的绝大多数扩场工纷纷表示，愿意继续办国有农场。无论是退场还农还是继续办国有农场，都离不开国家的扶持。在国家给予同样的财政补助的情况下，继续办农场要比退场还农在生产发展和提高农工生活水平上更有优势。

西藏自治区农垦厅的意见是，可以在易贡农场保留现有的农垦体制，发展西藏农垦事业。第一，35000多名扩场工人能够真正感到自己是全区180万农牧民人口中的一个组成部分，能和全区人民一样享有文件所规定的各项待遇，能得到实惠。第二，能够保持西藏农垦事业的延续性，安定人心，更好地发挥国有农场20多年来开发性建设和基础建设的效益，可以更充分地体现国有农场在科学技术推广应用中的示范作用和致富中的带头作用。第三，能够坚持以计划经济为主，为国家提供更多的农副产品，为全区的经济建设事业和发展贡献力量。第四，可以逐步办成初具规模的副食生产基地，为城市市场提供服务。①

---

① 中共西藏自治区农垦厅委员会、西藏自治区农垦厅，关于西藏农垦体制意见的补充报告［R］.藏垦字（84）043号，1984-7-27。西藏自治区农业农村厅档案科藏。

易贡农场采取了继续维持现有的农场规模，通过调整经营方针和生产结构来发展农场经济的办场方案。第一个退场还民的办场方案虽然可以减轻农场负担，但对易贡的群众不利。当地群众生产门路有限，土地贫瘠，农业灾害频发，农民受益很少；而且由于历史原因，易贡的劳力素质差，群众致富非常困难。若采取第一个办场方案，易贡失去一个领导机构为群众统筹规划、协调生产管理，日后可能会出现更多的群众矛盾，阻碍生产。采取第二个办场方案，虽然需要增加农场自身的负担，但是，对整个农场的生产和经济的发展是有利的。采用第二个办场方案不仅有利于开垦以茶叶为主的多种经营，更有利于茶果粮结合生产，促进多种作物协调生产，有利于农场的统一规划、综合经营、全面发展。维持易贡农场的既有规模，可实行茶叶生产管理专业组承包，粮食和其他作物则实行家庭经营。

既有体制保留后，易贡农场参照西藏自治区党委下达的规定，按不同性质的企业制定出农垦内部政策，把致富的立足点主要放在发展生产、提高经济效益上，并计划在三年内将农场扩场工的年人均实际收入由现在的 200 元提升到 500 元。此外，西藏自治区农垦厅还提出建议，将易贡农场的小学教育、医疗卫生、职工离职退休费用、五保困难补助、集体福利设施及补贴、企业行政管理费用、粮油倒挂（指场队管理人员和牧工副业工人）、农业税、养路费等 9 项政策性社会性负担均归地方政府财政拨款，予以扶持。西藏自治区农垦 1983 年上述费用实际支出加上正式工农场的各项费用，合计 35800 万元（含中小学教育经费的拨款）。

3. 调整生产结构

国有农场的主要任务是提供商品，积累资金。农场的改革方向是向商品化、专业化、现代化发展。茶叶在藏族人民的生活中的地位如同酥油、糌粑一样必不可少，随着人民生活水平的提高，西藏群众对茶叶的需求量将越来越多。因此，根据易贡的气候、土质、水源、能源等自然条件，以及建场的实践经验，易贡农场的经营方针应该是：以茶为主、茶果粮相结合、农工商综合发展。在经营上实行农工商一体化，生产、加工、统售统销一条龙，在具体步骤上以茶叶加工为核心，带动水果、粮油等其他加工业的发展；同时，绝不放松粮食生产，采取集约经营的办法，少种高产多收，以保证一定的粮食产量，争取主动，减轻调进粮食的压力。

首先是茶叶生产及加工。由于大面积种植茶叶，在前期要求投入的资金较多，技术性较强。因此，易贡茶厂建设规模在 1990 年应控制在 3000 亩到 3500 亩为宜，以便集中力量把现有茶地管理好，尽快形成经济能力，使茶叶生产稳步向前发展。随着生产的发展和经济实力的增强，再扩大茶场规模，直至扩大到 4500 亩，每亩以成品茶叶 300 斤计，年产粗茶预计可达 135 万斤。在抓好易贡农场茶叶生产的同时，再抓好察隅农场的茶叶生产，把两个农场的茶叶生产纳入一个整体生产规划。易贡农场建立完善加工、统售统销一条龙，察隅农场只专注茶叶初加工，然后将初加工产品运到易贡农场加工。这样，在加工设施上较为经济合算，有利于两个农场茶叶生产及销售的长远发展。

其次是水果及其他加工。为了综合利用果品资源，易贡农场对一部分不耐贮藏、容易腐烂变质、价格低廉、市场滞销的次果品以及野生果子等集中起来及时加工成果脯、果汁、果酒等产品出售，以减少损失，增加经济收入。

第三，发展木材加工也势在必行。木材加工厂有两个任务，一个是直接为茶叶种植加工、果品的包装服务，一个是接受国家计划采伐原木或加工各种木料的任务，为西藏自治区的经济建设做贡献。最重要的是，伐木场还可以解决一部分扩场工人的出路问题。易贡农场在 20 世纪 80 年代中期就向西藏自治区计划经济委员会和林业厅申请批复，尽快研究易贡农场的情况，准予易贡农场办理伐木手续，并划定采伐区域，以便尽早投入生产。

此外，易贡农场还大力发展本土特色副产品加工。易贡资源非常丰富，要广泛开展群众性的多种经营活动，千方百计增加群众经济收入，充分发挥各种能工巧匠的技艺，生产具有民族特色的产品。香椿树在易贡分布较广，是做酥油桶的优质原料，合理采伐香椿树，并提高加工能力，增加产量，同时做好销售服务工作，可为易贡农场职工及群众增加可观收入。

易贡农场的粮油和畜牧生产也可以持续进行。根据易贡农场的土地数量及土地质量的状况，一定数量的粮油种植面积是可以确定为自给自足性生产土地。畜牧业由于草场面积及质量限制不太可能有大的发展，主要是发展养猪和奶牛饲养，并解决肉和酥油自给问题。[1]

---

① 西藏自治区农牧厅、自治区农垦厅、自治区党委政研室，关于易贡农场的调查报告［R］. 1986 - 6 - 19，西藏自治区农牧厅文件，藏农发（1986）41 号。

第四章　林芝区易贡茶场（1986—1997 年）

自改革开放以来，易贡农场在经济体制改革、调整经营方针、改进经营管理等方面进行了有益的探索。易贡农场在开荒造田、兴修水利、开辟公路、发展文化教育卫生事业、科学实验、发展生产等方面做出了一定成绩，改变了落后山区的贫困面貌。

1986 年易贡农场的管理权被移交到新成立的林芝地区。1989 年，林芝地区行署根据易贡农场具体情况，进行退场还农。在进行一系列管理体制和运营模式的变革后，易贡农场的生产重心转向茶叶种植和加工，易贡农场在 1993 年正式改名为易贡茶场。在广东援藏干部胡春华的领导下，茶场的生产经营扭亏为盈。

1994 年 7 月，中央第三次援藏工作座谈会的召开奠定了新时期援藏工作的基调。"62 援藏工程"与福建南平对口援藏使易贡茶场的生产经营稳步提升。

第一节　易贡农场转交林芝地区

一、政策调整及农场转型

1. 农牧区改革

1984 年 10 月党的十二届三中全会确立了经济体制改革的目标是建立有计划的商品经济；1987 年党的十三大进一步提出了"国家调控市场，市场引导企业"的方针，明确改革的重点由农村转向城市。1989 年 10 月中央政治局听取西藏自治区党委汇报后，形成了《中央政治局常委讨论西藏工作会议纪要》，强调西藏工作要紧紧抓住政治局势稳定和发展经济两件大事，这是西藏工作的"一个转折点"。按照党中央决策部署，1985 年 1 月，西藏自治区党委、西藏自治区政府出台了《关于改革经济体制和加快经济发展的意见》。1990 年 7 月，中国共产党西藏自治区第四次代表大会召开。会上，胡锦涛提出了"一个中心、两件大事、三个确保"的基本指导思想：以经济建设为中心；紧紧抓住稳定局势和发展经济两件大事；确保西藏社会的长治久安，确保经济持续、协调地发展，确保人民群众生活水平明显提高。

会后，西藏自治区全面部署了经济体制改革工作，把农牧区改革若干政策进一步具体化，实行企业扩权试点，全面启动城市经济体制改革，实施"两个开放"政策，援藏工作向纵深推进，对外交流合作不断扩大，外向型经济开始起步。

2. 职工家庭农场

1990 年，时任国家主席的江泽民在中央政策研究室召开的农村工作座谈会上指出："农村的改革还要继续深化，继续前进。""深化改革，就是要继续稳定和完善以家庭承包为主的联产承包责任制。""不仅要稳定这个制度，而且要不断完善这个制度。""所谓完善，核心是从当地实际情况出发，逐步健全统分结合的双层经营体制，把集体经济的优越性和农民家庭经营的积极性都发挥出来。"

1990 年 12 月 21 日全国农垦财务工作会议召开，财政部项怀诚副部长指出，农垦企业转型办职工家庭农场，是具有中国社会主义特色的国营农业企业内部体制的重大改革。同时指出在发展家庭农场过程中也已经暴露出一些值得重视的问题，例如有的国有农场不顾家庭农场的实际能力，把大型农机具转给家庭农场，造成机械设备不能充分发挥作用；有的国有农场把比较完备的农业基础设施划给家庭农场经营，由于没有解决好统分结合的关系，制约了农业基础设施效力的发挥；有的家庭农场占用国有农场的资金和财产，长期拖欠挂账，侵占了国家和企业的利益。项副部长指出的这些问题直接关系到国有资产的管理工作。国有资产管理部门是国家和各级政府行使国有资产管理工作的职能机构，应责无旁贷地保卫国有资产，促进提高国有资产经营使用效益，支持改革事业的健康发展。之后，国家国有资产管理局于 1991 年发布《关于国有农场向家庭农场转让国有资产的若干暂行规定》，传达了改革的具体规定。[①]

中央关于职工家庭农场的改革思路奠定了林芝地区农业发展的基调，对之后农场的发展产生了深远的影响。

二、易贡茶场转交林芝地区

1. 林芝地区的经营方针

1986 年，林芝地区恢复成立。

林芝地区的产业政策和产业结构为"以发展公路交通运输为先导，以森林资源为依托，以发展农牧业为支柱，以发展教育、科技为动力"。根据林芝地区的气候、地理、生

---

① 中共西藏自治区委员会党史研究室，中国改革开放全景录·西藏卷 [M]. 拉萨：西藏人民出版社，2018：47 - 56。

产条件、经济结构等因素，区域布局应充分体现"以农为主，区域分工，扬长避短，发挥优势"的指导思想，以及"发展中心，辐射四周"的布局。"发展中心，辐射四周"，也就是以米林、林芝、波密三县作为林芝地区经济发展的中心区域。

2. 易贡农场移交林芝地区

1986 年，易贡农场移交林芝地区管理，全场除易贡湖右岸（目前易贡茶场所在地）外，其他地区的农场扩场工响应政策退场还农，政府每户补助 2 千元，用以购置生产工具，并将退场还农职工统一纳入波密县、林芝县管理。易贡农场仍为正县级编制，设有党委会、管委会，农场机关设有办公室、财务室、纪检办公室、工会办公室、生产办公室、工青妇办公室。下设 4 个生产队、1 个加工厂、1 所子弟学校、1 所卫生院及易贡农场派出所等。

三、易贡茶场的农业生产情况

农业生产方面，自易贡茶场开始经济体制改革后，实行"以茶为主，茶果粮结合，农工商综合发展"的发展方向，推动了易贡茶场的生产建设。

1. 农业发展

从 1986 年到 1990 年，易贡茶场的粮食种植进展顺利，冬季和春季播种的青稞、小麦、豌豆等农作物长势较好，品质较纯，农田管理质量也较好，粮食产量达到林芝地区计划委员会下达的生产指标。同时，易贡茶场还加强了冬春播种作物的病虫害防治工作，减轻病虫对农作物产量和质量的危害。易贡茶场各级领导的农牧业基础地位意识有所加强，充分认识到了抓好农牧业生产的重要性。林芝地区的各级党政部门也齐心协力合抓农牧业生产，得到了各行各业的大力支援。

2. 农业技术

农业科学技术在易贡茶场有所推广。广大群众科学种田观念进一步增强，积极学习常规实用农业技术，积极配合农业技术人员的防病治虫工作，部分实行了技术人员、政府干部、群众三方结合的技术联产承包；化肥深施的增产作用日益被广大群众所认识，化肥施用面积大幅增加；易贡茶场还对农牧业的生产投入有所增加，兴修和维护了一批农田水利设施项目，增强了抵御自然灾害的能力，改变了生产条件，增强了农业生产后劲。

3. 农业生产问题

易贡茶场的农业生产存在一些问题，一方面是农机具奇缺，影响了农业生产。1991

年易贡茶场响应上级号召，准备开启三秋工作，在秋收后实时做好秋整地、秋起垄、秋施肥这三项重点工作，以确保来年农业生产丰产丰收。群众生产上需要继续使用拖拉机、柴油机、扬场机，然而却没有资金和渠道购买；农用柴油供应也不足。其次，包括易贡茶场在内的农村医疗条件差，群众有病就医困难，急需林芝地区组织医疗队巡回医疗，为农业生产服务。此外，兽害也十分严重，大量牲畜被马熊、豺狗、狼等野兽吃掉，需要为易贡茶场的群众解决除兽枪支弹药需求，除兽保畜。

四、林芝地区对易贡茶场的检查

1990 年 6 月 27 日至 7 月 7 日，林芝地区行政公署对林芝地区的五县二场农牧业生产进行了大检查，由行署领导和农牧业主管部门负责同志带队，由地区农牧局、计经委、财政局等有关部门参加的两个农牧业生产大检查工作组，分别对波密、林芝、工布江达、米林、朗县 28 个乡镇 69 个村和易贡茶场、米林农场的 5 个生产点进行农牧业生产大检查。通过检查，发现各县干部群众迫切要求解决的问题主要包括农机具短缺、医疗卫生水平低、兽害频发、汛涝防治等，并将这些问题上报西藏自治区农垦厅。

1991 年 6 月，林芝地区行政公署对五县二场的农牧业生产大检查，由林芝地区农牧局、计划经济委员会、财政局等有关部门参加，分别对波密、林芝、工布江达、米林、朗县共 28 个乡镇、69 个村和易贡茶场、米林农场的 5 个生产点进行农牧业生产大检查，此外还检查了各县支农资金落实使用情况、较大的农田水利基本建设项目及其他基础建设项目的进度和质量情况。这次检查通过走访广大农牧民群众、察看群众生活、探望退休干部、召开乡村干部参加小型座谈会，了解了群众的迫切需求和农牧业生产中急需解决的实际困难，并对群众普遍关心的问题进行了讲解和解答。对此，干部群众表现积极，上至老人下至青年都希望工作组到他们的田里察看，到他们家中坐一坐。易贡的群众表示，这次生产大检查有力促进了各项基础建设工程的进度，密切了党和群众的关系，并希望以后每年都能组织一次这样大规模的生产大检查，以便交流经验和促进生产。[①]

---

① 《林芝地区行政公署关于对五县二场农牧业生产大检查情况的通报》，1990 年 7 月 15 日，西藏林芝地区行政公署文件，林行发 (1990) 21 号。

第二节　转为易贡茶场

1986 年，转交林芝地方后，易贡农场改为易贡茶场，确立了以茶为主的经营路线，将茶园进行扩建。

随着农场经营改革的推进，易贡茶场的茶园建设已初具规模，到 1990 年茶叶种植面积达 2160 亩。1990 年代初，每年可产优质绿茶 10000 多千克，藏族同胞喜爱的砖茶近 6 万千克。[①] 然而，受自然条件和易贡茶场缺乏茶树种植经验的限制，易贡茶场茶园的发展并没有达到预期的理想结果，种植面积没有达到 3000 亩的面积，茶叶产量也不理想。

1993 年，在援藏干部胡春华同志的带领下，易贡农场生产及加工大茶（边茶）85 吨，细茶（绿茶和名茶）64.87 吨，正式更名易贡茶场，成为西藏自治区唯一的专业茶场，并初具规模，形成了自己的品牌——珠峰牌绿茶。

一、易贡茶叶生产的问题

1. 光照问题

易贡茶场的土壤、光照、温度、降水、空气以及地形条件，都在一定程度上限制了茶树种植，并非之前调查结果所显示的那般理想。在光照问题上，易贡茶场种植的茶树原产于云南西双版纳原始森林中，喜爱漫射光的照射，光照强度和空气中二氧化碳浓度直接影响着茶树的光合作用，与茶树的物质积累和生长速度息息相关。易贡茶场的年日照时间较短，多山的环境和海拔高度导致空气稀薄，二氧化碳浓度低，这些都抑制着茶树的光合作用。调查发现，在实际种植茶树的过程中，在内地茶园正常光照强度和二氧化碳充足的情况下，茶树的新梢叶展开时间约为 1—4 天，而易贡茶场种植的茶树则需要 5—6 天。因此，易贡茶场茶树的新梢轮次和新梢生产量都相对减少，光照问题影响着茶树的生长。

2. 温度问题

当 3 月气温维持在 10℃ 以上时，茶芽开始萌动抽发新梢。然而"人间四月芳菲尽，山寺桃花始盛开"，同样的茶树在易贡的萌动期推迟到了 4 月上旬和 4 月中旬，新梢量发至一芽一叶则需要到 5 月上旬和 5 月中旬，因此对温度敏感的茶叶生长量在季节上相对缩短。其次是有效积温和降水。内地的茶树正常生长需要年降水 1500 毫米，有效积温

---

① 张小平，在藏东的原始森林中穿行 [M]. 雪域在召唤　世界屋脊见闻录. 北京：民族出版社，1995：220。

5000℃到6000℃，而易贡地区的年均降水量不到1000毫米，有效积温也只有3109.5℃，茶树的自然生长缓慢。

3. 生产周期过长

易贡茶场种植的茶叶从播种至出苗一般需要4到5个月，这一阶段一般被称为种子期；从茶苗出土到第一次生长休止一般被称为幼苗期；幼苗从第一次生长休止到第一次开花可以投入生产一般被称为幼年期，通常需要4年左右的时间，也就是说茶树从出苗到投入生产需要5年左右的时间。然而易贡茶场的茶园由于上述客观条件的限制，茶树从播种到成苗需要两年，从成苗再到正式投入生产又需要5年，总生长时长是7年。此外，受人类和其他生物的影响，如茶园管理问题、病虫牲畜危害、自然灾害等因素，都在不同程度上制约了易贡茶场的茶叶种植和生产，延长了茶树从种植到真正投入生产的时间。[①]

4. 茶园资金问题

由于易贡茶场的茶叶生长周期比预计时间要长，原本依照四川省农牧厅农垦队的调查结果制定的投资计划也显现出问题。为了维持茶树在正式投入生产、创造商业价值并开始营利前的生产开销，易贡茶场需要延长两年的投资。1991年，易贡茶场已进入生产条件的茶园面积是1290亩，每亩每年投资319元，此外非投入生产的区域还需资金422520元，延长2年生产所需资金为823030元。资金缺口大，回报时间长，亟须注资。

同时，易贡茶场在20世纪90年代初期，每年的企业亏损约为50万元。持续亏损的主要原因是1984年四川省农牧厅前往易贡农场考察时，根据内地情况，预计茶树从下种开始计算5年后即可投入生产，西藏自治区对易贡农场的投资也因此只下达了5年，但后来的实际情况是茶树种植后，最快需要7年才可投入生产，大多茶树的情况是投入生产需要八九年。5年来易贡农场相当一部分茶树不仅不能为农场带来收益，反而消耗巨大，需要持续投入资金。在维持茶叶生产和寻求投资上，易贡农场做出了许多努力，也曾上报西藏自治区农垦局请求追加投资，但由于企业亏损严重，投入能力有限，希望上级能够再继续投资3年，每年投资50万到60万元。[②]

二、胡春华同志领导易贡茶场突破困境

1. 推行联产承包责任制

1992年时任林芝行署副专员的胡春华同志到易贡农场驻点，由于茶叶严重积压，职

---

①② 《关于请求延长茶园育林费投资两年的请求报告》，1991年10月21日，西藏自治区农牧林业委员会。

工长期领不到工资，难以保障日常生活，生产积极性难免受到影响。面对困难，胡春华同志深入调研，选准突破口，在农场着力推行联产承包责任制。这一举措调动了职工的生产积极性，提高了茶叶产量，保障了当地民生。

到1993年，茶场生产加工大茶（边茶）85吨、细茶（绿茶、名茶）64.78吨，联产承包责任制效果初显。

2. 形成品牌——珠峰牌绿茶

1993年，易贡农场正式更名为易贡茶场，呼应了10年前易贡农场"以茶为主、兼多种经营"的方针。

胡春华同志帮助易贡茶场全力开拓国内、国际茶叶销售市场，在他的领导下，茶场当年便走出了亏损困境，次年首次创造了近百万元的利润。经济效益提升的同时改善了民生，进而改变了易贡茶场原先贫弱的面貌。

1994年，经国家绿色食品认证中心认证，易贡茶场生产的珠峰牌绿茶系列，获得西藏自治区首个绿色食品证书。同年获得"申奥杯""陆羽杯"金奖，足见珠峰牌绿茶品质优异，口碑良好。

1995年，西藏自治区成立三十周年之际，自治区人民政府在62项大型建设工程项目中，安排易贡茶场电站修建及800亩茶园扩建工程，同时在拉萨投资修建易贡茶场驻拉萨办事处。易贡茶场生产的珠峰牌绿茶被西藏自治区评定为西藏自治区成立三十周年大庆指定产品。[①] 珠峰牌绿茶走出了易贡，走出了西藏。

第三节 "62援藏工程"与易贡茶场扩建

进入20世纪90年代，随着改革开放进程的推进，西藏自治区经济发展迅速。1994年7月，中央在北京召开第三次西藏工作座谈会，安排了支援西藏"62项工程"，易贡茶场扩建工程即为其中之一。

一、"62工程"的提出与实施

1994年7月，中央在北京召开第三次西藏工作座谈会，这次会议是新时期西藏工作

---

① 西藏自治区人民政府令1998年第15号《西藏自治区人民政府废止的1988年至1996年部分规章和规范性文件目录》。西藏自治区农业农村厅档案科藏。

的第一个里程碑。会议形成了《中共中央　国务院关于加快西藏发展、维护社会稳定的意见》，继续给予西藏在财税、金融、投融资、社会保障等方面一系列优惠政策；对农牧区经济的发展继续实行免征免购、休养生息的特殊优惠政策；对农牧业生产基础建设、农牧区社会发展和基础建设等将继续给予扶持；安排了支援西藏"62 项工程"项目；确定了"分片负责、对口支援、定期轮换"的干部援藏方针和中央部委对口支援西藏自治区各部门、全国 16 个省市对口支援西藏 7 个地（市）。[①]

"62 工程"，涉及农牧林、能源、交通、邮电通信等方面。这些项目都是西藏经济建设和发展所急需的，对于改变西藏基础设施落后状况、提高人民的生活水平，以及为西藏21 世纪的发展打下坚实基础，有着十分重要的意义。62 个项目中，农业和水利项目 13个，占总投资的 24.8%；能源项目 15 个，占总投资的 27.3%；交通、通信项目 7 个，占总投资的 9.2%；工业项目 6 个，占总投资的 7.3%；社会事业和市政工程项目 21 个，占总投资的 31.4%。在全部投资中，国家承担 75.7%，其余由各省、市、自治区和计划单列市承担。全国除西藏外的省、市、自治区和 6 个计划单列市（不含港澳台），都有对口的援助项目。西藏自治区所辖 74 个行政县、市、区都分布有建设项目。实施"62 工程"的当年，西藏经济增长速度就提高了 17%，西藏发展开启了新局面。

"62 工程"中也包括易贡茶场改扩建工程，增加加工厂投资，兴建电站，并在拉萨修建易贡茶场驻拉萨办事处。随着这项工程的推进，易贡茶场获得了更多的援建资金，人员配置更为合理，由此茶叶生产规模逐年扩大且品质更优，经济效益明显提升。

二、扩建茶园

1. 援建资金

根据中央召开的西藏第三次工作会议安排，由国家农业部投资 300 万元，用以扩建易贡茶场茶园 800 亩；国家计划委员会安排与生产茶叶相适应规模的加工厂投资 200 万元；由农业部投资 300 万元建设茶叶加工设施，由国家计委投资 200 万元、云南省投资 1200万元援建 640 千瓦电站一座。在原易贡茶场 140 公顷茶园的基础上，新建近 50 公顷茶园，扩建厂房 1430 平方米，渠道 5560 米，购置采茶机和修剪机各 10 台，培训技术人员 60 多人次。[②] 充足的投资解决了 20 世纪 90 年代初茶场无力发展的燃眉之急。

---

① 阴海燕，改革开放 40 年西藏民族工作回顾与思考 [J]．西藏研究，2018（5）。
② 林芝地区地方志编纂委员会，林芝地区志 [M]．北京：中国藏学出版社，2006：365－368。

2. 项目人员安排

为了使总投资 1000 余万元的项目落到实处，管理好项目，用好投资，使其早日发挥效益，根据西藏自治区大庆办与农委 1994 年 10 月 6 日协调会议的精神，在易贡茶场开展了大庆项目。经研究项目主管党委由林芝地区农牧局负责，同时决定地区农牧局与易贡茶场共同组成项目领导小组：

组长：王伏虎　林芝地区农牧局局长

副组长：薛光明　林芝地区农牧局副局长

易贡茶场场长：帕加

成员：昌保华　林芝地区农牧局副局长

　　　阿成　林芝地区农牧局副局长

　　　王国林　易贡茶场副场长

　　　王宽海　易贡茶场副场长

　　　其美次仁　易贡茶场副场长

　　　任光华　林芝地区农业技术推广站副站长/高级农艺师

　　　索朗平措　林芝地区农牧局办公室副主任

　　　多乐　易贡茶场技术员

项目法人代表：易贡茶场场长帕加

项目领导小组对三个项目进行宏观管理，负责重大事项的决策。协调与有关部门的关系，监督工程质量，组织茶园扩建厂房、扩建机械、更新改造等工作的实施。领导小组下设技术组，技术组由副场长王国林、王宽海及一名特邀专家组成，办公室设在林芝地区农牧局，由索朗平措同志任主任。

3. 茶园扩建

西藏人民素有"宁可三日无粮，不可一日缺茶"之说，茶叶是西藏人民日常生活中的必需品，而且消费量很大，在渊源的历史长河中，曾形成了川、陕等著名的"茶马互市"，很早就有专门经营茶叶的商贩活跃在西藏腹地。1949 年以后，党和政府非常重视对西藏的茶叶供应，西藏自治区每年用高额财政补贴从内地调进茶叶，供应城乡人民。因为市场放开、物价上涨，调进茶叶的成本更高，财政压力趋增。为了满足当地人民对茶叶的需求，易贡茶场根据自己的实际情况，具体分析了自己的优势及不足，以求扩大茶叶种植的规模。

茶场的扩建势在必行。首先，较之其他地区，当地在种植茶叶方面极富优势。

第一，当地生态条件适宜种茶，茶树是典型的亚热带植物，具有喜湿、喜酸性土壤的生态属性。易贡茶场属亚热带半湿润气候，印度洋暖湿气流沿雅鲁藏布江背上楔入，形成雨多、温暖、湿润、云雾弥漫的气候。根据多年气象观测、光热条件满足茶叶生长的要求。现有双玉、拉壤岗、白马同、乡泥巴、加典、支木等共计 2108 亩茶园；在已有茶园的基础上，还在折木、队部公路、江勇等熟地和老桥头、城色、加贡、折噶新、拉果、金马朗果等荒地上新建了 1000 亩茶园。这些土地的土壤类型为黄棕壤，质地多为沙土，土层深厚，pH 在 6.1～7.0，能满足茶树生长要求。加之茶园周围溪沟较多，对茶园灌溉十分有利。此外，经四川省农业厅联合考察队勘察，待开发宜茶土地有 2 万余亩，易贡茶场生态条件优越，地处高原，属无污染茶区，1993 年国家已批准授予其"绿色食品"证书，是建立绿色食品的理想生产基地。

第二，从易贡茶场多年栽培茶树的实践来看，茶树长势旺盛，生长良好。易贡茶场二队培养 16 亩丰产茶园。亩产已达干茶 100 千克，只要加强肥培、采摘、修剪等管理，亩产提高到名茶 2.5 千克、细茶 75 千克、边茶 75 千克是完全可能的。

第三，丰富的能源能满足茶叶加工需要。茶场的水资源丰富，增建 500 千瓦电站后，茶叶加工用电完全解决。同时，茶区周围林地面积上千亩，利用林地的枯树枝丫也可提供能源。

第四，茶叶生产、加工初具规模。全场到 1994 年 4 月时有茶园面积 2108 亩，其中：投产面积 850 亩，半投产面积 708 亩，幼龄茶园 550 亩。1993 年产茶 11.5 万千克，产值达 250 万元，并积累了一定的高原栽培、加工、制作经验。生产加工初具规模，为进一步扩大生产、加工奠定了一定的基础。[①]

第五，易贡茶场已经打造出了自己的品牌，且就地销售节约了运输成本，销售渠道畅通。

西藏每年都要从内地调入边茶和细茶，由于运输距离长、运费高、损耗大，故成本高。易贡茶场生产的边茶、细茶可就近销售，减少运力浪费，有利于市场竞争。在 20 世纪 90 年代初期，该场生产的珠峰牌绿茶，先后获得国家级和部、省级优质奖六次。加之产品出自高原无污染茶区，在区内、外享有很高声誉，产品供不应求，市场潜力很大、有待进一步扩大产量，以满足广大消费者的需要。

最后，易贡茶场扩大生产还会产生更大的经济效益，进而对社会和生态都有正向影响。

茶园扩建 800 亩，项目工程量较大，时间相对紧张，因此茶园工程要分两年完成。其

---

① 四川省雅安市农业局、四川省乐山市茶研所、林芝地区易贡茶场，易贡茶场改、扩建可行性报告 [R]. 1994：2。

美次仁负责组织一支由 180 名工人组成的茶园扩建队，分两期对茶园进行了扩建。第一期从 1994 年 10 月 15 日开始至 1995 年 2 月底前结束，完成 600 亩茶园扩建，进行平整土地、道路、围墙、排灌渠道整修，挖沟追底肥。1995 年 3 月底前完成播种。第二期工程从 1995 年 10 月 1 日开始，按第一期技术要求进行，整个工程进度检查验收由项目领导小组负责。

根据上级业务部门组织的专家评定概算，扩建茶园 800 亩投资 300 万元。其中开垦茶园 800 亩共 47.6 万元；肥料 100 吨，需 10 万元；茶种 11.5 吨，需 7.68 万元；幼苗培育费 5 年，共 130 万元；采茶机 10 台，合计 10 万元；修剪机 10 台，需 7 万元；机动喷雾器，合 20 台，需 1.4 万元；公路开辟 3 公里，需 15 万元；修筑围墙 8 公里，需 32 万元；整修排灌渠道需 29.32 万元；以及不可预见应急费用 10 万元。

按照 1994 年的《易贡茶场改、扩建可行性报告》分析，到 2000 年茶园全部投产后，按亩均产名茶 2.5 千克、细茶 75 千克、边茶 75 千克，单价以当时的现行价，名茶 400 元/千克、细茶 30 元/千克、边茶 5.6 元/千克计，亩均产值 3670 元，年总收入为 1140.64 万元，除去成本后，每年可获税利 228 万元。在不计息的情况下，投资回收期＝1305 万元÷228 万元＝5.72（年）。

另外，国家每年从内地调往西藏边茶 1 万吨，需补贴 1 千万元，运费需支持 2 千万元。易贡茶场产品就地销售，每年可节约补贴和运费 130 万元，同时还可增加地方零商税 68.44 万元。

易贡茶场茶叶生产加工基地的建立，结束了西藏不能种茶的历史，提高了茶叶的自给水平。调整茶类产品结构，"稳粗增细，大力发展名优茶"，对振兴地方民族经济具有重要的政治和经济意义。

易贡茶场的扩建对保护当地生态发挥了积极的作用。在项目建成后，由于发电能力增加，每年可减少由于生活和茶叶加工的柴薪砍伐量 1400 立方米，减缓茶场周围水土流失，保护了生态环境。

4. 茶叶品种的选择和调运

根据多年来茶种引进试验及生产性能分析，以及农业部工作组考察，确定在 1994 年 10 月底之前从四川雅安茶场调进福鼎大白茶种 23000 斤，具体实施由王国林同志负责。

5. 加工厂房扩建与机械设备更新

加工厂房扩建与机械设备更新方面，本着与茶园扩建相适应的原则。根据 2000 年茶园面积应达到 2908 亩、年生产大茶应达到 150 吨、年生产细茶 100 吨、同时发展多花色品种的目标，机械设备力求本着先进、优质、实用的原则选择。在款项到位后便由王国林负责实施，在 1995 年 10 月底前完工投入生产。

最终投资如下：扩建厂房 1245.6 平方米，共 97.9 万元；新购机械 97 台，共 62.8 万元；机具安装费 15 万元；技术培训人次 201 人，共 24.3 万元。

6. 电站建设

易贡茶场的电站工程由云南省地方电力局负责承建。项目组要求小组负责人及成员做好各方面协助工作，以促进工程优质、顺利进行，达成电站按期投入生产的目标。

电站运行管理技术人员由电机生产厂家承担培训，一旦电站开始装配即召回参训人员。这些人员需要直接参加机组接装调试，掌握电机性能维修、运行管理等基本技能。

7. 技术力量培训和专家聘请

为了使科学技术与生产水平相适应，领导小组鼓励"走出去"，派选了能长期留场工作的中层干部 3 名、青年工人 2 名，到重庆大学食品加工系学习茶叶栽培与技术加工，学期结束后，1995 年 10 月底前回场工作。同时采取"请进来"的办法，聘请 1 名茶叶栽培和加工专家进场针对在岗人员培训，培训时间为 2 年。此次培训达到 201 人次，基本达到茶场在岗人员每人轮训 1 次。

8. 投资资金分配

根据上级业务部门组织的专家的评估预算，易贡茶场又进行了实施预选，确定了扩建茶园 800 亩、投资 300 万元的计划，同时为扩建改造茶叶加工投资 200 万元，具体为：茶园开垦种植 800 亩，投资额为 595 元/亩，总投资 47.6 万元；购买肥料 100 吨，投资额为 1000 元/吨，共计 10 万元；购买茶种 11.5 吨，单价 6678.26 元/吨，共计投资额 7.68 万元；幼苗培育费为 26 万元/年，5 年共计 130 万元；购买采茶机 10 台，单价 1 万元/台，共计花费 10 万元；修剪机 10 台，7000 元/台，共计花费 7 万元；自动喷雾器 20 台，单价 700 元，共花费 1.4 万元；在易贡茶场的公路开辟上，总共 3 公里的公路耗费了 16 万元，每公里花费 5 万多元；易贡茶场修筑了 8 公里的围墙，平均每公里耗费 4 万元，共投资 32 万元；易贡茶场还进行了排渠管道整修工作，花费了 29.32 万元。[①]

三、"62 工程"的成果

根据福建省茶叶研究所在 1996 年 4 月 14 日至 5 月 17 日对易贡茶场的实地调研，至 1996 年春季止，易贡茶场前后共发展茶园 2908 亩，兴建茶叶加工厂 3100 多平方米。1995 年投产茶园 2108 亩，生产干毛茶 11.1 万千克，总产值 233.6 万元。其中，名茶1500

---

① 《关于易贡茶场大庆项目组织实施安排意见》，1994 年 10 月 16 日，藏林芝地区行政公署农牧局文件，林地农发（1994）48 号。

千克，总产值 150 万元；细茶 1 万千克，总产值 60 万元；康砖茶 10 万千克，总产值 23.6 万元。平均亩产达 52.89 千克，每 50 千克均价达 104753 元。茶叶单产虽不很高，但单价却比福建省 1995 年单价最高的 668 元福鼎茶还高 1 倍。这充分说明，易贡茶场所生产茶叶品质优良，备受认可。同时，由于茶叶品质优异，从 1989 年至 1993 年，易贡茶场以"珠峰绿茶"为代表曾 6 次获全国新产品展销会和农业博会等奖励。[①]"62 工程"实施的效果在易贡茶场体现得淋漓尽致。

第四节　福建省支援易贡

一、三年援藏计划

易贡茶场在 1995 年被列为福建省南平市对口支援单位。自 1995 年 6 月始，南平市援藏干部邱运才同志作为福建省首批援藏干部到易贡茶场任党委书记。通过深入调研，他做出了符合易贡茶场实际的三年援藏计划，即 1995 年 6 月至 1998 年 6 月，三年计划投入援藏资金 350 万元。至 1997 年年底，援藏计划得到有效实施。

二、引进专业人员

通过援藏，易贡茶场脱离了在困境中求生存的窠臼，可以腾出手来搞建设，各项事业开始有了起色。由于农业生产和经济的良好发展，以及各项事业所表现出的可喜的变化，人员引进规模也得到扩大，1995 年针对企业单位缺员情况，林芝地区将易贡茶场招工指标下达为 74 人，定向培训人数指标为 6 人。1995 年至 1996 年，易贡茶场选派业务骨干到西南农业大学进行专业系统的培训，职工专业素质大大提升。

三、资助教育

青少年是祖国的未来，他们的发展关系着祖国未来的前途和命运。1995 年夏，邱运才作为福建省首批援藏干部来到西藏林芝地区波密县易贡茶场任党委书记，在三年的援藏工作中，与藏民结下深厚友情。援藏期间，在一次下乡中，他听易贡学校的老师说有一位

---

① 谢逸安，吴木英，西藏易贡茶场茶叶生产考察报告 [J]. 福建茶叶，1996 (3)。

名叫嘎玛占堆的四年级学生，学习成绩在班上名列第一，因其父亲患有疾病瘫痪在家，使得这位优秀学生被迫辍学。邱运才听后，立即来到嘎玛占堆家里，只见其家徒四壁，他的父亲白玛巴顿病瘫在床，一家生计没有着落。见到如此景象，邱运才当即掏出身上所有的现金给白玛巴顿治病，并对嘎玛占堆的父母承诺："从现在起，我负责嘎玛占堆的所需学费，直至他自食其力为止。"此后，邱运才除了资助这位藏族儿童学习费用外，还在生活、学习上热心帮助他。1998年邱运才援藏期满后，回到闽北建阳工作，5年过去了，但他承诺的事始终萦怀在心，努力践行。不论是嘎玛占堆在广东惠州读初中，还是到漳州一中读高中，邱运才除了支付学费外，还经常主动支付嘎玛占堆往返西藏老家的路费和部分生活费。[①]

第五节　易贡茶场的问题

一、茶叶生产问题

1. 自然灾害

1995年林芝地区灾情总结记录了易贡茶场1995年4月9日的霜灾，这次霜灾使该场2108亩茶园受损严重，48％茶鲜叶冻死，52％茶鲜叶冻伤[②]。茶场损失惨重。

1996年病虫灾害严重，茶园受白星病损害800余亩，由于农药及相关器械紧缺，防治能力有限，受损较重。此外，还受茶毛虫损害30余亩，[③]原本就受霜灾影响的茶场经此病虫害更是雪上加霜。

2. 茶树种植问题

自茶场开始种植茶树，当地的种植事业就没有专家预测得那么乐观。1982年，国家投入巨资，在易贡茶场大面积种植茶叶，成茶面积达到2108亩。虽然易贡茶场所处地理位置极佳，气候温和湿润，但是茶树的生长条件却相当苛刻——茶树的发育受土壤、光照、温度、降水、空气及地形条件的制约很大。易贡土壤pH 6.5～7.0，碱度大于茶树生长最佳的pH 4.0～6.5，这对茶树生长有抑制作用；较之内地，易贡日照时间短，空气稀薄，二氧化碳浓度低，茶树的光合作用受到很大影响；内地茶园茶树新梢叶片的展开时间为1～4天，在易贡则需要5～6天。易贡的降水、温度，也使茶树生长缓慢，再加之人类和其他生物的影响，如管理、病虫、牲畜危害以及自然灾害，都会延长茶树的幼年期。易

---

① 李加林，除夕夜的汉藏情 [J]. 政协天地，2004（3）：37。
② 林地农发1995第48号：《林芝地区1995年灾情的总结》。
③ 谢逸安，吴木英，西藏易贡茶场茶叶生产考察报告 [J]. 福建茶叶，1996（3）。

贡茶场茶树从播种到齐苗需要两年，从移栽至批量产叶要 7 年。

1991 年 10 月 21 日，易贡茶场的《关于请求延长茶园育林费投资两年的请示报告》中，就反映出了易贡茶场的茶树生长情况较内地情况大不一样。当时易贡茶场有茶园 2160 亩，投产面积为 540 亩，半投产面积 800 多亩。细茶产量 4.47 万斤。自治区根据四川农牧厅农勘队报告的"茶园 5 年保产"资料，1980—1986 年间给易贡茶场投资 400 多万元，每年每亩投资 319 元。然而根据实际情况，加上实地考察和理论分析，易贡茶场种植茶树实际需要 7 年才能投产。1991 年 7 月 5 日上报的申请中显示，易贡茶场有未投产茶园 1290 亩，每亩每年需投资 319 元，总投资 411510 元，两年共需追加投资 823020 元。茶叶在林芝地区的生长、种植难度远高于内地，因此种植、生产、加工茶树及茶叶制品的成本也远高于内地，资金问题亟待解决。[①]

至 1996 年，在茶树栽培上也还有一些技术存在缺陷：在幼龄茶树抚育上，由于没有注意及时补苗，三个队的茶园都不同程度出现断垄断畦；1995 年春季茶籽直播的 418.3 亩新茶园，由于茶籽质量差，茶籽出苗率极低，影响后续生产。以福建产茶经验为例，茶籽成熟期于每年霜降节气后，而 1994 年 9 月底茶籽就运抵西藏易贡茶场，按茶籽成熟期算，提早了一个月。据考察，一队的一号地和三号地茶园，茶籽出苗率只有 10％ 左右，二号地不足 30％。场部 60～70 亩育苗圃，出苗率也均未超过 30％。[②]

二、农业经营、管理问题

1990 年，6 月 27 日至 7 月 7 日，行署组织了两个由行署领导和农牧业主管部门负责同志带队的，由地区农牧局、计经委、财政局等有关部门参加的农牧业生产大检查工作组，分别对波密、林芝、工布江达、米林、朗县 28 个乡镇 69 个村和易贡茶场、米林农场的 5 个生产点进行农牧业生产大检查。通过检查发现各县干部群众迫切要求解决的问题主要包括：农机具奇缺，导致影响农业生产；农村医疗条件差，群众就医有困难；兽害严重。

1990 年 6 月，林芝地区行政公署农牧业生产大检查工作组根据检查情况给出意见，下半年农牧业生产中的要求包括：各县农牧部门和农机部门应加强与上级业务部门的联系，抓好相关设备的订购和调运，以及加强防汛工作。[③]

1991 年，林芝地区制定了一系列搞活企业的措施。易贡茶场的茶园建设初具规模，

① 《关于请求延长茶园育林费投资两年的请示报告》，1991 年 10 月 21 日，西藏自治区农牧林业委员会。
② 谢逸安、吴木英，西藏易贡茶场茶叶生产考察报告 [J]. 福建茶叶，1996（3）。
③ 林发行（1990）21 号文件：《林芝地区行政公署关于对五县二场农牧业生产大检查情况的通报》。

发展前景比较乐观，但存在较大困难。这一时期易贡茶场面临的主要问题包括：

1. 销售问题得不到解决

20世纪90年代初，茶场库存细茶5万斤，易贡茶场认为销售渠道不畅，希望尽快解决。易贡茶场的大茶生产和销售的潜力是比较大的，藏民喜爱饮用大茶，大茶在当地不愁销路，但大茶生产的成本高于商业进价，企业入不敷出。所以企业希望政府能按从内地进茶的办法给企业一定补贴，让茶场资金周转正常，调动职工的生产积极性，维持茶场的有序经营。

2. 木材生产指标欠缺

易贡地区森林资源比较丰富，但上级下达的木材生产指标不太充足。根据茶场原工作人员回忆，1990—1993年成立的伐木队收益可观，为此，易贡茶场向上级反映，希望多一些木材生产指标，以缓解当地经济上的困难，并且在伐木区安排和采伐量上要持慎重态度，以不影响易贡沟小气候，不影响茶叶生产为原则，适当提高当地经济效益。

3. 电站老化

随着茶叶生产的发展，茶叶加工动力将出现缺口，现有电站已老化，急需改造，希望能被工作组列入计划，给予投资。

4. 工人工资

场内正式工现仍吃高价粮，扩场工由于工作身份得不到解决，退休金每月只有19～29元。此事难以得到合理的解决。[①] 正式工坐享其成，扩场工的工资待遇低，长期的不平等容易引起纠纷，会严重影响工人生产的积极性，进而掣肘企业的进一步发展。

三、此时期全区普遍存在的问题

1. 市场狭小，消费能力欠缺

20世纪90年代初西藏自治区内市场十分狭小，仅20多万人口，其中10%以上为城镇人口，他们的购买力有限，而近90%的农牧业人口的温饱问题没有完全得到解决，距离小康水平依旧存在一定距离，群众的购买力非常欠缺，企业难以在西藏自治区群众中打开市场。从消费结构看，当地城镇居民消费逐渐向高层次迈进的同时，占绝大多数人口的农村居民的消费层次却在原地踏步。考察1990—1995年期间居民的消费情况，城镇居民的恩格尔系数由1990年的0.66下降到0.56；农村居民的恩格尔系数维持在0.74的水平。

---

① 林地人发（1992）3号文件：《驻八一镇自治区人大代表视察情况报告》。

恩格尔系数的下降，既是居民人均收入增长的结果，也是居民消费向高层次发展的要求。随着恩格尔系数的下降，居民消费支出中，非食品和非衣着性消费品所占份额上升较快。1995年，城镇居民除食品和服装外的消费品所占份额为22.6%，比1990年上升3.4个百分点；农村居民除食品和服装外的消费品所占份额为15.3%，仅比1990年上升1个百分点。农村居民恩格尔系数居高不下，显示出西藏自治区按预期实现小康目标的难度很大，市场还有很大的拓展潜力。

在温饱问题得到解决，人民购买力得到提升的情况下，即使形成了新的市场，物流运输、信息流通、消费引导等问题依旧存在。[1] 茶场想要拓展西藏市场还有很长的路要走。

2. 生产力欠缺和经营能力不足

生产力发展不平衡，产业结构不协调。西藏自治区当年以自给自足的自然经济为主，工矿企业较少，而且主要集中于拉萨，仅靠第一产业难以产出更多利润，第二产业的发展也需要更多企业的参与和创新。少数企业技术水平、设备较先进，工人的文化素质、管理水平、竞争意识较高，各项指标也能成倍增长。但是，大部分企业工艺落后，设备陈旧，还有相当数量的企业以手工操作为主，工人的文化素质、管理水平、竞争意识较低，以致部分企业长期亏损。[2]

综合分析当时西藏面临的困境，可以窥见制约西藏经济发展的原因：一是生产力水平低，物质生产能力差，使全区综合经济实力处于较低水平；二是商品生产不发达，工业企业始终在不景气的低谷徘徊，农牧业发展良好，但农畜产品的综合商品率仅为28%；三是改革开放使商品经济蓬勃发展，但由于受生产力和商品生产的影响，加之有自然地理等艰难经济环境的严重制约，先天不足的商品经济具有一定的局限性和脆弱性，当时还是一种初级单薄的商品经济；四是市场体系不健全，市场功能微弱；五是流通渠道单调，自治区、地（市）、县三级市场及边贸市场间未形成有机高效的沟通网络。

此外，20世纪90年代初的中国处于社会转型的关键时期，各行各业都受到了影响，处在变化之中。由于市场化转变浪潮迅捷，加之西藏地区情况尤为特殊，很多企业并未做好准备，部分企业还没有落实经营自主权，也没有实现转换经营机制，更没有真正成为市场的主体。其次是市场发育程度低，市场体系不健全，市场应有的功能作用无从发挥。再次是有关部门配套改革步伐参差不齐，难以形成有序的市场作用范围。[3] 比如自1993年，国务院批准林芝、米林两县对外开放环形线路以来，推动了该地区旅游业的发展，但由于

---

① 王大犇，对西藏大力发展外向型经济的一点不同意见 [J]. 西藏研究，1990 (1)。
② 韩清，西藏自治区社会经济发展战略探讨 [J]. 西藏研究，1991 (1)。
③ 王吉文，我区发展市场经济的形势与对策 [J]. 西藏研究，1993 (3)。

林芝地区未对外开放，加之交通不便等客观原因，造成了旅游事业发展缓慢，与其他行业相比，呈现出严重滞后趋势，旅游至今还未形成产业经济。[①]

3. 自然条件和交通问题

西藏位于青藏高原的西部和南部，占青藏高原面积的一半以上，海拔 4000 米以上的地区占全区总面积的 85.1%，素有"世界屋脊"和"地球第三极"之称。西藏地区的土壤多数难以利用，也为修路建桥等道路交通工程带来了极大的困难。加之西藏地区地形复杂，气候多变无法预测，环境对经济作物的生长十分不利。高原地区空气稀薄，这一地区的人类活动也随之减缓，更是为建设工作加大了难度。西藏所处的自然环境，也给区域内靠自身能力发展现代产业带来巨大的困难。

西藏经济特点是封闭落后的自然经济和"供给型"经济。造成这种状态的一部分原因，是交通闭塞、落后的结果。而"供给型"经济则是在西藏基础工业水平十分低下的状况下，需要全国各地的支援以发展经济增强自我发展的能力，这种经济形式最大的弊端在于各项人民生活的必需品都要依靠公路运输，糟糕的交通运输条件严重制约着当地经济的发展。

西藏的公路除了在经济层面发挥着巨大的作用，也是军事国防方面关系生死存亡的大动脉。这些公路均属于边防公路的范畴，任何军事上的调动，历次的反分裂斗争和军事行动都离不开青藏、川藏、滇藏、新藏等公路干线，西藏公路建设的完善与否关系着国防的巩固和国家的安定。[②]

由此，交通对于西藏发展的重要性不言自明。公路是西藏社会经济发展的动脉，它与国民经济的各行业、各部门相辅相成、互相制约；交通运输是西藏经济的命脉，根据西藏在 20 世纪 80 年代末 90 年代初的情况，交通运输仍以公路运输为主，并在积极发展航空运输；公路是联系西藏社会生产、分配交换和消费的纽带。西藏经济要想实现从"封闭型"经济向"开放型"经济的转变，从"供给型"经济向"经营型"经济的转变，提高自身的经济活力，公路的纽带作用十分重要；公路是西藏与国内外、区内外之间经济、技术、文化和政治联系的桥梁；公路是繁荣市场，促进商品交流的动脉；公路对于巩固我国西南边防、确保西藏社会稳定起着十分重要的作用。

加强现有公路的整治、养护和管理是公路建设的重点，这一点也是国家领导人最关心的问题。1994 年江泽民在第三次西藏工作座谈会上指出："当前和今后一个时期内西藏发

---

① 兰秀英，浅谈林芝地区旅游资源及其开发方略 [J]. 西藏研究，1994 (4)。
② 路同，关于西藏公路运输与社会经济发展关系的探索 [J]. 西藏研究，1995 (1)。

展的重点要放在加强农牧业，搞好交通、能源、通信等基础产业和基础设施上，以利于增强自我发展的活力和后劲。"公路这条"动脉"的建设势在必行。

在公路问题得到重视后，至 1995 年，西藏自治区 7% 的乡镇通了公路。从川藏公路上的扎木（波密县）至墨脱县的公路已于 1994 年分段初通，基本上达到了县县通公路，交通运输问题终于不再是困扰当地经济发展的"血栓"。

4. 旧有历史包袱

西藏由于原来的封建农奴制下简单粗放的经济结构，加之落后的文化导致当地群众观念上的封闭和保守，这些沉重的历史包袱拖慢了西藏的发展脚步，使之不可能在很短时间里发展起现代产业部门。而只有在新的社会制度和科学的指导下，在科学技术的应用和推广下，在已经先期发展了的兄弟民族的支援下，这种经济结构的变动才能较快地发生。应根据西藏的实际情况，以应用和发展为重点，加紧对现有企业的技术改造和引进，疏通技术转移渠道，大力推广农牧业科学技术知识，提倡科学种植，发挥林业自然优势变为综合性的经济优势。[①]

5. 全区整体经济实力十分薄弱

虽然西藏经济在总量上呈增长趋势，但供需缺口大、效益低下等深层次矛盾在加剧，结构不合理的问题依然突出，由于"供给型"经济掣肘，物价居高不下，宏观调控任务十分艰巨。

1995 年，经济总量粗放增长，总供给小于总需求的矛盾仍然十分突出。从经济结构方面看，西藏自治区国民生产总值增速下降，第一产业增长稳定，第二、三产业增长放慢。[②] 产业发展不平衡导致全区整体经济实力依旧十分薄弱，产业结构调整成为 20 世纪 90 年代西藏经济发展的突出矛盾。

---

① 孙勇，新西藏的经济发展之路 [J]. 中国藏学，1995（3）。
② 西藏自治区社科院《经济形势分析》课题组，1995 年西藏经济形势分析与 1996 年经济发展预测 [J]. 西藏研究，1996（3）。

第五章　世纪之交易贡茶场的发展与困境 （1998—2008 年）

　　福建省第一批援藏工作取得成效后，1998 年，时任福建省委副书记的习近平亲自带领第二批援藏干部来到林芝。这一批援藏干部改革管理制度，为政府部门树立规章，将节约的经费用于扶助民生，再次使企业扭亏为盈，易贡茶场重获新生。

　　同时，林芝地区通过招商引资，于 1998 年将重庆太阳集团引入，组建成西藏太阳资源开发有限公司。引进伊始，公司大力发展生产，取得了引人瞩目的成就。

　　然而天有不测风云，2000 年，易贡特大泥石流爆发，易贡场部全部被淹没，两年的成果毁于一旦。所幸在福建援藏干部的领导下，易贡从灾难中恢复。但天灾之后，又遇人祸。因太阳公司人员调整、监管缺失，一些利欲熏心的人员借天灾侵吞国家援藏贷款资金，易贡茶场的发展又一次陷入了困境。

第一节　福建省第二批援藏

一、习近平率第二批福建援藏干部来林芝

　　1998 年 6 月，时任福建省委副书记的习近平率福建省第二批援藏干部进藏。6 月 19 日上午，林芝地委行署隆重召开了第二批援藏干部欢迎大会。

　　会上习近平指出："首先，中央关于援藏的决策非常英明，中央的援藏方针要坚决贯彻。福建尽其所能响应中央的号召，已经把林芝地区作为福建省的一个地区来考虑共同发展，在林芝地区完成了第一批援藏任务。其次，福建援藏项目的落地，得到了当地政府的关爱，感谢林芝地委行署对援藏干部的关心与厚爱，我谨代表福建省委省政府向林芝地区的领导和在座的干部表示感谢。再次，表扬邓保南同志、许少钦同志、叶康勇同志、陈景辉同志等第一批援藏干部，你们没有辜负党的重托，没有辜负福建人民和西藏人民的重托，克服了常人难以想象的困难，尽了自己最大的努力。你们不仅和当地干部群众团结奋斗，改变了贫穷落后的面貌，还用自己的行动激励着人们到艰苦的地方去工作，福建人民感谢你们！这种精神是孔繁森精神的体现、老西藏精神的发扬。邓保南同志是窗口，你很

好地对接了两地的交流，为增进闽藏两地的感情作出了重要贡献。最后，寄希望于第二批援藏干部，希望你们能继承和发扬第一批援藏干部务实创业的精神，和当地的干部群众打成一片，脚踏实地，共同努力，再创佳业！"

在肯定中央援藏决策和鼓励援藏干部的同时，习近平强调："福建 1995 年送到林芝地区的第一批援藏干部，是从 1300 多名报名者中精选出来的。1998 年初以来，省委和省政府组织首批援藏干部先进事迹报告团到全省各地巡回报告，在福建兴起新一轮援藏热潮。有选派任务的 3 个地市和 13 个省直单位，报名应选人数超过 1500 人，经过严格考察、反复衡量，最终精选出第二批进藏的 23 名干部。虽然人数不多，但肩负着省委、省政府和全省 3200 多万人民的重托。"

6 月 23 日，习近平在西藏自治区领导召开的座谈会上再一次高度肯定了援藏事业的意义，认为这一事业是维护边疆安稳，谋求内陆与边疆协同发展，推进社会主义事业稳步前进，最终实现共产主义必不可少的环节："来不来西藏体会大不一样。来了，看了西藏的情况和面貌，对援藏工作才会有深刻的体会。我们认为，中央关于全国支援西藏的决策是完全正确的，西藏的稳定和发展关系到全国的稳定和发展。全国的发展是各省、区、市共同的任务，各省、区、市的发展也不只是自己的事，都是为了我们的社会主义事业。"

二、援藏干部钟木达

1998 年 6 月 18 日，钟木达来到了西藏林芝地区。根据福建省委、省政府的委派，任林芝地区经济贸易体改委副主任党组副书记三年，开展对口援助工作。他的到来，让易贡茶场的政治生态和经济发展形势都得到了改善。

当时，林芝经济贸易体改委成立时间较短，但却是林芝有名的管理乱、工作差、负债多的单位。经过钟木达的实地调研，他发现该单位的主要问题在于没有完善的规章制度，原本有限的经费不能有效地用在刀刃上——汽车修理费、接待费居高不下，而干部职工的旅差费、医疗费无法报销；办公条件差，长期租借外单位房子，工作缺乏激励机制，干好干坏一个样。针对这些问题，钟木达主持制订了接待、汽车修理、财务管理等 10 多个规章制度，令单位办事有章可循。这些规章制度的重点在：一减、二缩、三争取，即减少公务用车、压缩汽车维修费和接待费，向自治区、广东、福建多争取资金。完善的规章制度取得了令人欣喜的效果，制度出台后，汽车维修费、接待费大幅下降，只相当于原来的 1/3，仅汽车维修一项就节约经费近 20 万元。干部职工长期没能报销的医疗费、旅差费全部报销。三年来，经贸体改委共筹得资金 400 多万元，购置新车一部，建起了 1900 平方米的办公楼，一改过去的管理乱、工作差、负债多的面貌，成为林芝市优秀的事业单位。

经过有效管理，经费充盈后，员工的主观能动性也得到了充分发挥，比如地区房改办和住房公积金管理中心工作人员仅用 8 个月时间，就完成了对全地区行政事业单位职工工资总额的调查、统计，发放住房公积金单位申请表、缴费手册等近万份，建立个人公积金账户 3400 多个，归集资金 2000 多万元，使林芝地直和 7 个县行政事业单位住房公积金归集率由原来的 0 升至 100%，居全区领先地位，为林芝每年挽回资金损失 1000 多万元，让事业单位职工更有获得感。

1998 年，林芝地区财政收入不足 4000 万元、国有企业产值不到 500 万元，亏损额达 1200 多万元，在整个自治区 7 个地市中亏损额最大。钟木达计划要把 3 年援藏工作的重点放在国企的改制与脱困上。他深入实地考察，并对林芝地区国有企业进行调查分析，通过近 3 个月的摸底，为林芝地区的企业管理计划定下目标：第一年打基础；第二年搞试点；第三年抓推广，基本完成改制，实现扭亏为盈。同年 8 月，林芝地委、行署召开地区建立 14 年来的第一次企业改革会议，对国企改革和发展进行动员和部署，并先后出台了由钟木达本人起草的《关于进一步深化国有企业改革的意见》《关于扶持企业改革与发展的优惠政策》《国有企业厂长（经理）经营目标责任书》和《关于分离办学校的意见》等一系列政策措施，这些政策措施为企业改革营造氛围打下了基础。

1999 年是钟木达三年目标中的关键年。这一年，他重点抓了 4 个方面的试点：在交通、内贸小企业内部实行职工持股的股份制试点；在部分企业实行"利率置换"和"抵贷还租"；探索企业、财政、金融联动试点；在森工企业实行扭亏增盈试点。他和企业领导一起，挨家挨户，每天做职工的思想工作，鼓励他们放下包袱，轻装上阵参与改革，共渡难关，终于使企业试点改革得以顺利进行，并取得了显著成效：企业"利率置换"试点成功的经验在全自治区推广；企业减亏幅度和分离办学校工作在全区均名列前茅，当年试点企业减亏 630 万元，职工收入增加 30%。

2000 年，林芝地委、行署在全区推广了试点企业的经验，使林芝国有企业的改制率达到 90%。地直企业 1998 年净亏 1200 万元，到 2000 年转亏为盈，实现盈利 89 万元。随着对企业投入的加大和对重点技术的改造，一批改制企业日渐显露出强劲的发展势头，借此东风创出了一系列名牌产品，其中就包括易贡茶场出品的"珠峰圣茶"。西藏自治区党委副书记李立国在林芝考察工作时指出："引进新的经营机制和技术，对企业进行改革、改组、改造，使企业摆脱困境扭亏为盈，这在援藏工作中尚属首创。"

第二节　招商引资

一、深化企业改革的大方向

深化国有企业改革促进经济增长方式由粗放型向集约型转变，是世纪之交中国经济的重要主题。国有企业改革是 1996 年林芝地区经济体制改革的中心环节，也是关系整个经济体制改革成败的关键。推进国有企业改革，一是要区分不同企业的特点，按照"搞活大的，放开小的"的原则，着重抓好国有骨干企业的"改组、改制、改革"工作。结合企业"三改"工作，大力调整产品结构和企业组织结构，促使企业生产同市场需求密切结合，努力提高经济效益，促进企业向集约化方向发展。二是要把企业改革和其他改革综合配套，协调推进。企业改革是一项庞大复杂的系统工程，涉及宏观管理体制，市场培育以及社会保障体制等多方面的关系调整，难以单项突破，必须与其他各项改革协调联动、配套推进。[①]

1997 年，林芝地区根据易贡茶场的资源优势，因势利导对其进行改革，进行资产重组，引进重庆太阳集团，并由重庆太阳集团、易贡茶场等 5 家企业重新组建西藏太阳农业资源开发有限公司，进行重组筹备工作。

1997 年，在《林芝地区农牧局一九九七年工作总结和一九九八年工作安排》中，提出农机公司和农业企业要加快改革步伐，特意提及合作共赢的重要性——"在完成九七年度易贡茶场改革任务的同时，要积极寻求合作伙伴，为察隅农场、米林农场的改革寻求出路，提供服务。"[②]

二、资产重组所取得的成绩

1997 年林芝地委、行署根据易贡茶场的资源优势及所面临的困境，提出对易贡茶场进行资产重组，引进重庆太阳集团公司。

1998 年 1 月 1 日，西藏太阳资源开发有限公司（以下简称太阳公司）登记注册成立。贺兴友担任公司的董事长兼总经理，杨盛礼任公司董事并履行公司的管理职权。1998 年

---

① 西藏自治区社科院《经济形势分析》课题组，1995 年西藏经济形势分析与 1996 年经济发展预测［J］．西藏研究，1996（3）。
② 林地农发（1998）2 号文件：《林芝地区农牧局一九九七年工作总结和一九九八年工作安排》。

1月8日，太阳公司在易贡茶场挂牌成立。在整合优势资源后，公司加大科技投入，在林芝相关部门的指导下，成功开发出"珠峰圣茶"系列，该产品一经面世就受到广大消费者的青睐，帮助公司实现扭亏为盈。

1998年至1999年，太阳公司选派部门负责人、业务骨干到全国各地进行实地考察学习，同时引进具有世界先进水平的意大利依玛公司茶叶加工机械设备。1999年，太阳公司对茶叶生产加工等环节进行技改，茶叶生产创历史最高水平，产珠峰茶4万多千克。

第三节　2000年易贡特大山体滑坡

一、易贡的气候和地质状况

易贡特殊的气候和地质状况导致当地容易发生滑坡、泥石流等自然灾害。易贡茶场地处西藏东部雅鲁藏布江的支流易贡藏布江下游北岸，受印度洋海洋性西南季风影响，气候温和湿润。海拔2100米以下属亚热带气候带，海拔2700～4200米属高原温暖半湿润气候带，4200米以上属高原冷湿寒湿带；雨季开始早、结束晚、降水多、年降水量600～1000毫米，年均降水量890毫米。[①] 除此之外，此处当雄—嘉黎断裂带与北东向的林芝断裂交叉，构成人字形活动断裂带，处于著名的通麦—林芝地震带，历史上曾多次发生强地震，所以该带的地震活动对区内的滑坡、泥石流的形成发育和活动有重要影响。[②] 如1920年易贡强降水使章隆弄巴冰碛湖溃决，导致规模巨大的泥石流堵江成湖；1950年8月西藏东南察隅8.6级大地震使波密地区发生大规模崩塌、滑坡、泥石流灾害，以及给易贡茶场带来毁灭性打击的2000年易贡特大山体滑坡。[③] 严重的自然灾害给易贡茶场带来了不可估量的损失，增加了茶场恢复建设的难度。

二、易贡特大山体滑坡的发生经过

2000年4月9日19时59分，易贡乡扎木弄沟源区（滑坡体的地理坐标为东经94°55′～95°，北纬30°10′～30°15′）发生了灾难性的崩塌滑坡事件。约3000万立方米的岩体从海拔

---

①　于现强：《波密县易贡乡基本情况简介》，波密县人民政府，2020年11月30日。http://WWW. LINZHI. GOV. CN/BMX/ZWGK/202012/B9383BB78ADD414C9C1215EB56EDCBEC. SHTML。

②　王治华，吕杰堂，从卫星图像上认识西藏易贡滑坡［J］. 遥感学报，2001（7）。

③　刘佳，赵海军，马凤山等，我国高寒山区泥石流研究现状［A］. 第十一届全国工程地质大会论文集［C］. 2020 - 10 - 26。

5000 米的山顶崩滑，落距约 1500 米。崩滑体强大的冲击力激发了扎木弄沟内沉积百年的碎物质，在短短的 3 分钟内，沟内的块石碎屑物质瞬间形成高速滑坡，随后解体，旋即转化为超高速块石碎屑流扫荡谷口两侧山体，运移 8～10 千米后沉积于易贡湖出口处，完全堵塞了易贡藏布江，形成长达 4.6 千米，前沿最宽达 3 千米，最大厚度为 100 米，平均厚度为 60 米的近喇叭状天然坝体，总堆积土方量超过 3.8 亿立方米，形成了易贡堰塞湖。

易贡特大山体崩塌滑坡是近 100 年来中国发生的最大的滑坡事件，也是近百年来亚洲第一、世界第三大的山体滑坡。

导致此次滑坡型泥石流罕见天灾的主控因素是极端的冻融循环、干湿循环和地震活动，其中 2000 年滑坡型泥石流形成的直接诱发因素有可能是灾前的波面震级 4.8 级的地震。[①] 易贡特大型山体滑坡示意图见图 1-5-1、图 1-5-2。

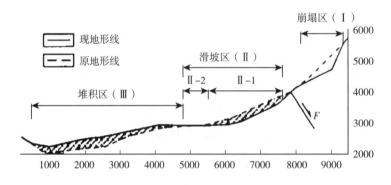

图 1-5-1　易贡特大型山体崩塌滑坡剖面图

图 1-5-2　2000 年滑坡型泥石流分区

① 李俊，陈宁生，刘美，等. 2000 年易贡乡扎木弄沟滑坡型泥石流主控因素分析 [J]. 南水北调与水利科技，2020（6）。

此次崩塌滑坡总的垂直落差达约 3000 米，水平最大运距约 8500 米，最大速度达每秒 44 米。在其崩塌过程中和崩塌发生后形成了一系列在其他滑坡中难以遇见的独特现象，如滑坡堆积物所显现的分区分带特征、锥状堆积物、喷水冒沙坑、边缘旋流以及被气浪抛掷、扭断、撕裂的树木等现象，具有非同一般的特殊性。[①]

三、各级力量迅速投入抢险和抗灾

气候转暖、雨季来临，大量融化雪水和自然雨水交互涌入山体滑坡，形成堰塞湖，致使湖水以平均每天 1 米的速度上涨，总蓄水达 40 多亿立方米。4000 多名藏族群众和整个易贡茶场被困，一旦湖水漫顶或溃坝，下游众多民用基础设施、军用设施和人民生命财产安全将受到毁灭性打击。

灾情发生后，引起了党中央、国务院及西藏自治区的高度重视。国务院副总理温家宝、国务委员王忠禹、罗干等就救灾工作做了重要指示，并派出了国家专家组，帮助西藏制定巨型滑坡抢险方案。

专家组于 18 日抵达出险现场，调查后指出，此次大规模山体滑坡滑长约 8000 米，高差约 3330 米。滑坡体截断了易贡藏布江，形成长约 2500 米、宽约 2500 米、平均高约 60 米的滑坡堆积体，面积约 5 平方千米，最厚达 100 米，平均厚 60 米，体积约 2.8 亿至 3.0 亿立方米。

据专家组分析，发生滑坡的主要原因是由于气候转暖，冰雪融化，使位于扎木弄沟高达 5520 米以上雪峰的上亿方滑坡体饱水失稳，并沿陡峭岩层呈楔形高速下滑，撞击下部老堆积体和扫动两侧山体，转化为"碎屑流"，高速下滑入江。滑坡的发生经历了高位滑动—碎屑流—土石水气浪—泥石流—次坡滑坡等过程，具复合性。[②]

灾后第一时间，武警水电三总队、武警交通一总队、武警林芝支队、西藏军区近千名官兵奉命紧急进驻抢险。[③]

由于抢险现场处于林芝以东 160 多千米的山高林密的峡谷，交通极为不便，设备进场异常艰难；原滑坡段仍有数千万立方米不稳定体，随时有再度滑坡和发生泥石流的可能，抢险作业风险很大；土石方月开挖量达 150 多万立方米，超过了三峡工程前期土石方开挖

---

① 许强，王士天，柴贺军等，西藏易贡特大山体崩塌滑坡事件 [J]．爆破，2007（12）。
② 罗布次仁，西藏易贡山体滑坡世界罕见　党中央国务院高度重视，派出国家专家组帮助制定巨型滑坡抢险方案 [R]．新华社西藏通麦 4 月 21 日电。
③ 武警水电第三总队医院驻易贡抢险地卫生所，西藏易贡抢险工地昆虫伤的报道 [J]．西藏医药杂志，2001（3）。

的强度，工程量巨大。与此同时，湖水不断上涨，下游时刻处在危急关头，抢险工作进展得异常艰难。

为将损失减到最低限度，西藏自治区报请国家防汛总指挥部批准，决定沿堆积体鞍部抢挖一条引流明渠，从而降低湖内水位，缩减上游受淹范围，降低下泄峰量，减轻湖水宣泄对下游造成的冲刷破坏。①

4月26日，由后勤部政委吴宗凯牵头，只用了两天的时间，武警水电三总队就组织调度了100多台套各类抢险主力设备，从青海格尔木、西藏满拉、沃卡、羊湖、拉萨、四川成都等地向易贡开进。5月2日，100多台套装备总功率比国家防总要求的多出6000多马力的重型机械设备安全抵达易贡抢险工地，这些施工设备迅速投入施工，并24小时不停顿作业。5月3日开始，山体滑坡处实施"开渠引流"工程措施，沿滑坡堆积体鞍部挖掘一条引流明渠，以减少湖内水量，缩减上游受淹范围，减轻湖水宣泄对下游造成的冲刷破坏。②

到5月20日，日土石开挖量突破10万立方米大关。至28日，抢险官兵已开挖土石方123.9万立方米，在坝体鞍部形成了一条长1000米、宽150米、深约20米的引水导流明渠。③

6月7日，湖水水位已累计上升48.34米，累计库容达29.2亿立方米。经过700多名解放军、武警官兵30多个日日夜夜的艰苦奋战，6月8日，引流明渠全渠贯通，明渠开挖方量累计完成135.5万立方米，下挖深度24.1米，形成了一条顶部宽150米、底部宽20米左右、平均深24米多的引流明渠。④ 易贡湖水从官兵开凿的导流明渠有控制地下泄，湖水进入易贡藏布江河床，减少了20多亿立方米的库容，降低了20多米的下泄水头，把灾害损失减少到了最低限度。⑤

4月25日，钟木达被任命为搬迁安置组副组长，成为易贡茶场搬迁安置第一责任人。第二天，钟木达便带领工作组徒步18公里进驻茶场。作为企业，易贡茶场为非民政部门救灾对象，职工情绪异常激动。为了稳定职工情绪，他先后召开了10多场不同层次的群众会议，走访了大部分职工家庭，挨家挨户做宣传、解释工作，在调查分析的基础上，提出了"就近就高就便"的安置方案，带领工作组到海拔4000多米的高山为群众寻找安全可行的搬迁地点。6月11日，对积水已达30亿立方米的易贡湖水实施引流，坝下18公里

① 王建新，夜访易贡灾区一线 [R]. 人民数据，2000 - 05 - 15。
② 王建新，西藏易贡灾区抢险工作加紧进行 [R]. 人民数据，2000 - 05 - 22。
③ 方金勇、刘辉，西藏易贡河大塌方抢险进入最后冲刺 [R]. 人民数据，2000 - 06 - 02。
④ 王建新，西藏易贡灾区湖水开始下泄 [R]. 人民数据，2000 - 06 - 09。
⑤ 方金勇，刘辉，雍辉，易贡藏布大抢险 [J]. 中国电力企业管理，2000（9）。

图 1 - 5 - 3　抢险官兵

处每秒流量达 10 万立方米。

但湖区群众没有一人伤亡。[①] 易贡湖溃堤带来地面通道中断，导致墨脱的物资供应完全中断，8000 多名军民的生活面临着严重困难。为解决墨脱危机，原成都军区某陆航团出动直升机救灾空运小分队，采用空运的方式向墨脱县运送急需的药品、食品等物资。[②]

国家防总 6 月 27 日向参加易贡抢险的人民解放军和武警部队表示敬意和感谢，并号召全国各地防汛抗旱战线的同志们向人民子弟兵学习，努力做好防汛抗旱工作。[③] 这标志着易贡特大山体滑坡问题得到了比较妥善的解决。

但易贡湖水溃坝暴泄后，国道 318 线通麦大桥及通麦至林芝县排龙乡 16 公里公路被冲毁，通麦至易贡的公路受到严重毁坏，交通完全中断。中铁二局集团公司第五分公司干部职工，经过 76 天的艰苦奋战，完成了道路的修复工作。2001 年 1 月 1 日，西藏波密县境内的 318 国道川藏线通麦悬索桥建成通车，这标志着西藏易贡灾区交通抢修任务圆满完成，川藏南线交通全面恢复。大桥全长 258 米，主跨 210 米，为双塔双铰单跨悬索桥。[④] 易贡特大山体崩塌滑坡对易贡当地的恶劣影响终告一段落。

第四节　易贡茶场的艰难时期

天灾无情不可避免，为易贡的发展按下了暂停键，但人祸的出现让易贡茶场的发展之路走得更加艰难。因为公司腐败失管，20 世纪初的易贡茶场"屋漏偏逢连夜雨"，进入了最为艰难的时刻。

① 谢宜兴，高原的"洗礼"——记福建省改革开放办援藏干部钟木达 [J]. 开放潮，2001（9）。

② 彭光明、范涛，灾后首批生活物资空运至墨脱 [R]. 人民数据，2000 - 07 - 17。

③ 国家防总表彰参加易贡抢险部队 [R]. 人民数据，2000 - 06 - 28。

④ 王建新，易贡灾区通麦悬索桥通车 [R]. 人民数据，2001 - 01 - 04。

一、西藏太阳公司的腐败

1997年年底，贺兴友、杨盛礼在获取自治区国有资产管理局、工商管理等部门及易贡茶场信任后，以其所有的重庆太阳实业有限公司、重庆藏汉药品有限公司和重庆南山医疗保健器材制造有限公司，采用伪造银行汇票和不转移出资物产权的手段，虚假出资人民币2497.9万元，易贡茶场资产估价出资1774.68万元，共同签署成立西藏太阳资源开发有限公司的协议。[①]

虽然《公司法》及自治区经贸委《关于设立西藏太阳农业资源开发有限公司的批复》中明确规定，易贡茶场及重庆4家公司作为太阳公司股东均具有独立的法人主体地位。但由于原易贡茶场领导班子成员除援藏干部外，绝大部分调离易贡茶场，加之地区相关单位未能有效地参与监督、管理，致使易贡茶场营业执照被注销，其法人主体地位已不存在，贺兴友、杨盛礼趁机取得了对太阳公司的实际控制权。援藏干部邱运才场长因与贺兴友、杨盛礼等太阳公司负责人经营理念不同，被迫撤离易贡茶场，到当时的林芝地区农牧局任副局长。缺少援藏干部的辖制，公司的腐败行为滋生并蔓延开来。

1998年4月6日，贺兴友、杨盛礼操纵太阳公司向建行西藏分行贷款1900万元。12月22日，贺兴友、杨盛礼故技重施，操纵太阳公司向建行西藏分行贷款800万元。

1999年5月3日，贺兴友、杨盛礼操纵太阳公司向农行拉萨分行贷款600万元。6月8日，贺兴友、杨盛礼再一次操纵太阳公司向农行拉萨分行贷款2000万元。上述贷款共计5300万元，数额巨大，影响恶劣。

利用空壳公司骗取银行贷款之外，贺、杨二人还利用假投资吃回扣等手段攫取暴利。2000年1月24日，太阳公司与重庆太阳实业有限公司共同出资成立拉萨尼玛酒店管理有限公司。双方各出资25万元，持股50%，由王敏任法定代表人。2000年3月20日，贺兴友、杨盛礼通过实际控制的太阳公司召开董事会，决定将纳金路易贡茶场驻拉萨办事处土地无偿交给尼玛酒店使用，并办理了过户手续，尼玛酒店缴纳土地出让金155435元。尼玛酒店经过股权转让后，股东变更为范玉兰和彭丁，各执50%股份，由范玉兰任法定代表人。2000年4月至9月，由于易贡山体滑坡，滑坡段上游的易贡藏布形成堰塞湖，致使原易贡茶场大部分茶田、场部、茶叶加工厂、职工及茶农居民点等在水下淹没两个月之久，茶农、职工居无定所，给茶场的发展带来重创。灾后，国家、自治区、地区给太阳

---

① 西藏自治区国有资产管理局：《资产评估结果批复》，国资字（97）第131号，1997年10月30日。

公司下拨大量救灾物资和灾后重建资金。除救灾物资和少量灾后重建资金发放给茶场职工和茶农外，其他大部分灾后重建资金去向不明。

2002年9月9日，西藏盛元建筑工程有限公司将太阳公司送上法庭，起因是后者"易贡茶场职工招待所综合楼"项目于2002年6月30日竣工验收后，经原告多次向被告催付应付工程款，被告始终不支付工程余款。最终判决要求被告必须在2003年10月底以前结清全部工程款。

官司失败后，太阳公司进入了表面繁荣期。2003年8月11日，太阳公司以出让方式取得公仲村50亩土地使用权（土地权证号：林国用〔2003〕第2号），土地性质为综合，面积为33333.50平方米。

2004年3月30日，太阳公司与重庆德道科技发展有限公司出资共同成立了林芝亚圣公司，注册资本为150万人民币，法定代表人为彭丁。公司成立时，由太阳公司以公仲村50亩土地作价60万元出资，占股权40%；由重庆德道科技发展有限公司以现金90万元出资，占股权60%。后德道科技公司将所持有的60%的公司股权全部转让给彭丁。

2004年7月19日，林芝亚圣公司与建行西藏自治区分行签订《人民币资金借款合同》，借款1000万元，太阳公司与尼玛酒店分别用易贡茶场驻林芝办事处、驻拉萨办事处及曲水县曲土国用（2002）第039号土地三块地产为该贷款做抵押担保。

2005年8月4日彭丁将53.3%的亚圣公司股权转让给四川甘孜州华康进出口有限公司。转让后亚圣公司股权情况为：太阳公司持股40%，彭丁持股6.7%，甘孜州华康进出口有限公司持股53.3%。法定代表人更换为叶茂康。

因害怕暴露，2005年6月30日晚，太阳公司负责人贺兴友、杨盛礼组织公司员工在账务室搞庆"建党节"活动，导致财务室失火，太阳公司账务全部被烧。2005年底太阳公司负责人贺兴友、杨盛礼被羁押。2007年4月18日，贺兴友、杨盛礼因涉嫌贷款诈骗罪被依法逮捕。2008年6月20日，拉萨市中级人民法院做出一审判决，（2007）拉刑二初字第15号判决书判决贺兴友、杨盛礼无期徒刑，剥夺政治权利终身，没收个人全部财产；判决扣押款物予以没收、发还，变价款除清偿合法债务外，余款予以没收。2010年2月10日，自治区高级人民法院做出终审判决，（2008）藏法刑二终字第8号判决书判决撤销拉萨市中级人民法院（2007）拉刑二初字第15号判决书；判决贺兴友、杨盛礼犯贷款诈骗罪有期徒刑十五年，没收个人全部财产；判决贺兴友、杨盛礼对诈骗的5300万贷款承担退赔责任。太阳公司的腐败团伙终于被连根拔起。

二、茶场特大火灾

2003 年 7 月 25 日，西藏林芝地区波密县易贡茶叶厂发生火灾，烧毁厂房 1758 平方米及机器设备、物资材料一批，直接财产损失 194 万元。[①]

1. 基本情况

易贡茶叶厂是林芝地区波密县境内的一家乡镇企业。该厂地处林芝地区东南角，距八一镇（林芝地区政府所在地）240 公里，距波密县城 140 多公里，其间有 30 多公里不通公路，只能靠步行进入。2000 年 4 月林芝地区易贡乡扎龙曲吉地段发生过特大冰川泥石流，致使从波密县城到易贡乡的交通一直中断，至火灾发生仍未恢复。易贡茶叶厂是 2001 年改建而成的，改建时未经当地公安消防机构审核。在建厂时期，由于交通原因，建筑材料及相关设备全部由人力背运，所以建设成本较高。全厂共有干部职工 300 余人，厂区共分为机制名茶车间、杀青车间、手工名茶车间、材料物资仓库等四部分，其生产车间为砖木结构的单层建筑，建筑总面积为 3591 平方米，总投资为 306 万元。

2. 起火经过及扑救情况

2003 年 7 月 25 日 17 时 30 分左右，易贡茶叶厂职工正在上班，女工冬梅和德吉在值班时发现杀青车间的锅炉烟囱与望板接触点处冒浓烟，于是两人跑出车间呼喊失火。全厂职工听到喊声后，立即从各自岗位上赶到起火地进行灭火，经过 300 余名职工 40 多分钟的奋力扑救，于当日 18 时 15 分将火扑灭。

3. 火灾损失

这起火灾，烧毁整座厂房 6 间（包括机制名茶车间、杀青车间、手工名茶车间、材料物资仓库）、各种机器设备 30 台及部分茶叶等，直接财产损失 194 万元，无人员伤亡。

4. 火灾原因

火灾原因是杀青车间锅炉房烟囱长期烘烤木质天花板，致使天花板过热炭化引起火灾。其依据是：一是车间房屋烧塌，可燃物质和机械设备基本被烧毁；二是杀青车间锅炉房烧损最为严重，固定在锅炉上的铁皮变形程度明显；三是杀青车间的锅炉基座和地面的炭化程度严重，墙体石灰大量脱落。

5. 主要教训

一是当地未设公安消防机构，县城、集镇的消防意识十分淡薄；二是厂区没有基本的

[①] 火灾的情况选自公安部消防局编，中国火灾统计年鉴 2003 ［M］. 北京：中国人事出版社，2003：228。

灭火设施，"制度规定"更无从谈起。

6. 火灾处理

根据相关法律法规，波密县公安局给予该厂 1 万元的经济处罚。

三、失管时期

自 2005 年年底太阳公司原负责人贺兴友、杨盛礼被羁押，公司内部原重庆太阳公司员工除少部分涉案人员外，其余人员全部撤回重庆。原易贡茶场职工全部处于失管状态，没有经济来源，失去生活保障。考虑到易贡茶场实际情况，林芝地区财政每年下拨 5 万元，并由地区国资委、地区组织部下文，任命才程为副书记，普布负责管理和维持茶场生产。茶场职工、茶农陷入困境。

第六章　整顿恢复与广东援藏时期
茶场的发展（2008 年至今）

1997 年易贡茶场引进太阳集团投资，到 2008 年林芝地委、行署派遣工作组进驻茶场，这期间可以被称为"失去的十年"。在这十年间，茶场经营较为困难，经济陷入困顿，加之遭遇了特大泥石流地质灾害，双重打击给易贡茶场带来空前危机。2008 年以后，随着地方政府派驻工作组的入驻，特别是广东援藏队伍持续不断的支持，易贡茶场的历史疑难问题终得到妥善解决，产业发展和社会文化生活走上发展繁荣的新轨道。

第一节　茶场的整顿与调整

一、茶场发展面临着前所未有的困难

2008 年 7 月，林芝地委、行署决定恢复易贡茶场，委派江秋群培、朗色、朗聂三名县级干部进驻茶场，江秋群培担任党委副书记、场长，朗色、朗聂出任党委委员、副场长。新的领导班子到岗后，很快便开展维稳和恢复生产工作。

然而，茶场发展面临着众多困难：其一，地质灾害频繁、威胁生产。2000 年 4 月，易贡藏布扎木弄沟发生特大山体崩塌，茶场被淹数月；2007 年，茶场一队因遭受洪灾而搬迁；2013 年，易贡茶场又发生特大泥石流灾害，无人员伤亡，经济损失却是巨大。

其二，管理体制尚不畅达。茶场与太阳公司之间的法律关系没有解除，改制所带来的问题没有得到根本性解决。

其三，生产基础条件薄弱。易贡茶场占地 24 万亩，以林地为主，实际可用地面积为 1 万多亩，出产只有茶叶，其他经济作物和山货较少，可谓是"地大物不博"。就茶园而言，西藏太阳公司控制茶场期间对茶田疏于管理，易贡茶场原有的 3600 亩茶田中，2000 年特大自然灾害冲毁 1400 亩，当时留存的 2200 亩茶园严重老化，实际投产茶园仅有 1600 亩，制约了产量的提升。茶场加工工厂面积为 4600 平方米，其中可用面积约 3600 平方米，生产一队和三队有初制加工厂面积分别为 136 平方米和 174 平方米，厂房面积虽然尚属可观，能够满足扩大生产的需要，但厂房多数建于 1964 年，使用年限都在 40 年以上，

年久失修，内部水管和供电线路严重老化破损，安全隐患大。加之 2000 年水灾时被水浸泡严重，木质结构的房屋屋面、屋架已大面积腐烂、坍塌，均已成为危房，随时都有垮塌的危险，需尽快维修。就生产设备而言，缺乏成套的现代化生产设备，多使用较为原始的生产工具：自我组装制造的茶叶烘干设备能耗大、有安全隐患；手工茶炒制设备不符合人体力学原理，劳动生产率低下。总之，易贡茶场已失去了市场和主导产业地位的能力，亟待整体的改造和整顿。

其四，累积负债创历史新高。林芝市有三个县级农场，察隅农场人口 400 多人，在职职工 35 人；米林农场在职职工 81 人，退休 275 人。而易贡茶场人口 1508 人，职工 300 人，是其他两个农场的 3～4 倍。由于种种原因，易贡茶场在 2006 年以前，长期负债经营，累积历史负债达到 2021 多万元。在负债中，欠缴 2008 年以前的职工养老金 1800 多万元，其中改制前职工养老金欠缴 180 万元，2003 年 10 月大批职工退休养老金欠 680 万元。2008 年时，在职职工 263 人没有缴纳住房公积金；参加医保前欠医疗报销费 20 多万元；失业保险金 96 万元，医保 105 万元。

其五，公共设施已经陈旧。茶场的场部、学校、卫生院饮用水的水渠建于 1980 年代，修建后一直沿用至 2008 年，一到雨季就被泥石流冲毁。其他各队人畜共饮沟渠野外水，对人体健康极为不利，易感染疾病。1995 年建成的茶场电站，承担茶场、易贡乡、八盖乡转移站的供电，由于资金不足，电站维护保养欠缺，已经严重老化，急需进行机改。

二、茶场的组织调整与援藏力量的充实

因太阳公司遗留大量债务，易贡茶场账户被冻结。为保障易贡茶场日常工作的正常开展，2008 年年底，由林芝地区国资委出资 20 万元，注册成立林芝易贡珠峰农业科技有限公司（属国有独资企业），并开设独立账户。自林芝易贡珠峰农业科技有限公司成立以后，易贡茶场所有资金往来（援藏资金除外）全部经该公司账户出账入账。

考虑到易贡茶场实际需要和应对茶场所面临的困难局面，2010 年 7 月茶场被纳入广东省援藏计划，佛山市成为对口援助单位。佛山市政府黄伟平、广东省国资委周喜佳入藏分别担任易贡茶场党委书记和副场长。援藏工作组进驻茶场后，主动融入，"学藏语、吃藏餐、跳藏舞"；班子成员工作交心，情感互动。2010 年 8 月 8 日至 12 日，广东省党政代表团赴西藏考察慰问。其间，中共中央政治局委员、广东省委书记汪洋分别与广东省第六批援藏干部，以及西藏自治区、林芝地区党委领导举行了座谈。会后，汪洋关心慰问茶场

发展情况。

2013年6月，广东省委、省政府调整广东省对口支援西藏的结对关系，决定由广东省国资委单独对口支援林芝地区易贡茶场，广东省国资委党委专门成立了广东省国资委对口支援易贡茶场工作领导小组，党委书记、国资委主任吕业升同志任组长，国资委领导蔡秀芬、周兴挺、赵瑞云任副组长，各省属企业、各有关处室的主要负责人为组员，并从国资委机关和省属企业选派了8名援藏干部进入茶场，开展援建工作，欧国亮、肖嘉凡等先后被派驻茶场开展工作。2013年11月，茶场获得国家农垦扶贫资金350万元，扩大茶园面积200亩。

为了改制，茶场曾在1998年向西藏自治区建行贷款6000多万元，到2013年广东省第七批援藏工作队易贡茶场工作组进驻茶场时，仍有2050多万元本息未偿还（其中本金850万元，利息1200多万元），茶场拉萨尼玛酒店、八一镇小芳村酒店和亚圣加工厂产权仍抵押于自治区建设银行，茶场名下资产几乎为零。在自治区党委常委、常务副主席丁业现、地委书记赵世军、行署专员旺堆、地委副书记、组织部长达瓦欧珠和广东省国资委、广东建行的积极争取和大力帮助下，建行总行于2014年4月同意豁免茶场所欠贷款利息1200多万元，850万元本金也得到解决。

2016年7月，广东省第七批援藏工作队完成任务、交接工作，第八批援藏工作队杨爱军、王韶华等进驻易贡茶场开启援建历程。2019年7月，第八批援藏工作队完成援藏任务，第九批援藏工作队曹玉涛、戴宝、黄华林、林锦明等进驻茶场。

经过佛山市、广东省国资委十余年持续不断的援藏帮扶，特别是援藏项目的有效实施，易贡茶场发展困难重重的局面得到了根本性扭转，各项工作呈现出趋向长远发展的良好局面，为易贡茶场的社会稳定、产业发展和职工增收做出了不可磨灭的贡献，为茶场今后的可持续发展提供了产业基础，较大幅度地提高了易贡茶场的固定资产和职工的生产生活水平，企业综合经济实力和竞争力实现了质的飞跃。

2019年，经林芝市委、市政府批准，"林芝农垦易贡茶业有限公司"注册成立。该公司由林芝农垦实业有限公司认缴1000万元，法定代表人小朗杰，公司经营范围包括：茶叶种植、生产、加工、营销；茶苗培育营销；茶旅文化；林下产品、农副产品收购、加工、营销；仓储、房屋租赁；科研培训；酒店经营；红色旅游；农业开发及管理；农业基础设施建设；市域内农业、企业及项目投资、咨询评估及管理；商业服务；投资其他实体经济等。该公司的成立既依托于农垦体制改革的大背景，又寄托着易贡茶场多元化经营的期望，昭示着茶场将迎来新的发展阶段。

三、茶场发展方向的定位与规划

2008年2月，西藏自治区农牧厅主要领导带工作组到易贡茶场，就易贡茶场如何发展，茶叶能否作为易贡茶场的支柱产业进行了实地调研。2008年5月、11月，先后请四川省茶叶研究所和中国农科院茶叶研究所的专家到茶场实地调研，并采集土样和茶叶样本进行化验分析，认为易贡的自然条件和土质非常适合种茶。据农业部茶叶质量检测中心检测结果：易贡绿茶的水浸出物为47.4%，茶多酚为34.4%，明显高于内地的同类绿茶产品，具有无污染、内质天然优异的双重特点。通过取样检测，土壤中的铅等重金属含量低于国家规定标准，也符合绿色、有机食品茶的茶叶标准，适合开发高品位的名优绿茶，也具备发展有机茶基地的条件。而且，茶场在西藏海拔2250米的地方有2200亩的连片茶园，本身就是一大优势，从现状看，茶叶生产与粮食生产相比优势显著，发展茶叶生产有利于提高茶场经济。

2008年7月，茶场新领导班子在深入调研基础上，继续深入贯彻1982年制定的"以茶为主，兼多种经营"的发展方针，初步确定了茶场今后的发展思路："以茶为主，多业并举"，将茶叶作为支柱产业。"十一五"期间，以茶场增效、职工增收为目标，以调整农业产业结构、优化利用当地资源为路径，着力打造绿色、有机食品茶叶生产基地，将茶叶生产、茶叶加工、品牌打造、茶园观光旅游建设有机结合起来，加速实现"三化"，即发展规模化、生产标准化、经营产业化，促进茶叶生产优质、高产、高效、生态、安全、健康有序地发展。茶场编制了《林芝地区易贡茶场2009—2015年产业（脱贫）发展规划》，确定了易贡茶场未来五年的发展目标、建设重点，为茶场的科学发展奠定了基础。

2010年7月13日，援藏工作组自进驻茶场后，坚持"第一时间深入基层，第一时间走进群众"，深入生产一线进行调研，对茶场4个连队、电站等单位进行了走访，先后3次召开座谈会；并深入贫困职工家庭进行慰问，发放"茶场职工家庭状况问卷调查表"529份，听取广大群众对茶场民生工作、生产建设、经济发展的意见和建议，取得第一手资料，为下一步开展工作做好准备。

经过深入调查研究，易贡茶场领导班子深刻认识到只有发展主导产业才是硬道理，提出"一主一辅一通道"的工作思路，重点抓好茶叶和旅游两个主导产业的发展。"一主"，指以茶叶为主导产业，一方面扩大茶叶种植面积，每年计划扩建1000亩，至2019年末扩建至3820亩，加上老茶园的2200亩，茶园规模将超过6000亩；另一方面是加强茶园管理，提高作业水平，施加有机肥，增加茶叶单产；三是改善产品结构，提升茶叶品质，重点改进主要产品砖茶工艺，提高价格，增加营收。"一辅"：以生态旅游为辅，在易贡茶场第七批援藏工作组建设的基础上，通过将游客中心用对外承包的方式进行经营，增加茶场收入。"一通道"：通过改革改制，打通投融资通道和市场通道。

此外，茶场党委从"强班子、解民困、办实事、促发展"四个方面着手，夯实发展基础，增强凝聚力；进一步化解突出矛盾，确保社会稳定；同时，通过给职工群众办实事，来改善民生状况，促进民族团结。从而实现了职工、群众从过去见了领导"抱腿"跪求解决困难，到见了领导"握手"致谢；从见了领导交"上访信"，到见了领导递"感谢信"的良好转变。

2011年，为更好地编制易贡茶场整体规划方案，佛山市国土资源和城乡规划局自筹经费，安排佛山市城市规划勘测设计研究院测绘人员，克服援建现场海拔较高、早晚能见度低、中午日光强烈、早晚温差较大等气候原因带来的困难，以及经常停电、物资匮乏、交通不便等不利因素，历时一个月测绘了《广东省对口援助西藏易贡茶场基础控制及1∶500数字化地形图测绘项目》。

2012年，《广东省佛山市对口支援西藏易贡茶场十年规划》在肯定将茶叶种植作为主业的同时，也将目光投向更长远的产业——发展旅游业，将易贡茶场建设成为全国闻名的雪域茶谷、户外运动及旅游目的地和西藏的养生圣地。

2013年至2014年8月，广东省第七批援藏工作队在易贡茶场通过调研，认识到推动茶场经济社会发展和长治久安所面临的困难和存在的问题，在广泛征集茶场干部职工群众意见的基础上，结合茶场实际情况，提出了"加强民生基础建设、扩大茶叶种植面积、提高茶叶生产规模、大力开发生态农业红色旅游"的发展思路。

在基础资料充实和发展规划长远的基础上，易贡茶场加大了产业规划发展的力度。2014年，为深入贯彻落实中央西藏工作座谈会精神，进一步实施《广东省对口支援西藏林芝地区"十二五"规划》，广东省第七批援藏队易贡茶场工作组，争取到5000万元资金作为援藏项目补充资金，并委托清华大学规划团队成立林芝地区易贡生态经济开发区经济社会发展规划研究课题组，编制《林芝地区易贡生态经济开发区社会发展规划（2014—2020）》，由清华大学社会科学学院经济研究所龙登高教授担任规划编制工作组组长，重点对易贡茶产业发展做出规划。规划依据可持续发展思想和科学发展观，根据易贡茶场的发展现状与发展要求，按照"产业兴区、开放活区、富民稳区"的总体要求，坚持"加强民生基础设施建设、扩大茶叶种植面积、提高茶叶生产规模、大力开发生态、农业、红色旅游"的发展思路，围绕"特色开发、绿色繁荣、民族团结、民生改善"的奋斗目标，推进易贡生态经济开发区"产业兴区、科学发展、和谐包容"发展战略的实施，努力走出一条"生态环境优良、特色产业发达、人民生活富裕、民族团结进步、社会和谐稳定"的绿色繁荣发展道路，努力建成易贡生态经济开发示范区。

易贡茶场为了更好地推动易贡片区经济社会的协调和快速发展，整合和发挥易贡茶场、易贡乡和八盖乡的资源优势，打造以"绿色易贡、红色易贡、生态易贡"为主题的发展之路，内容包括易贡茶场管理体制改革、民生工程建设、茶叶产业、易贡片区（含易贡茶场、易贡乡、八盖乡）旅游产业发展规划等。规划分三期实施：第一期为短期规划，2014—2016年。在做强做大茶叶产业的基础上，重点开发易贡茶场生态农业红色旅游，建设易贡茶场自来水厂（含白龙沟原始森林休闲区建设等项目）、易贡水电站、有机生态茶园种植与观光体验区、特色产品及综合旅游服务中心（含湿地公园、山顶公园、藏家乐旅馆、桃花观光园等项目）、茶场场部（红色文化旅游区）及茶叶加工厂环境整治及美化等项目。旅游等项目建成后，将引进专业管理公司运营。第二、三期为中长期规划，2016—2020年，主要建设有机生态茶园、易贡湖铁山风景区、易贡湖滚水坝、易贡湖畔休闲度假商业区、环湖风景带和藏家乐旅馆、八盖乡杜鹃花海观景区、卡钦冰川景区、自驾游营地、修复朵嘎多神庙、地质博物馆、徒步探险基地等项目。第二、三期，茶场将提供茶叶种植基地，引进战略投资者进行合作；景区建设计划引进战略投资者合作开发。

2016年初，易贡茶场党委研究决定成立易贡茶场产业发展工作领导小组，专门负责统筹协调全场的经济发展工作。

2020年，林芝农垦易贡茶业有限公司相继向自治区特色产业发展领导小组、区发改委、民委、经济和信息化厅、农业农村厅、科技厅等部门积极汇报，提交了《关于发展好西藏特色茶产业的若干建议》，从西藏茶产业发展的顶层设计、健康茶的销售和收储、提升西藏茶产业品牌和附加值等方面提出了建议，得到自治区的重视和支持，其中部分建议已获得自治区的采纳。

易贡茶场的发展努力得到了林芝市的肯定。2019年4月29日，林芝市茶产业现场会在易贡茶场召开，市委、市政府、市直各单位、各县区主要领导及全区茶产业相关企业负责人到场参加。参会人员考察参观了易贡茶场茶旅文化示范点、千亩茶园、茶叶加工厂、茶林兼做示范点、"茶＋果＋林＋藏鸡"示范点等，并召开了现场会议，易贡茶场在茶产业发展方面取得的经验与成绩对林芝市的茶产业发展起到了示范引领作用。

第二节　凝心聚力发展主导产业

一、茶叶生产和销售屡创新高

2008年以后，易贡茶场启动恢复了茶叶生产工作，该项工作很快进入快速发展轨道。

主要表现在四个方面。

一是茶叶产量不断增加。2009 年收购了大茶（民族茶）鲜叶 26 万斤，加工大茶 20 吨；收购细茶鲜叶 4000 斤，加工细茶 1000 斤。2010 年，收购细茶鲜叶 4000 斤，加工细茶 1000 斤，加工大茶 1000 斤。2011 年大茶鲜叶产量突破 30 万斤，比 2010 年增加了约 22 万斤。2013 年，茶场采摘鲜叶 48 万斤，生产加工细茶（红茶、绿茶等）1.5 万斤，砖茶 6.8 万斤，实现产值 560 万元，销售收入 287 万元，茶场居民年人均收入 6810 元，较上年增长了 50.73%。2014 年上半年已采摘鲜叶 40 万斤，生产加工细茶（红茶、绿茶等）1.2 万斤，砖茶 5 万斤。2015 年，易贡茶场把茶叶种植、生产、加工、销售作为重要工作环节，层层签订工作目标责任。当年红茶、绿茶、黑茶生产 1.3 万斤，砖茶 10 万斤。2018 年生产茶叶 11 万斤，其中绿茶 3500 斤，红茶 3000 斤，黑茶 3500 斤，砖茶 10 万斤。2019 年采摘鲜叶 64.57 万斤，鲜叶产值 246.2 万元；生产干茶 107620 斤，其中砖茶 7 万斤，一级绿茶 5000 斤，特级绿茶 400 斤，特级红茶 1000 斤，一级红茶 6000 斤，茶饼 110 个，雪域藏茶 2.5 万斤，产值达 1300 万元，同比增长 62.5%。2020 年采摘茶叶茶青 11 万斤，生产名优茶 21281 斤，其中红茶 7232 斤、绿茶 8549 斤、黑毛茶 4200 斤、低氟边销茶 1300 斤，细茶产量比 2019 年增长 67.5%；在采茶面积增加不到 30% 的情况下，2020 年红绿茶产量比上年增加 61.5%。

二是茶叶品种日益丰富，茶叶品牌、质量得到重视。2012 年，完善产品系列，在原有的林芝春绿和易贡康砖茶基础上，新推出了雪域茶极、雪域银峰和易贡云雾等品种；试制红茶也取得技术突破，产品"藏红茶"已批量生产，填补了西藏红茶生产的空白；在已有中国共产党成立 90 周年及西藏和平解放 60 周年纪念饼茶的基础上，推出广东省第六批援藏纪念、福建省第六批援藏纪念、生肖龙、中秋节纪念和中国共产党第十八次代表大会纪念等多款饼茶，还生产出茶枕和腰枕等周边产品，深受消费者欢迎。2014 年，易贡茶场已完成中国质量认证中心"有机茶生产基地"的国家 QS 认证申报，获得了"雪域茶谷"的商标专用权。2016 年，茶叶主要品种有：易贡红（特级、一级）、林芝春绿、易贡云雾、纪念茶饼、易贡砖茶 6 个品种。2017 年邀请专业人士设计茶叶包装，进行茶叶产品研发工作，诠释"易贡康砖"新内涵。推出"雪域藏茶"系列产品、特制康砖茶（含圆形、方形、巧克力排形）等新品种投放市场。其中"雪域藏茶"系列产品有 4 个品种，全部为黑茶，产品体积小、易携带，具有色泽乌润、汤色红亮、陈香怡人、滋味醇和、不苦不涩的特点；特制康砖，属紧压茶，该产品有两个品种，其外形砖面棕黑油亮、茶梗泛红，适宜收藏。

在完善品牌理念、创新产品的同时，茶场不忘初心，严控品质，发扬优良传统。2017

年2月，易贡茶场"雪域茶谷"牌茶叶已被国家质检总局列入"生态原产地保护产品名单"，获准使用生态原产地产品保护标志；同月，被西藏自治区出入境检验检疫局授牌成为"西藏自治区出口食品农产品（茶叶）质量安全示范区"；11月，"国家级出口食品农产品（茶叶）质量安全示范区"已获国家质检总局批准挂牌；10月，易贡茶场继续做好有机产品追溯认证工作，易贡茶场茶园及茶叶产品分别获得中国质量认证中心颁发的"有机产品认证证书"。因为茶场孜孜不倦的追求，易贡茶场被评为林芝市2017年先进单位，同年"易贡砖茶"成为林芝市首批市级非物质文化遗产；"雪域茶谷"牌特级易贡红茶荣获中国第十五届国际农产品交易会金奖。

三是销售渠道不断拓宽。2014年，茶场不断加大宣传推广力度，通过广东省国资委和省属企业等渠道，在广州、东莞、深圳等地设立了茶叶展销部，为易贡茶叶打入广东市场提供了载体和平台；同时，在拉萨、成都等地设立了茶叶展销中心，并引进战略合作伙伴等，逐渐加大营销力度。在开辟国内市场的同时，还积极开拓海外市场，将茶叶出口到欧美和日本等国。多措并举的推广手段促使茶场2014年上半年的销售额度呈较大幅度增长趋势，上半年实现产值540万元，销售收入420万元。

2015年，在林芝市委、市政府以及市国资委的高度重视和易贡茶场积极努力下，易贡茶场历史遗留的两处资产（拉萨办事处、八一办事处）的归属问题得到解决，为茶场创造新的经济增长点打下了良好的基础。

易贡茶场生产的茶叶虽然品牌出众，但在茶叶销售上，以自营为主，在藏区只有八一和场部两个销售点，内地市场几乎没有销售网点，造成部分产品积压。2016年以来，易贡茶场持续着力于茶叶销售渠道的开拓，通过合作等方式，引入凡策设计新理念，利用凡策旗下酒店直营实体体验店来推广易贡茶；同时，与广东省交通集团属下广东交通实业投资有限公司合作，开拓广东茶叶市场；还组织参加杭州国际茶叶博览会和第25届广州博览会，并筹划参加第15届中国国际农产品交易会、广东现代农业博览会等推广会，积极探索新型经贸合作模式。通过利用农博会、广交会等平台资源，联手开展茶叶产品推介等活动，进一步开拓旅游和内地茶叶市场。

在深耕国内市场的同时，易贡茶场还试图拓展海外销售市场。2016年，易贡茶场作为林芝市农特产品出口试点单位，与自治区进出口检验检疫局积极沟通，通过了"自治区级生态原产地"评审，做好产品出口的前期准备工作。2017年1月，易贡茶场获颁"西藏自治区食品农产品出口示范基地"证书，填补了林芝市食品农产品出口示范基地的空缺。

2019年2月，易贡茶场拉萨销售部正式开始营业。拉萨销售部位于拉萨市城关区纳金路易贡茶场驻拉萨办事处。由于易贡茶在拉萨的认知度还较低，许多消费者不了解易贡茶在拉萨已设有专卖店，因此当年该销售部销售额不高。2020年，为扩大易贡茶在拉萨和林芝的知名度，易贡茶场在原有3个茶叶实体销售店基础上，分别在拉萨市、林芝市新设实体销售店4个。2020年，茶场积极与多方的线上销售平台和广东旅控集团的销售平台进行合作，增加更多销售渠道。

与此同时，网络销售渠道也得到拓展。2018年9月23日，林芝农垦易贡茶业公司以"易贡农场"名称，在淘宝开设店铺，线下经营场所为林芝市巴宜区八一镇迎宾大道（市农牧局农技推广中心）；2020年8月19日，林芝市易贡珠峰农业科技有限公司的"雪域茶谷"天猫旗舰店开业（图1-6-1）。到2020年年底，通过天猫、淘宝等渠道开通网络销售店3家、网络合作商家5家。通过线下和线上相结合的经营模式，易贡茶场打响了知名度，茶产品终于走出了林芝，逐渐受到国内甚至是国际消费者的认可。

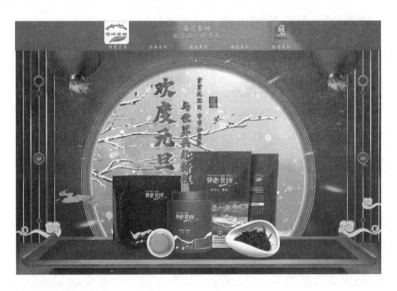

图1-6-1 2021年元旦雪域茶谷线上旗舰店首页

四是销售收入不断提高，有效带动了职工创富增收的积极性。2011年，茶场提高了茶叶鲜叶收购价格，有效增加职工经济收入共计200多万元。2013年，实现产值560万元，销售收入287万元，茶场居民年人均收入6810元，较上年增长了50.73%。2014年茶场上半年产值540万元，实现销售收入420万元。2015年产值达到780万元，销售收入达到360万元，营业收入410万，同比增长20%，职工人均收入2.8万元，同比增长15%，茶农人均收入8940元，同比增长11%。2016年，产值达到790万元，销售收入达到370万元，营业收入达到420万，同比增长1.2%。2018年，易贡茶场茶叶产值达800万元，主营业务收入590万元，其他收入80万元，全场人均收入预计达18218元，同比2017年增长17.3%，在职职工人均收入达33860元，同比增长9.6%。

2019年，茶场实现销售额约600万元。全场人均收入预计达20677元，与2018年同期相比增长13.5%，在职职工人均收入达38668元，同比增长14.2%。2020年，茶叶产值2350万元，比2019年增长53.5%；在新冠疫情严重影响进藏游客数量的情况下，2020年易贡茶场实现销售收入819万元，比2019年同期增加459万元，增长127.5%。易贡茶场的销售走上平稳且快速发展的轨道。

二、茶园的改造与种植的扩大

在壮大茶叶产业和打造茶叶优质品牌上，茶场继续落实茶园改造项目，逐步更新改造老化茶园，引进优质新茶树苗，进一步提高茶场茶叶的产量及质量。

茶园的改造主要是指用台刈的方法对低产茶园进行改造，即把茶树树头全部剪掉，彻底改造树冠，以恢复旧茶园的生长活力；也包括对茶园的土地、围堰等进行改造，以改善茶树的基础生长条件。2008年以来，易贡茶场的另一大亮点是茶叶种植面积不断扩大，新的生产品种不断引进，这为茶叶的生产提供了保障，也为茶叶产品线的丰富和完善提供了先决条件。而苗圃基地的建设，又为茶苗的繁殖、选育种提供了保障。

2008年，易贡茶场在争取到国家农垦局国有贫困农场扶贫资金100万元后，对严重老化的609亩老茶园进行了改造，包含对其中的365亩茶园进行深耕培土、清理苔藓，并引进砖茶生产线，新修茶园围墙1000米。2009年，茶场又争取到特色产业项目总投资400万元，其中国家投资200万元，自筹资金200万元（职工投工投劳）。已完成新建温室大棚30座，改造茶园1000亩，新建、改造围墙3800米等项目的建设工作。

2012年，2200亩茶园的台刈改造工作已全部完成，产值的提升使职工收入增加近300万元（含2008年至2010年部分）。与此同时，茶场积极引进茶树苗30多万株，自主扦插育成茶树苗35万株，并争取到福建省农林大学捐赠大红袍系列优质茶树苗1600株，大大提高了茶场茶叶的产量及质量。

2013年，茶场继续扩大经营规模，成功引进无性系茶树苗100万株，开垦200亩新茶园，茶场占地面积突破24万亩。

2014年，茶场多次邀请广东及四川的茶叶专家到茶场指导茶叶种植、生产加工，培训茶场职工。通过专家的指导，茶场加强了茶田管理，提高了茶叶产量，提升了茶叶品质。2014年10月，茶场种植茶苗300万株，扩大茶叶种植面积500亩；2015年，持续增加生产规模，扩大福选九号种植面积600亩、梅占300亩，"中茶108"100亩，共扩大茶叶种植面积1000亩，存活率均达到85%以上。

2016 年，易贡茶场在当时现有茶业产业基础上，积极争取扶持资金，争取了农业部农垦局、市特色产业扶持资金、市科技品种推广等资金 1120 万元，扩大茶叶种植面积，做大做强茶叶产业，共计扩大茶叶种植面积 1000 亩，品种为福选九号，引进栽种无性系良种茶苗 600 万株，主要分布在茶叶一队、二队、三队。茶苗长势良好，存活率达 85% 以上。新修机耕道路 5400 米，灌溉水渠 4600 米，架设护栏 3860 米，铺设地膜 1000 亩，投入有偿劳动力 4000 人次，大小机械 150 台，并聘请茶叶种植加工技术人员 17 名，培训 560 人次，通过此项目易贡茶场人均增收 17852 元。到 2017 年，易贡茶场茶园规模已达到 4850 亩，可投产茶园有 2600 亩，所生产的茶叶品质优良，深受消费者喜爱。

2018 年初，林芝市政府向易贡茶场下达种茶任务 2000 亩。因自治区政府实施"易贡湖生态修复与综合治理工程"项目，并出台《西藏自治区人民政府关于易贡湖生态修复与综合治理工程建设征地范围内禁止新增建设项目和迁入人口的通知》（藏政函〔2018〕4 号），而该项目核心区域大部分位于易贡茶场，项目实施后易贡湖将恢复至 2212 米水位，使易贡茶场目前大部分适宜种茶的土地位于其淹没区。因此，2018 年易贡茶场实际扩建并种植茶园 460 亩，所种茶苗品种为福选九号；通过让职工参与此项目建设，职工人均增收 2 万元。总体而言，2014—2017 年新种植的 3430 亩茶苗目前生长状况良好，其中约 1500 亩新茶园陆续投产。

2019 年，根据林芝市政府安排，易贡茶场继续扩大茶叶种植面积，争取国家项目资金扩种 300 亩茶园。目前已完成种植 460 亩，种植品种为福选九号、软枝乌龙，超额完成任务。2014—2019 年新种植的茶苗目前生长状况良好，2020 年已有约 2463 亩新茶园陆续开始投产。

2020 年，实际新建茶园 40 亩，并投资 200 万元计划实施"2020 年度茶园建设项目"，规划新建 100 亩茶园、提升改造 200 亩老旧茶园和新建茶园地块喷灌系统等设施，实施一系列有效措施提高茶叶品质和亩产量。及时调整终止不合理的茶田承包合同，将相关茶田收回重新由公司管护。茶场通过努力多方筹措资金 200 万元，购买有机肥料发放至各生产队，从改良茶田土壤着手，保障茶叶更优质生长。

另外，苗圃基地项目保持有序推进。2019 年，易贡茶场苗圃繁育基地灾后重建项目总投资 1164.29 万元，建设内容为修建 1、2 号温室大棚共 13333.34 平方米及总体电气工程、给排水工程、室外砂石路面 1409.36 平方米，拆除原路 607.77 平方米。易贡茶场即将启动苗圃培育工作，引导原有的茶叶种植中小群体开展茶苗培育，打造西藏本地的特色茶树品种（图 1 - 6 - 2）。

图 1-6-2　易贡茶场实景标志

三、设备、工艺和厂房的改善

农机补贴助推茶场机械化水平的提升。2008 年，易贡茶场申请农机补贴 50 万元，用以配备茶叶生产机械；2011 年、2012 年接连申请农机补贴共 100 万元，用以购置拖拉机、装载机及茶叶生产机械等，全方位提升茶场机械化水平。2012 年，茶场积极推进标准化茶叶加工厂改造工程，维修茶叶加工厂房，完善茶叶加工设备设施，极大地提高了茶叶加工生产的质量。

2009 年，茶场引进了康砖茶、金尖茶生产线，5 月，完成了设备的安装调试工作并正式投入生产，还维修了茶叶加工厂厂房（960 平方米）；2017 年，茶场以砖茶工艺改造为切入点，组织茶叶加工厂业务骨干"走出去"，到四川雅安和龙茶业有限公司、成都市嘉竹茶场等龙头企业学习调研，引进价值 5.2 万元的砖茶模具，以细化制茶工艺；2018 年，茶场投入 300 万元对低值低效的传统砖茶进行升级改造，重新设计外观包装，开发"雪域藏茶"之黑金茶、黑金砖、黑金块、黑金圆等黑茶系列产品，使产品单价由 20 元提升至 180 元。经过产业转型升级，每年增产黑茶 2 万斤，增加收入 360 万元，增效 180 万元。2020 年，茶场购置了价值 51 万元的茶叶加工设备，创新茶叶加工技术，大幅提升了茶叶品质；通过对茶叶外观包装进行的换代设计，增强了茶叶产品的整体辨识度和美誉度。

2011 年，易贡茶场推进标准化茶叶加工厂改造工程，共投资 275 万元于标准化茶叶加工厂（一期）项目中，安装了88万元购置的茶叶加工设备，厂房及晒场改造已经完工并交付使用，有利于提高茶叶加工生产质量水平；茶场邀请了四川省雅安市茶叶专家李国林及西南大学梁国鲁、李华均、刘耀三位茶叶技术专家到茶场指导技术工作，指导茶场职工制作茶叶及管理茶园，研制茶叶新产品，着力打造优秀茶叶品牌。高端品牌"雪域银峰"茶当时价格已达到每斤8000元，同时茶鲜叶价格从以前的每斤20元、30元提高到每斤150元，这都增加了职工的收入。在利用机器化生产提高茶叶品质的同时，易贡茶场也在寻求工艺上的突破，同年7月22日，易贡茶场首款纪念中国共产党成立90周年及西藏和平解放60周年饼茶在易贡茶场茶叶加工厂砖茶加工车间正式试制成功，这是西藏林芝地区易贡茶场首次推出饼茶产品，同时也是整个西藏自治区的首款饼茶。

在形成茶叶品牌的同时，茶叶生产技术及设备也在不断地与内地接轨，逐步改进。为改善茶叶生产条件，援藏工作组优先安排援藏资金按照有机茶标准化进行改造茶叶加工厂，购进茶叶加工设备、改进茶叶包装，成为年加工5万多斤的标准化茶叶加工厂。完善产品系列，在原有的林芝春绿和易贡康砖茶基础上，推出雪域茶极、雪域银峰和易贡云雾等高端产品，红茶研制取得技术性突破，产品"高原红"的批量生产填补了西藏红茶生产的空白；确保老百姓生活必需的民族茶生产，2012年大茶（民族茶）鲜叶产量突破50万斤，比2011年增加了约20万斤。截至2012年12月，茶场茶叶总产量达10万多斤。高原无污染、零公害的环境长成的茶叶品质极高，逐渐被认可、被接受，由茶场精选芽头和精细加工而成的极品"雪域茶极"的价格甚至最高卖到了2万元1斤，其品质之高可见一斑。

至2017年，易贡茶场茶叶加工厂现有的砖茶生产线已经服役了9年，其中切茶机、砖茶捆包机与液压机蒸箱也有过几次大维修，设备的老化使生产过程蕴含了许多安全隐患。为解决此问题，广东援藏工作组向广东省国资委追加项目资金300万元，专项用于砖茶生产线改造，置换、升级现有老旧茶叶生产机械，并添置茶叶风选机、气动捆包机、冲压机，修建烘干房、冷藏库，购置鲜叶运输冷藏车，大大提高了生产效率，也进一步保证了加工产品品质。2018年，茶场又投入追加项目资金90万元，用于砖茶生产线改造，置换、升级现有老旧茶叶生产机械，包括投入35万元添置茶叶风选机、气动捆包机、冲压机，25万元修建烘干房、冷藏库，30万元购置鲜叶运输冷藏车。

2020年，援藏工作组制定了生产车间改造方案，购置了包括西藏第一台色选机、揉捻机、提香机在内的一批先进设备，还引进了全自动砖茶压制机，将公司现有砖茶产量由每日不足100块提升到每日1000块。工作组协助公司建立了产品"溯源体系"，通过了"有机茶"的复核认证；发挥援藏队员来自广东省茶叶研究所的专业优势，对生产技术各环节逐一进行实验，提升名优茶产品的品质。累计引进名优红、绿茶加工、低氟边销茶等内地先进经验和技术 13 项，帮助攻克技术难题 6 个，1 项新技术填补了自治区在该领域的空白。协调内地 12 家单位给予援藏"小组团"人力、技术、设备等方面的支持，建立合作研发、科研教学等平台 2 个，开展技术攻关和成果转化 2 项。通过减少梗等多种方式减少边销茶中的氟含量，在 9 月份生产出符合国家标准的低氟健康边销茶。

四、质量与品牌的提档升级

易贡茶场是世界上海拔最高的茶场，无污染、零公害，天然、有机，靠近消费市场，拥有多项硬实力和软实力，这些优势条件给易贡茶的质量和品牌打下了良好的基础。

2009 年，易贡茶场注册的 2 枚"易贡珠峰"商标涵盖 20 个品种，在对珠峰雪芽茶和康砖茶的检测中，雪芽茶全指标合格。2010 年上半年，茶场完成了珠峰云雾、春绿茶的检测，云雾、春绿茶全部指标合格，并于 5 月荣获了有机转换产品认证证书。2011 年，茶场注册"雪域茶谷"商标，增加标准化配套设施，改进茶叶包装及产品营销，着力打造雪域银峰、易贡云雾等茶叶高端品牌，初步形成以"雪域茶谷"为特色的文化理念。2011 年 4 月，茶场于春茶采制时邀请《西藏商报》大篇幅（8 个版面）报道了易贡茶场采茶、制茶及茶叶蕴含的人文内涵等相关方面情况，加大对茶场茶叶的宣传力度。2012 年，茶场注册了"雪域茶谷"商标，改进茶叶包装及产品营销，到广州、佛山等地举办茶叶推介会，扩大宣传，开拓市场。

2014 年，注重品牌保护，茶场注册了易贡红、藏地红、易贡工夫、雪域银丰、易贡云峰等 16 个茶叶商标。同年还改变茶叶过度包装的原有问题，积极推出茶叶新产品，委托专业公司优化茶叶包装设计，并投入 40 多万元印制新包装。

2015 年，依托世界上海拔最高的有机茶生产基地的独特地理优势，易贡茶场邀请内地权威茶叶研究所专家对茶叶产品各项指标进行科学检测，以数据作为支撑，宣传易贡茶叶零污染、零添加剂、富氧、稀缺的藏地茶等天然优势，拓展学术营销。

2016 年，易贡茶场委托西藏滕羚知识产权代理有限公司对茶场旗下产品商标进行注册，新注册成功 10 枚商标。3 月 18 日，易贡茶场旗下"雪域茶谷"商标被西藏自治区著名商标认定委员会评选为"自治区第九批著名商标"，获自治区、市政府表彰。经过 2014 年以来三年的有机转换，易贡茶场茶叶产品及茶园于 2016 年 10 月通过了中国质量认证中心颁发的"有机产品认证证书",其中茶叶(鲜叶)的生产认证基地面积为13.3公顷、产量13.8吨(证书编号001OP1500134),绿茶"林芝春绿"、红茶"雪域红茶"的加工产量分别为2.15吨、1.05吨(证书编号001OP1500135)(图1-6-3、图1-6-4)。

图1-6-3 "雪域茶谷"商标获得西藏自治区著名商标荣誉证书

图1-6-4 中国质量认证中心颁发的"有机产品认证证书"

2017年11月,易贡茶场"雪域茶谷"牌茶叶被国家质检总局列入"生态原产地保护产品名单",获准使用生态原产地产品保护标志,易贡茶场获自治区出入境检验检疫局授牌成为"西藏自治区出口食品农产品(茶叶)质量安全示范区",填补了西藏自治区长期以来没有茶叶出口示范基地的空缺(图1-6-5)。目前"国家级高原生态有机茶出口示范区"已获国家质检总局批准挂牌成立;"易贡砖茶"于2017年成为林芝市首批市级非物质文化遗产;"雪域茶谷"牌特级易贡红茶荣获中国第十五届国际农产品交易会金奖。这些品牌建设的成果,提升了茶场产品的市场占有率和知名度,提高了企业效益,增强了企业的凝聚力、吸引力与辐射力,是企业不可或缺的无形资产,更是推动企业发展和社会进步的一个积极因素。

2018年,企业品牌文化建设取得新成绩。5月,易贡茶场"雪域茶谷"牌易贡云雾茶在杭州举行的第二届中国国际茶叶博览会上荣获"第二届中国国际茶叶博览会金奖",此次展会共计30多个国家和地区参加,易贡茶场"雪域茶谷"牌易贡云雾茶从来自国内外的众多茶叶中脱颖而出,获此殊荣。这也是继2017年西藏林芝的易贡茶场"雪域茶谷"牌易贡红茶(特级)在荣获第十五届中国国际农产品交易会金奖后,易贡云雾绿茶再一次在国际性展台上荣获金奖,也是此次展会西藏展团唯一一个金奖(图1-6-5)。

易贡茶场还制定了企业标准,易贡茶场《易贡绿茶》《易贡红茶》《雪域藏茶》三项企业标准,通过专家组评审并在西藏自治区卫监局备案,易贡茶场茶叶产品均已开始执行以上企业标准,产品附加值得到进一步提升。

2020年,易贡茶场的重点转向塑造高端茶产品。一是与专门提供国家外事礼品的企业联合设计出了雪域高原茶叶礼盒;二是已开发设计出主打高端商务的易贡臻选系列红茶和绿茶,以及适合日常家用、旅游伴手礼的易贡特选系列红茶和绿茶;三是设计开发出了符合有关政策规定的易贡精选系列红茶和绿茶系列;四是设计开发出主打酒店以及办公市场的袋泡茶;五是积极开发消费量巨大的价优、低氟、健康藏茶。在此基础上发挥广东市场触觉敏锐的优势,牢牢把握市场趋势,易贡茶场将不断更新适应市场需求的产品品

图1-6-5 "雪域茶谷"商标设计图

种。2020年6月正式上市"臻选系列""特选系列""精选系列"的红茶和绿茶,以及边销茶等系列新产品,产品附加值得到进一步提升;易贡臻选绿茶在全国各企业推选的546个绿茶中脱颖而出,荣获第十届"中绿杯"名优绿茶产品质量推选"特金奖",也是西藏自治区在该届推选活动中的唯一获奖产品。

2017年10月,易贡茶场继续做好有机产品追溯认证工作,易贡茶场茶园及茶叶产品分别获得中国质量认证中心颁发的"有机产品认证证书";"易贡砖茶"于当年成为林芝市首批市级非物质文化遗产;"雪域茶谷"牌特级易贡红茶荣获中国第十五届国际农产品交易会金奖(图1-6-6)。

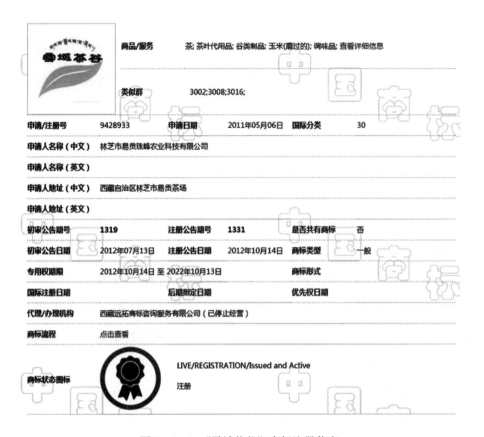

图 1-6-6 "雪域茶谷"商标注册信息

五、岗位与业务培训日益强化

2008 年，易贡茶场积极开展岗位培训，通过选派干部、职工外出培训等形式，培养茶产业各类技术、管理人才，并与四川省茶叶研究所建立对口协作机制，由该所提供技术支持，为茶场培养专业人才。2008—2009 年，培训了职工 62 人次，派出了两批共 6 人到四川省雅安市友谊茶场学习。

2009 年，茶场为改变职工文化水平普遍较低、全体干部职工的整体素质亟待提高的现状，自 2009 年 4 月 20 日—8 月 30 日，易贡茶场开办了扫盲夜校班，分四个阶段进行，扫盲人数为 88 人。茶场设立职工扫盲夜校，帮助 80 多名职工群众脱盲，后开办职工夜校提高班，为广大职工群众提供计算机、英语等技能培训。

2010 年，茶场积极开展岗位培训，聘请四川雅安茶场专家李国林到易贡茶场，为茶场职工开展专业培训。10 月开始，由佛山市选派的援藏技术干部陆续到场开展定期援助工作，极大地丰富了茶场技术力量。在提升场内育茶技术的同时，援藏工作组还选派 9 名职工及待业青年到广东进行为期 2 个月的茶艺、导游和花卉种植培训；还开办职工夜校，

66 名职工和待业青年参加了英语、普通话、粤语等"三语"培训和计算机应用培训。并向佛山市申请选派医疗、农业、建设、教育及宣传等专业人员到茶场开展技术援助。

2012 年,茶场先后组织干部职工 15 批共 100 多人次到广东省属企业、佛山市和湛江市等地培训、学习和交流,组织人员到四川雅安、杭州和云南等茶叶知名产地实地考察,参观了嘉竹集团、西湖龙井等茶园,学习茶叶加工、制作技术;邀请农业部农科院茶叶研究所、广东农科院茶叶研究所、西南大学等专家到茶场进行业务培训和指导,提升经营管理和技术水平。茶场通过自主育苗和引进茶树方式对茶园进行了大范围的改良、改造。其中,2000 多亩茶园已基本改造完成,引进茶树苗 50 多万株,自主扦插育成茶树苗 8 万株,争取到福建省农林大学捐赠大红袍系列优质茶树苗 1600 株。

2013 年,茶场分两次组织易贡茶场业务骨干 25 人次,前往海南考察旅游产业发展、学习酒店经营管理知识;并选派茶场的业务骨干到省属企业挂职学习。

2015 年,茶场邀请内地茶叶种植、管理加工等方面的专家团队对易贡茶场干部职工进行培训,共计培训千余人次,安排 24 名干部职工到广东省学习先进的业务知识,进一步夯实易贡茶场干部职工业务技能基础。

2016 年,易贡茶场共开展科普知识宣传普及和技术知识培训 10 余次,参与群众达 5000 余人次。当年易贡茶场在广东省国资委和林芝市人社局等部门的大力支持和帮助下,成功举办及参加各项培训 7 期,培训干部、职工及农牧民 360 人次,培训内容包括先进茶叶种植、加工、管理、营销技术、财会专业技术、藏餐、农业机械技能等。

2018 年,高原有机茶科研培训中心落地建成。高原有机茶科研培训中心设立在原易贡茶场小学旧址,各项教学设施已全部配套完善。已完成第一期培训,培训 86 人次,培训对象包括波密县、察隅县以及易贡茶场部分茶农职工。培训中心可继续承担林芝市"三县两场"茶产业技术人才培训工作,为林芝市输送茶产业专业人才。

2020 年,易贡茶场开展茶产业技能培训,提升茶产业从业人员技术水平。易贡茶场与林芝市政府相关部门积极合作,举行茶产业从业人员技能提升培训班,多次到各县、区的村里茶田开展现场培训。累计在易贡茶场以及察隅农场、波密县、察隅县、墨脱县培训茶叶专技人才 1300 人次,并派发相关技术资料,惠及整个林芝市产茶区。茶场还开展"结亲结对"合作交流,培养本地茶产业专业技术人员,研发本地特色茶苗。通过广东省第九批援藏工作队茶叶小组团,以援藏工作队的专家力量支援林芝市的茶产业从业人员技能培训工作,易贡茶场援藏工作组的茶叶专家多次作为特邀讲师专家为当地茶产业从业人员进行授课、现场培训。同时联合林芝市人力资源与社会保障局,组织了"三县两场"茶叶技术人员赴广东省茶叶主产区进行茶产业急需技能短期培训和学习,为林芝茶产业技术人才输送奠定良好基础。促成林芝农垦易贡茶业有限公司与林芝市职业技术学院合作共建教学实践基地，为林芝地区合力培养高水平的本地茶产业技术人员队伍。通过茶叶小组团的援藏合作模式，与墨脱县的茶叶专家共同合作研发本地特色茶苗。

第三节　观光业与其他产业的发展

一、红色易贡与生态易贡的作用凸显

易贡茶场所处的波密县境内景点众多，附近拥有中国最大的海洋性冰川——卡钦冰川，中国最美原始森林之一的岗自然保护区，世界第三大峡谷——帕隆藏布大峡谷，西藏第一个国家级地址公园——易贡国家地质公园等。得益于如此得天独厚的地理位置，茶场把"高原氧吧""天然植物园""有机茶园""红色旅游"等主题作为发展观光旅游的重点项目。

受雅鲁藏布大峡谷与南北向的伯舒拉岭印度洋暖温气流的影响，易贡地区形成了一个向北凸出的舌状多雨带。易贡扎木弄沟在2000年4月发生特大山体崩塌，形成从崩塌处至堆积前缘长达8.5公里、占地面积近20平方公里的地质灾害遗迹，为世界罕见。

这也是大自然留给人类的宝贵地质景观，在此基础上，当地建设了以地质灾害遗迹为主体的易贡国家地质公园。该公园2005年揭牌，是西藏第一个国家地质公园，位于西藏自治区波密县与林芝县交界处，主体位于波密县易贡乡，以易贡茶场所在的易贡湖为中心，总面积2160.8平方公里。公园里雪山成群，冰湖、峡谷、瀑布遍布，泥石流沟、角峰、温泉到处可见，是一座名副其实的集地质地貌景观为一体的综合性地质博物馆。这里是高速滑坡特征保存最完整的研究场所，也是向人们宣传地质灾害防治知识的科普教育基地。[①] 此外，易贡还有古乡沟、培龙沟、加马其美沟泥石流地质遗迹景观等。[②] 地质灾害教育更使人印象深刻，特殊的遗迹现象让人流连忘返（图1-6-7）。

易贡茶场在援藏干部的指导下，按照广东省领导发展旅游业的思路，制定解决方案，尽快解决交通基础设施建设等问题，在推动多元援藏增强持续发展能力上，将继续通过"走出去、请进来"的方式，组织管理、技术人员外出学习考察，并邀请相关企业家、技术人员外出学习考察，并邀请相关企业家、技术专家到茶场进行指导培训，加大茶场干部

---

① 佚名，易贡国家地质公园［M］. 游中国·西藏篇，北京：北京冬雪教育文化发展有限公司出品。
② 尕玛多吉，西藏易贡成为国家地质公园［R］. 人民数据，2002-02-08。

职工尤其是管理人员及技术骨干的业务培训力度；同时加强与经济发达地区多层次、多角度的交流合作，把先进管理理念和技术引进茶场，带动茶场的全面发展，建设和谐、幸福新茶场。

图 1-6-7　易贡湖河谷（转引自《中国国家地理》）

　　易贡茶场是中国人民解放军十八军进军西藏的军部所在地，场内"将军楼"面积约500 平方米，系 1964 年十八军军长张国华同志率军进藏经过易贡时的住所，是易贡发展红色旅游的重要景点之一。

　　2008 年以来，茶场整合资源优势、谋求可持续发展，努力打造"雪域茶谷"现代农业与观光区，吸引游客到茶场来。广东省佛山市规划勘测设计研究院编制了《广东省对口支援西藏易贡茶场十年规划》，根据易贡得天独厚的气候和自然条件，初步确定用 10 年时间将易贡茶场打造成"中国户外运动之乡"。

　　在发展过程中，易贡茶场形成了"加强民生基础建设、扩大茶叶种植面积、提高茶叶生产规模、大力开发生态农业、红色旅游"的发展思路，将生态旅游业作为促进易贡茶场经济跨越式发展的重要经济支柱，在依托易贡茶场及周边优厚的自然环境条件下，发展集约化、生态化的生态旅游，进一步减轻经济发展对于环境的承载压力，促进易贡茶场经济可持续发展。针对易贡茶场资源丰富的优势，科学谋划，合理布局，以生态茶园、红色旅游为主题，全面整合现有旅游资源，努力开发潜在旅游资源，完善配套设施，提高服务水平，茶园改造、小集镇建设以及"将军楼"爱国主义教育基地建设多头并举，努力打造服务质量高、历史内涵丰厚的现代农业与观光区，把茶场打造成为林芝地区、西藏自治区乃至全国知名旅游胜地。2015 年广东省第七批援藏项目易贡茶场旅游服务中心主体工程封顶，并筹划引进林芝区内外管理团队，打造"品藏茶，看易贡"的销售双赢平台。

　　为了实现习近平总书记提出的把西藏建设成为世界旅游目的地的宏伟目标，依托茶场良好的生态条件、加强旅游设施建设、开发特色旅游资源、发展绿色生态旅游。

为加强茶场土地管理和使用，茶场和援藏工作组的工作人员进队入户做工作，召开大会宣传国家土地法律法规等活动，在茶场藏族干部的共同努力下，根据茶叶和旅游发展需要，2014年7月收回土地1360亩，涉及茶场居民93户，其中拆迁9户，发展红色旅游的同时也让当地居民安居乐业。

2014年的林芝地区只有鲁朗是一个定位高端的旅游高地，但接待游客的能力相对有限，大众化旅游项目还亟待发掘。茶场周边还有很多优质的旅游资源等待发掘，使得大众化旅游项目与中高端旅游项目形成互补、相得益彰。"公司＋基地＋农户＋网络"的旅游产业援藏新模式切合林芝旅游发展实际，茶场响应地区的号召，积极引进更多的旅游公司参与，让旅游产业援藏扎根到千家万户，让农牧民在其中直接参与和直接受益。在旅游产业发展的过程中，要想让当地居民能够有意识地参与，建立扶持农户家庭旅社建设的数据库必不可少，援藏工作队在开展普查的过程中，确定适合兴办家庭旅社的农户，登记造册全部资料录入电脑数据库，在资料收集好后逐家登门咨询意愿，制定工作计划，确定年度工作目标，广东省负责农户开办家庭旅社所需的前期一次性投入，降低家庭旅社运营的门槛。通过广东省旅控集团等渠道，动员一批民营旅游企业参与当地旅游开发。广东省旅游局协助加强对当地旅游资源的宣传推介。

易贡茶场游客中心是广东省国资委系统重点打造的旅游项目，广东援藏工作组紧紧围绕游客中心开展营运规划等工作，实施了一系列调查，由于自营优势不明显，运营成本过高，预估前期每年亏损约50万元。2017年3月，通过公开招标的形式，茶场聘请西藏宏绩集团承包经营，游客中心一期工程每年可获利润分成47万元。

与此同时，加快推进游客中心二期工程建设前期工作。根据《广东省"十三五"对口支援西藏林芝经济社会发展规划项目及资金安排表》，2017—2019年三年内投入1485万元用于易贡茶场游客中心二期工程建设，新建藏家乐旅馆20栋，每栋100平方米，以及配套设施、工程等。此项目原规划是每栋建300平方米，但由于资金不足（预算总投资约需3000万元）和规划用地有限，因此易贡茶场申请对该项目作中期调整，最终获批准，即新建20栋，每栋100平方米。2018年，易贡茶场游客中心二期工程已完成公开招投标，进入正式施工阶段。

仅有美景是不够的，还需要用美食让游客流连忘返。茶场领导决定利用高原无污染的水源开启冷水鱼养殖项目，让游客观赏高原特色养鱼，品尝味道独特鲜美的鱼肉。援藏干部在省长的指示下，去云南丽江等地实地考察的同时，还请中山大学相关专家实地对可行性进行了论证，在确定可行后，先平整了一片20亩的土地，将其建成6个养鱼池，水源就地取材，利用高山积雪融化流下来的溪水，第一期养殖虹鳟、金鳟和鲟鱼3个品种。

易贡是雪域高原的重要产茶地，也是茶马古道的重要节点。2016年8月19日，继成都、雅安、昌都之后，易贡举办第四场"寻找茶马古道西藏秘径，体验文化融合之旅"大型系列宣传推广活动，并在这里举行了一场别开生面的旅游推介活动。除进行旅游体验和休闲体验的互动交流外，活动随行科考队专家还进行了主题演讲等。推介会后，科考队一行参观了易贡茶场，体验了雪域秘茶传统制茶工艺。

打造茶旅文化融合示范点。易贡茶场九连——茶旅文化融合示范点于2018年11月开始实施，占地总面积80亩，总投资90万元，建设内容包括间种软枝乌龙3万株，福选九号4万株，套种经济林木60株；配套建设景观大门、景观亭、石板游道及石刻等基础设施。为了便于示范推广及后期的休闲观赏，该示范点就茶叶种植模式涉及茶果（林）间作、老茶园常规管理、老茶树群及林下间作四种模式。易贡茶场以"雪域茶谷、红色易贡"为主题，茶旅互动、以茶促游、以游兴茶带动产业融合发展，打造"品藏茶、看易贡"双赢平台。同时示范点茶叶的种植模式，也为因土地资源短缺受限的易贡茶场乃至全市茶产业提供了有效的借鉴方案。

另外，红色易贡的重要载体"将军楼"也不断受到新的重视，重获新生。2005年，将军楼出现了房瓦破碎、房屋渗水、天花板垮塌、地基下沉等现象。为切实有效保护"将军楼"这一红色旅游景点，波密县决定将"将军楼"列为县级文物保护单位，并与西藏太阳公司签订相关的"将军楼"保护协议，并向上级部门争取"将军楼"的维修专项资金，积极开展保护工作。2000年易贡爆发了世所罕见的超大型泥石流，急速抬升的堰塞湖冲毁了将军楼，灾难过后，易贡茶场在原址复建将军楼，表达对张国华将军的深切爱戴之情。2020年，为加强党性教育，丰富公司红色历史资源，经援藏干部的多方努力，易贡茶场争取到200万元的将军楼修缮资金，筹建"不忘初心、牢记使命"展览馆，展览馆已于2020年6月正式开放。另外，完成了易贡茶场茶文化展览馆展陈工程和西藏自治区党校礼堂旧址复原工程等建设项目。

二、农牧和种植业的同步发展

2009年，在现有生产生活条件下，易贡茶场反对等、靠、要的依赖思想，引导和鼓励职工积极发展生产，加强种植业和养殖业等生产经营管理工作。转变思想、加强生产的效果显著，当年种植玉米2400亩，亩产800斤，产量192万斤；油菜1500亩，亩产300斤，产量45万斤；辣椒300亩，亩产1500斤，产量45万斤（鲜）。发展畜牧业总头数

3255 头（只、匹），其中牛 862 头，马 577 匹，猪 516 头，鸡 1300 只。

2012 年，茶场和援藏工作组通力合作，继续抓好项目建设，增强输血造血功能，按照"茶场控股，合作开发"的思路，运用市场机制，积极推进冷水鱼养殖项目及优质天麻、无公害蔬菜、花卉苗木生产基地的建设，争取广东省中旅集团的支持，加大力度发展旅游产业，带动职工群众脱贫致富，促进茶场经济的多元发展。加大茶场招商引资的力度，创新发展模式及工作机制，做好茶场"公司＋基地＋职工"小产业发展引导，推进产业升级。

同年，在第 34 个植树节来临之际，茶场干部、职工和群众在林芝地委委员、易贡茶场党委书记黄伟平，党委副书记、场长江秋群培，副厂长周喜佳、朗色、朗聂等领导的带领下开展茶场公益林作物种植工作，种植核桃树苗约 600 亩，共 5249 株。该厂下属的茶叶一队、茶叶二队、茶叶三队、单卡队等也同时开展种植活动，组织干部、职工和群众在经济林木种植区开展核桃苗种植工作，共计种植核桃苗 20728 株。此外，茶场引进并种植了 85878 株高山松、8248 株花椒树及 179540 株沙棘树，总占地面积达 3034.7 亩。公益林作物种植项目是茶场党委在充分考虑到茶厂职工群众收入低、茶厂生产项目过于单一等实际情况，从而实施的造血项目。一方面能增加职工群众收入，提高职工群众工作的积极性；另一方面丰富茶场生产的多样性，充分发挥资源优势，为茶场的进一步发展打下良好基础。截至 2012 年 12 月，茶场已种植 2000 亩油菜、3000 亩核桃和 500 亩花椒等。

2013 年，茶场规模化种植茶叶、玉米、辣椒等农副产品，较之 2009 年产量大幅提升：玉米种植 2400 亩，年产 300 万斤；油菜 1500 亩，年产 300 万斤；辣椒 300 亩，年产 45 万斤，离波密县县城 15 千米处，有单卡果园 740 亩；茶场通过家庭式养殖方式养殖猪、牛、鸡等。

2016 年易贡茶场油菜、玉米等经济作物的经济效益较为稳固，其中油菜种植面积达到 1900 亩，产量 57 万斤，产值 190 万元，比 2015 年增长 8.3%；玉米种植面积 1900 亩，产量 920 万斤，产值 130 万元，比 2015 年增长 9.5%；荞麦种植面积 2000 亩，产量 260 万斤，产值 150 万元，比 2015 年增长 6.8%。牲畜存栏量 4206 头，主要为猪、牛，当年出栏量 1209 头。

三、全国地理标志产品易贡辣椒

易贡波密县易贡乡受地理位置、海拔高度与地貌条件等影响，土壤发育比较年轻，平均海拔高度 2100 米，土壤与植被类型较为复杂，可为农业利用的土地资源较为丰富，适宜种植多种经济作物，易贡辣椒便是其中之一。保护区有比较丰富的冰川融水资源、地下水资源和湖泊水资源，灌溉水资源、河川径流资源比较丰富，为易贡辣椒的生长提供了重要的水源。茶场地处高原温带湿润、半湿润气候，太阳辐射强，适宜多种经济作物生长，有利于作物单产的提高。

易贡茶场及周边易贡乡所出产的易贡辣椒，以其嫩、辣、爽的特点而久负盛名，有增加食欲、驱寒祛湿、健脾开胃的功效。2003年6月，重庆太阳实业有限公司，申请"易贡"商标，2005年下发注册证书，将辣椒等农产品涵纳其中。2015年，第三次全国农产品地理标志登记专家评审会在北京召开，西藏自治区易贡辣椒在评审会上获得专家组的好评，顺利通过终审。[①] 11月5日，中华人民共和国农业部批准对"易贡辣椒"实施国家农产品地理标志登记保护（证书编号AGI01776）。易贡辣椒保护范围是：波密县易贡乡所管辖的贡仲村、格通村、沙玛村、江拉村、通加村5个行政村，地理坐标为东经93°00′00″～97°40′00″，北纬29°21′00″～30°30′00″。[②]

相传易贡辣椒由茶马古道商人带入，另一说法是1950年由入藏十八军引入。经长年种植，易贡辣椒已成为独特的地方品种，素有"味中上品""有易贡辣椒，就有好胃口"的美誉。深受区内、外消费者的青睐，在市场上供不应求。易贡辣椒鲜果实以羊角、圆锥形居多。未成熟时呈绿色，成熟后呈鲜红色，具有皮薄、香辣味浓郁、回味悠长的特点，鲜椒含有维生素60～70毫克/100克、干椒含有维生素154～162毫克/100克；在辣椒素方面，鲜椒含有辣椒素0.02～0.09克/千克，干椒含有辣椒素0.5～0.7克/千克，营养价值极高。

为保持优势，发展易贡辣椒经济，易贡辣椒的生产地以排水良好的肥沃土壤为宜，要求土层深厚、结构良好、有机质丰富、易排易灌，还需要选用适合当地自然条件的易贡辣椒地方品种，并注重品种的提纯扶壮。果实成熟时，采收一般间隔4～5天，采收时间以早上为宜。采收后的果实要注意避免被阳光照射，最好储存在15～16℃的环境条件下。

易贡辣椒比较容易保存，当地人使用比较传统的风干技术。所以易贡人在天气晴朗时，会直接将鲜辣椒放在太阳下曝晒，制成干辣椒；天气阴凉时，将辣椒挂在屋檐下风干（图1-6-8）。

---

①　李海霞，我区现有10种农产品地理标志产品［N］. 西藏商报，2015-09-01。

②　《易贡农场》，全国农产品地理标志查询系统，网址：http://WWW.ANLUYUN.COM/HOME/PRODUCT/27623。

③　《地理标志产品——易贡辣椒》，西藏自治区农业农村厅官方网站，网址：Http://NYNCT.XIZANG.GOV.CN/NYFW/XZ-PPNCPZC/201912/T20191224_127122.HTML。

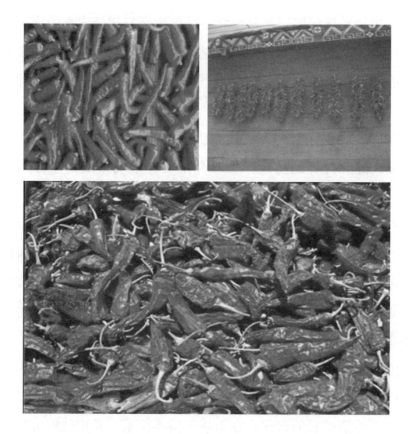

图 1-6-8　易贡辣椒风干技术①

第四节　援助项目与基础设施的改善

一、电站及电力基础设施

易贡水电站供电范围为易贡茶场和易贡乡等，由云南省政府援建，机组为 20 世纪 80 年代二手设备。设备已严重老化，难以维修，无法正常运转。

2012 年，广东援藏工作组从援藏项目资金中列支 345 万元改造输电线路，将茶场纳入地方电网整体改造序列。易贡茶场更换老化落后的电站设备（水电机组），维修电站水渠，并投资把茶场场部、二队及三队共计 294 根木质电杆更换为水泥电杆，着力消除用电隐患；同时，为解决易贡茶场、易贡乡等地的生活和生产用电问题，省属企业捐资 900 万元，优先安排资金解决了八连及单卡队的用电难题，在原址新建易贡水电站。10 月 5 日，安排水电专家实际勘察了水电站地形，并开展设计工作。

2015 年，充分利用广东省第七批援藏机遇，对茶场电站进行改扩建，茶场用电问题进一步得到解决。

2018 年 6 月 26 日，国电林芝分公司以及波密县分公司工作人员到易贡茶场详细调研了解了易贡茶场水电站各项情况，并将有关情况向其领导层做了汇报。为防止国有资产流失，按照属地管理原则，此项移交工作由波密县人民政府把关协调。国电公司已同意接收，并且按照"人随资产走"的原则一并接收易贡茶场水电站在职职工，水电站职工也全部表示同意，国电公司向波密县人民政府提交接收方案。2019 年，为加快推进易贡茶场水电站移交工作，5 月 23 日，易贡茶场会同波密县人民政府、波密县国资委等部门主要负责人，就易贡茶场水电站移交工作进行座谈，并达成共识，明确了移交程序。同时，将该项工作报告、请示市政府，待其批复同意，易贡茶场与波密县政府协商完成了移交工作。

易贡茶场与波密县人民政府、国网林芝公司、波密县农电公司等单位，围绕易贡茶场水电站移交事宜积极沟通。通过协商，将水电站移交工作结合农垦企业改革与电力体制改革协调进行，2020 年完成水电站所在的土地（总面积 9575.72 平方米）及其地面建筑物（均为水电站厂房及其附属设施）移交波密县农电公司，同时根据《西藏自治区人民政府办公厅取消农电"代管"全面实现"直管"工作的指导意见》（藏政办发〔2020〕1 号）文件精神要求，为保障波密县农电公司接管易贡茶场水电站后，保障正常营业需要，易贡茶场已划拨位于公司机关附近直线距离约 150 米处闲置的建设用地给波密县农电公司，总面积 1333.33 平方米，用于波密县农电公司日后建设营业场所。同时，根据"人随资产走"的原则，将在水电站工作的 11 名职工与水电站一起移交波密县农电公司。

二、水源保障及水厂建设

2011 年，投资 148 万元的易贡茶场场部饮水工程及配套设施建设完成，同时投资 25 万元解决了八连的自来水问题，另外，投资 41 万元的茶叶三队、单卡队饮水工程也如期开展，居民饮水问题从水源上得到了初步解决。

2014 年，为进一步解决茶场居民饮水的安全问题，茶场决定建设易贡茶场自来水厂。经广东粤港供水检测，茶场饮用的山泉水砷含量严重超标，长期饮用将对人体健康造成严重危害。为解除山泉水对场部居民及游客的危害，保障人体安全，广东省属企业捐资 1300 万元为茶场修建自来水厂（含白龙沟原始森林休闲区建设等项目）。项目于 2014 年 8 月 2 日开工建设，2015 年修建完毕，当年年底投入使用。

2016 年易贡茶场再一次遭遇特大泥石流灾害，位于白龙沟河道的自来水厂取水口被冲毁，场部机关和茶叶二队共 450 余人生活用水受到影响。为解决生活用水问题，2017

年，援藏工作组投入近50万元用于场区饮水系统改造。一是引水改造升级项目。在距场部约3公里水源处铺设水管，引水进自来水厂。由于供水管道线路长，需跨越泥石流河道，线路布置难度大。为解决管道安全问题和取水水质优良，采取深埋管道方式，并修筑"永久取水口滤砂滤腐叶过滤池"。同时，为防止可能的、较大强度的自然灾害发生，导致冲毁过河管道，项目专门修筑备用取水口，确保日常用水。二是场区供水管道改造项目。由于场区供水管道年久失修，新增用水及私自接驳，造成10多户无法正常用水。场区安排人员为水厂及场部管道更换老化阀门55处，替换老化管道约200米，清洗水厂水池，更换水厂供水电机，为茶叶加工厂修缮消防水池，确保生产安全。

三、道路、桥梁及加油站

1. 修建和改善道路

对易贡茶场而言，规模最大的道路建设工程是2015年年底横跨易贡藏布江的通麦大桥的建成通车。在此之前，从易贡茶场到林芝市区，最为险峻的道路是318国道上的通麦天险，这段道路，起于通麦大桥，止于排龙乡，全长14公里，途经"亚洲第二大泥石流群"，车辆行进艰难，通行时间约3小时左右，时常有车辆坠崖的意外发生，号称"死亡之路"。2012年，西藏自治区"十二五"重点项目川藏公路通麦段整治改建工程启动，总投资近15亿元人民币。该工程分为102滑坡群整治改建工程和通麦至105道班整治改建工程，全长约24公里，由102隧道、飞石崖隧道、小老虎嘴隧道、帕隆1号隧道、帕隆2号隧道和通麦特大桥、迫龙特大桥"五隧两桥"组成，机动车辆不到20分钟便可走完全程。该工程的通车标志着进藏公路西藏段的著名通麦"卡脖子"路段成为历史，天堑变通途。

易贡茶场内的道路交通也不断改善。2009年，改道和新修公路2千米。2012年，文化广场及茶场茶叶二队至场部硬化道路1.1公里，安装修建茶叶一队活动板房358平方米（投资近70万元），进一步改善茶场的基础设施条件。2013年，结合有机茶认证和红色旅游区建设需要，茶场对茶叶加工厂进行改扩建并整治美化周边环境。在茶场国资大道两侧修建人行道及排污设施，对国资大道进行绿化美化；建设红色文化景区，对茶场场部电线、光缆走向重新规划，全部地下铺设，消除安全隐患。2018年，茶叶三队村口通往队部道路、单卡队村内道路仍为土质道路，每逢雨季，道路泥泞颠簸，通行极不便利，随时有路面崩塌的风险，然而，其位置都不属于自然村，无法享受国家扶持政策修建村公路。对此，广东省国资委大力支持、筹集250万元用于易贡茶场道路硬化建设，分别投入120

万元用于茶叶三队道路硬化、130 万元用于单卡队道路硬化等工程。茶场道路硬化建设工程已完成前期准备工作，并于 2018 年全面动工，铺设水泥路面。

2. 重建失修桥梁

此外，为解决茶场三队员工出行的安全隐患，还推动了茶叶三队加宗吊桥危桥重建工作。茶叶三队加宗吊桥自 2004 年建成至 2017 年已经有 13 年的历史，由于长期缺乏维修保养，斜拉索及结构受力构件腐蚀严重、焊点开裂、铆钉脱落。该桥建设时由于未批复专项评价费用，未办理环评、林评等相关手续，属于违章建筑，波密县环保局、县林业局多次要求停止使用；2007 年，该桥还被波密县交通局定义为"技术状况评定等级四类"，属于危桥。自 2007 年至 2016 年，该桥一直属于带病工作状态，给茶场三队茶农 270 余人的出行带来了极大的安全隐患。为做好危桥重建工作，广东援藏工作组积极与波密县交通局、县林业局、县环保局协调，取得了有关部门的支持，按规定办理前置手续。

3. 兴建加油站，为加强易贡与外界的联系续航

易贡茶场距离林芝市市区 180 公里，距离波密县县城 110 公里，由 318 国道相连。随着经济的发展和机动车辆的不断增多，易贡茶场和易贡乡的燃油补给成为一项紧要的事项。据统计，易贡茶场有 597 辆车、易贡乡有 312 辆车，加油站运营后，不仅解决了易贡本地车辆加油困难的问题，也为外地旅客过往车辆提供加油服务。为此，易贡茶场提出了建设加油站的申请。经西藏自治区商务厅批准，易贡茶场开始建设加油站，计划投资 658 万元，但建设资金存在困难。经过援藏工作组的努力，上级追加项目资金 408 万元，完善加油站续建和相关设施，着力推进加油站硬件升级改造和消防验收等工作，并于 2017 年 6 月开始试运营。但易贡茶场加油站的部分手续尚未完备，改扩建时也未报审批，加油站建设工作组多次派人与消防、工商、安监等部门沟通协调，并在 2017 年通过消防验收，办理企业名称预核准书、危险化学品经营许可证、成品油零售经营证书等。特别是随着国家对易贡湖生态修复与综合治理工程建设项目的开展，易贡茶场加油站的建成，为该工程建设提供了燃油保障服务。2019 年 7 月 18 日，波密县易贡茶场加油站有限公司获准成立，加油站开始运营，有效解决了茶场群众和附近群众车辆加油难的问题。

四、其他基础设施的完善

1. 变废为宝，建设沼气

2010 年，为改善职工生活质量，易贡茶场积极申报落实沼气项目，完成了 61 户的沼

气设施建设。

2. 生态公益林建设

2010年争取林业部门的生态公益林建设项目，改造更新750亩干果林，全部完成。

3. 改善茶场公共卫生及生活保障条件

2012年，茶场修建公共冲凉房、公共厕所，改善茶场生活卫生条件；并维修礼堂（投资近80万元）、招待所（投资约49万元）、职工饭堂（投资约92万元，含附属设备）；维修茶场机关围墙3千米；投资1万元新修单卡队党支部活动室1间。

在保障居民基本生活条件的同时，援藏工作组还积极争取上级领导部门及社会支持，获赠打印机8台、电视机350台、投影仪3台、电脑20台、高压锅350个、药品36箱、图书3000册及防寒衣物700件等一批援藏物资。2011年6月15日，广东省国资委李志荣副巡视员带领考察团到茶场检查指导工作，实地考察援藏项目、开发旅游路线及慰问茶场困难职工，并向茶场赠送了总价值8万元的200件防寒衣服和20万元的礼堂音响设备等。广东省国资委委派广东省中旅集团给茶场做旅游资源普查，并计划为茶场修建道路。2011年7月13日，由上海嘉祺金属材料公司和名储事业公司联合捐赠价值20万元的大型LED显示器落成投入使用。2011年9月8日，在广东省援藏援疆办的大力支持下，广东省红十字会为茶场小学捐赠一批物资。

4. 居安思危，修建防洪堤和拦河坝

2014年，茶场修建防洪堤，保护茶田和群众的生命财产安全。多年来，由于未修建防洪堤，洪水直接危及茶场群众的生命财产安全，茶场农田及茶田已流失2000多亩。2014年年初，茶场投入60多万元，在雨季来临前以工代赈修建防洪堤200米，并于当年4月底完工。

2015年，修建茶叶二队拦河坝，解决因山洪导致的二队取水口垮塌、场部及二队群众生命财产安全受威胁的问题。

第五节　聚焦民生增强职工获得感

截至目前，易贡茶场待业人员的就业率及参保率达到100%，适龄儿童及在校生入学率和巩固率达到100%，在职职工五险上缴率100%，场内人员基本生活需求得到了保障。

2014年，广东省国资委高度重视援藏工作，吕业升主任亲自任援藏领导小组组长，在广东省安排6000万元援藏资金之外，省国资委还筹集资金5000万元，用于修建自来水厂、水电站等民生项目及启动发展经济项目，从保障基建开始为茶场开源。

2015 年，易贡茶场待业人员的就业率及参保率达到 100％，五保户供养率 100％，在职职工五险上缴率 100％，涵盖范围广、普惠力度大，职工获得感倍增。

一、实现全面覆盖的社会保障

1. 关注社保问题，保障退休职工的后半生

2009 年，在林芝地区相关部门大力支持、关怀和茶场的努力争取之下，茶场 116 名扩退职工被纳入职工医保，7 月起正式执行；同时安排 62 名待岗工人再就业，让更多的员工有了收入并实现其价值。之前易贡茶场职工没有工伤保险，2010 年茶场为电站和加工厂从事较为危险行业的 30 名职工购买了人身意外保险，这结束了易贡茶场没有工伤保险的历史。2010 年 1 月，茶场引导 247 名职工参加了工伤保险及失业保险，给职工的生产以安全保障。抽出专人专门调整和整理低保信息，全面无遗漏，让大部分职工较为满意。企业房改金已全部兑现完毕，维护国有资产正常使用的同时，让更多职工拥有住房。

2010 年，茶场在职职工达到退休条件的有 17 名，其后 3 年，另有 34 名职工退休。因原先茶场欠缴在职职工的社会养老金，导致这些职工退休后的待遇问题非常棘手，严重影响他们退休后的生活保障和幸福感，所以职工们都想方设法地维护自己的利益，由此曾出现过一些不理智的行为。援藏工作组高度重视，积极与行署有关部门沟通，寻求解决办法，并于 7 月 28 日向地区行署递交《关于由地区财政垫支易贡茶场社会养老统筹金》的专题报告。茶场征缴了易贡茶场在职职工欠缴的社会养老金（2002—2006 年个人部分）662416.06 元，征缴了 2009 年社会养老金 416054.4 元（个人部分）；为 109 户困难职工建立了档案，成功处理了 263 名在职职工社会统筹，努力解决了茶场职工社保方面的历史遗留问题。

2. 解决债务遗留问题

茶场 2011 年的总产值从 2010 年的 350 万元增加到 620 万元；集体收入从 2010 年的 55 万元增加到 150 万元；职工人均收入从 3600 元增加到 4100 元；全场人均收入从 1800 元增加到 2100 元；2012 年生产总产值突破 1000 万元；职工人均收入达到 8100 元；全场人均收入达 4100 元；集体收入 300 万元，增长率达到 95％以上。茶场甩掉了债务遗留强压的"贫困帽子"。

2011 年，茶场着力解决债务遗留带来的养老和退休问题。由于太阳公司经营不善，至 2010 年拖欠职工的"五险一金"等款项已达 2732.78 万元，造成茶场沉重的经济负担。

在西藏自治区、林芝地区的关心帮助下，通过茶场干部职工的共同努力，2011 年茶场历史负债中的 2183.3 万元得到政府以一次性补贴的形式解决，使茶场得以轻装上阵、稳步发展。自 2008 年开始，茶场主动承担 74% 的"五险一金"统筹款项，其余 26% 由职工缴纳，2011 年年底在广东省援藏工作队的大力支持下，茶场单位承担统筹金部分共计 200 万元得以缴清。按照广东援藏统筹安排，2010 年和 2011 年先后启动援藏项目已安排 2200 多万元，同时，拨付 180 万元解决茶场垫付援藏资金问题，以补充茶场应缴的职工养老统筹金的资金缺口，消除了茶场不稳定因素。在自治区、地区相关领导部门的关怀下，2011 年茶场有 116 名职工享受自治区"40、45"特殊退休政策，茶场困扰多时的退休难题基本得到了解决，使茶场退休职工"老有所养、老有所终"。

在解决了职工的养老问题之后，为了让职工更加心无旁骛地工作，茶场开始将目光投向后备力量的培养上。2011 年，在自治区、地区工会的关怀下，茶场职工子女获"金秋助学金""后续金秋助学金"近 30 人次，资金近 10 万元；此外，茶场还获大病救助金、困难职工慰问金、三大节日慰问金等共计约 45 万元；援藏工作组积极推动助学活动，帮扶贫困学生 60 多名，让更多的年轻的学子有了受教育的机会。

2013 年，援藏工作组多次到中心小学调研并慰问学校老师，解决学校存在的困难；发动粤企献爱心，为学校捐赠 300 件儿童羽绒服和 300 双袜子（市值近 30 万元）；对小学道路进行硬化并安装路灯；中央国家机关援藏总领队、区党委组织部副部长王奉朝和工作队领队蔡家华为学校争取了铺设塑胶跑道的资金，并购置了校车。

2014 年，广东省援藏工作组在解决了学校跑道、校车等硬件方面问题的同时，还协调广东宏远集团捐资 100 万元用于学校各项设施的完善和维护，并要求地委组织部和地区教体局援藏干部着手调研，通过人才引进和培训、支教送教等途径，提高学校师资队伍质量。期间，地委教体局、地委宣传部援藏干部吴珍珠等到中心小学开展教育调研、送教送学和座谈交流活动及赠书慰问活动，为学校教职工发放慰问金 9000 元，并代表省"三区"支教团捐赠 860 册图书。儿童节期间，茶场党委书记欧国亮代表党委班子和工作组为茶场中心小学学生捐赠 3000 元节日慰问金，广东省天之润针织有限公司捐赠 110 件羽绒服和 110 双袜子，共计 66000 元。

3. 啃下就业硬骨头

待就业问题也一直困扰着茶场。2014 年，茶场有正式职工 112 人、临时工 216 人、待业青年 400 多人、退休职工 673 人，其中大专以上学历 2 人，高中毕业 3 人，初中学历 2 人，其他为小学文化或根本没上过学，因为能力有限赋闲在家，收入低微。针对这种情况，援藏工作组创新项目机制，实行"以工代赈"的方式，鼓励茶场各下属生产队成立互助合作队，互助合作队成员由在职职工、待业青年、退休职工组成，凡是茶场职工可以承担的工程优先交给职工，凡是集体可以承接的工程优先安排给互助合作队。互助合作队首先在茶叶二队试行，互助合作队试行成功后，其他各生产队也都纷纷效仿，这样场内职工和待业青年既解决了就业问题，满足了生活需求，也建设了自己的家园。

2014年至2016年上半年，茶场以灵活多样的形式分批、分次与他们签订了劳动用工合同，解决了待业人员的就业问题。如2014年，通过以工代赈建设易贡茶场砂石厂、种植茶叶等方式增加茶场居民收入，并解决了30多名待业青年的就业问题。然而，茶场也因此背上了沉重的社保负担，每年需上缴社保统筹资金400万元。经多方筹集后，每年仍有80万元的资金缺口，3年共计缺口240万元。

授人以鱼不如授人以渔，解决待业人员的就业问题不能光靠茶场订合同、发福利，更要有可持续发展的理念，发展他们的职业技能、发挥他们的工作积极性。于是，在2016年，茶场积极配合相关部门开展就业、再就业和农牧民转移就业培训，不断完善就业援助机制，深入推进零就业家庭和困难群众的帮扶工作，对困难家庭进行慰问走访，形成了为困难家庭"解难事、办难事"的良好工作格局。通过广泛宣传社会五大社会保险，发放《新农保宣传册》、粘贴宣传横幅、各类宣传标语、宣传画等途径，提高广大劳动者的参保意识，并成立专门办公室、配备专门档案柜与档案盒，建立参保人员档案，规范管理、形成制度。宣传教育的同时扩大生产，通过茶园扩建，将茶园合理分配给待业人员进行管护，与待业人员签订劳动用工合同，解决了易贡茶场待业人员的就业问题，同时制定发放《职工操作手册》，加强职工技能业务知识培训，为茶场的进一步发展积蓄力量。

2020年，在援藏工作队持续不断的努力之下，全场待业人员就业问题得到全部解决，共计解决200人就业，茶场待业人员就业率及"五险"实现了全覆盖，参保率达到了100％，待业人员就业这一历史遗留问题得以彻底解决，茶场也可以心无旁骛地发展生产。

二、全力确保医疗、教育与住房

1. 加强医疗

2010年，根据中央统一部署，广东省委、省政府高度重视，新增西藏林芝地区易贡茶场为佛山市对口援助单位。从佛山市第一批对口援助医疗队进驻茶场以来，克服缺医少药的困难，凭借为藏民服务的耐心和丰富的专业知识，因地制宜，用藏草药弥补药品短缺的问题。三批医疗队先后举行义诊约 40 场次；为当地藏民接诊 2000 多例；免费派送药品约 4 万元。第四批在 2012 年初接任对口援助。

2014 年，易贡茶场向林芝地委、行署和广东省国资委党委汇报了本场居民看病就医难的问题。林芝地委、行署和广东省国资委党委对此高度重视，为易贡茶场卫生所选派了 3 名医生和 1 名护士。其中，波密县卫生局给茶场选派 2 名医生，广东省机场集团民航医院选派医生和护士各 1 名。此外，茶场还多次邀请广东省援藏医疗队、民航医院及水电二局医院来茶场送医送药。由此，茶场干部职工看病就医问题得到了基本解决。

2016 年，易贡茶场医疗卫生事业取得了较大进展。一是建立健全医疗卫生服务体系，充分发挥现有医疗设备的作用，改善患者就医环境。波密县选派给茶场 2 名医护人员，一定程度上解决了茶场干部、职工、群众看病就医的问题。二是认真落实基本药物制度，所有药品均实行"零差价"管理，有效解决了老百姓"看病难、看病贵"的问题。三是积极宣传优生优育政策，落实农牧民孕、产妇住院、分娩全免奖励和生活救助政策，当年住院分娩率达到 100%，新生接生率达 100%。四是加强食品、药品安全监管力度，易贡茶场党委及卫生院当年就开展了 11 次食品、药品安全检查，全年未发生过一次食品、药品安全事故。

茶场在当地普及西医西药的同时，也重视藏医药的发展。易贡茶场使用藏医药的历史悠久，而且具有完整的理论体系和丰富的临床实践经验，藏区老百姓有疑难杂症都喜欢看藏医、用藏药。为在易贡地区推动藏式医疗、加快发展藏医药产业，援藏工作组在 2017 年投入近 30 万元改造易贡茶场卫生院，开设了藏医药诊室及藏中西联合治疗中心，购置藏药材、藏医学唐卡、藏式沙发、藏式茶几以及放血疗法相关器材等，为当地老百姓提供优质藏式医疗服务。

2. 重视教育

教育是民族振兴和社会进步的基石，这在教育水平落后的林芝地区体现得更为淋漓尽致。由此，易贡茶场极为重视基础教育的发展。2009 年，茶场成立了以江秋群培副书记为组长的国检领导小组，专项负责教育国检相关工作。为确保茶场小学办学质量稳步提高，茶场建立了各项制度，协助茶场小学提升教育水平、改善教育环境、完善师资力量，为迎接教育国检做好充分准备。

2011 年，为切实解决职工子女读书困难的问题，易贡茶场先后组织党委、工会深入困难职工家中，摸排走访，送助学金到职工家中，同困难职工亲切谈心，了解困难，解决实际问题。当年 11 月，为茶场内共 24 名高二至大二的在校学生颁发 1000 元至 4000 元不等的"金秋助学"资助金，总金额达 36000 元。广东省援藏工作组还积极发动社会力量，用一对一结对子的方法，先后帮扶了 22 名困难学生，还对当年考上大学的每名学生给予 2000 元奖励。

2014 年，易贡茶场持续重视基础教育事业，关心易贡茶场中心小学发展。援藏工作组多次到中心小学调研并慰问学校老师，解决学校存在的各项困难；发动粤企献爱心，为学校捐赠了 300 件儿童羽绒服和 300 双袜子（市值近 30 万元）；硬化小学道路并安装路灯；中央国家机关援藏总领队、区党委组织部副部长王奉朝同志和工作队领队蔡家华同志十分关心中心小学的发展，为学校争取了塑胶跑道铺设资金，并购置了校车。

2016 年，易贡茶场党委与各队签订了《教育工作目标责任书》，学校"三包"经费到位率达 100%，适龄儿童入学率达 100%，巩固率达 100%，达到"控辍保学"工作的目标。该年共开设少先队学习教育课程与法制思想教育课程 40 次，参与教师及学生 100 余人，全面推进了易贡茶场"平安校园、和谐校园、文明校园"创建工作。

3. 保障住房

住房是民生之根本，只有安居，才能乐业。茶场群众的住房问题始终牵动着茶场与援藏工作组领导和工作人员的心。为了解决过去的住房难题，茶场和工作组坚持民生为重、富民优先的原则，以群众的需求为出发点，以群众的满意为落脚点，想方设法争取资金，并调动社会力量支持改善茶场民生。

在这种以民为本思想的指导下，易贡茶场在解决不同群体的住房问题、棚户区和危旧房改造等方面也卓有成效。2000 年特大自然灾害后，茶场的 10 多名孤寡老人仍长期居住在通麦，他们的生活极为不便，看病等事项都存在问题。2009 年，易贡茶场全力以赴解决这批孤寡老人的住房问题，投资 30 万元在茶场新建了 400 平方米的敬老院，让孤寡老人们搬迁入敬老院新居。2009 年，茶场还解决 20 户无住房职工的住房问题，将他们分别安排在拉萨办事处及茶场场部。

2011 年，易贡茶场完成了 89 户茶农地质灾害搬迁、配套设施建设工作及 119 户危旧房改造任务，同时维修场部机关职工住房及改水、改厕和硬化道路工作。此外，还提供资金支持，解决地质灾害威胁引发的整村搬迁问题，消除安全隐患；进行职工住房改造，解决基层连队职工住房问题，使职工安居乐业。

2012 年，为解决危旧房改造、人畜饮水等急需民生问题，茶场和援藏工作组坚持第一时间深入基层、第一时间掌握实情，做到"情况清，方向明"，急群众之急，先期投入 140 多万元，修建公共冲凉房、公共厕所和电站蓄水池，大大方便了群众生活。其间，援藏工作组进驻茶场以后，针对长期受泥石流灾害威胁的易贡茶场一队（羌纳村）89 户整体搬迁工作推进乏力的现状，工作组及时做专题报告，争取上级支持，想方设法争取到了资金支持，易贡茶场一队（羌纳村）共89户职工得以全部喜迁新居。在保障住房的同时，茶场和援藏工作组也在满足茶场职工的精神需求方面发力，援藏第二批验收项目总投资约700万元，项目具体包括场部职工宿舍改造，2000米水泥道路硬化建设，场部周边4000平方米环境整治，建设1300平方米民俗文化广场，以及篮球场、图书室、活动室、礼堂等配套设施，主干道配备路灯，增添办公设备等，这些都极大地提高了茶场职工的工作积极性和舒适度，增添了他们的幸福感和获得感。

2015年，易贡茶场完成了35户棚户区改造工程，改造率达到100%，解决了群众住房安全问题。2018年，茶场争取市政府民房屋顶改造项目资金380万元，用于全场职工居民住房屋顶改造（图1-6-9）。

图1-6-9 茶场员工住宿区

三、重视安全生产、强化社会综合治理

2009年初，地区政法委大会召开后，易贡茶场积极开展相关文件精神的宣传贯彻工作，与茶场辖区内所有部门、娱乐场所签订了《社会综合治理目标责任书》，使各部门、各娱乐场所做到"管好自己的人、看好自己的门、办好自己的事"，实行"谁主管、谁负责"原则，并且每季度召开一次各部门治保小组专题会议，交流治理心得体会，确保职工思想的稳定。

2010年，为确保茶场稳定、群众安居乐业，防止出现安全责任事故，保证安全生产，解除职工群众工作生活的潜在威胁，茶场成立了由波密县综治办直接领导、茶场保卫科全面负责的社会治安综合治理小组；还成立了茶场综治联防队、调解委员会，解决日常工作中出现的部分安全隐患问题，协调职工群众关系，以确保日常工作顺利进行。

2012年，茶场一方面实行群众问题"首访负责制"，杜绝新增稳定问题；另一方面积极争取上级部门和政策支持，消除稳定隐患。具体表现为成立护场队、联防队以及茶场便民警务室，以做好茶场维稳工作，特别是建党华诞、中秋、国庆双节和党的十八大期间，加强巡查力度，落实24小时值班制度，做到"有事报情况，没事报平安"；同时，大力开展社会治安综合治理工作，构建群防群治体系，并加大安全生产及防火防灾的检查力度，杜绝安全事故及森林火灾的发生，维护茶场的和谐稳定。占地160平方公里的易贡茶场一直设有警务室，但并无警务人员，为确保茶场职工群众的生命财产安全，维护茶场社会稳定，在林芝地委、行署的关心和支持下，茶场于2014年8月安排了2名警察，并落实警务人员编制；与此同时，广东省国资委协调省属企业为茶场警务室捐赠了1辆警务车并配置了警用装备。茶场始终把促进民族团结作为援藏工作的生命线，援藏干部通过认亲结对交朋友、创建"双联户"等一系列措施，促进民族团结，维护了茶场社会的和谐稳定，2013年至2014年，茶场未发生一例到西藏自治区和林芝地区上访事件。茶场被授予林芝地区2013年度"民族团结进步模范集体"称号和"县级双联户先进单位"称号。

2016年，易贡茶场认真贯彻落实区、市各级党委、政府一系列有关维稳工作的路线、方针、政策和指示精神，深入开展调查研究，按照"分级负责，归口管理，预防为主，妥善处置"的原则，制定完善了维稳工作应急预案，认真开展矛盾纠纷排查调处，明确党、政一把手和部门负责人的责任，做到不把矛盾推向社会、推给上级，把问题解决在基层、解决在萌芽阶段。在维稳措施方面，一是严格落实24小时值班带班制度，成立以分管领导为带班组长，各队支部书记为小组长，双联户为成员的茶场治安巡逻队和各队护村队，实行全天全方位巡逻；二是加强对外来人员、流动人口等重点人员的管控工作，实行来访登记造册制度；三是进一步落实茶场、各生产队、个体户等维稳综治目标责任书签订的工作力度，层层落实维稳目标责任，做到"层层有落实、层层有担当"；四是加大矛盾纠纷排查和调处力度，使得易贡茶场未有矛盾纠纷发生。2018年，易贡茶场认真贯彻落实区党委、市委的维稳安排部署，全力做好维护稳定各项工作，重点抓好三月份敏感期暨"两会"期间维稳工作。2019年，茶场持续坚持上述各项工作基础上，还全面开展"扫黑除恶、打非治乱"专项行动，开展宣讲20余次，制作发放宣传资料、横幅等，实现全场职工群众全覆盖。茶场呈现社会局势稳定、人民群众乐业安居、经济持续稳步增长的发展态势。

2016年，易贡茶场还提升防灾、减灾及突发事件处理的能力。为保护农牧民群众生命财产安全，妥善处理各类自然灾害，易贡茶场党委召开了易贡茶场防灾减灾应急工作会议，安排部署了防灾减灾工作责任，成立了防灾减灾应急指挥小组，制定了《易贡茶场防泥石流灾害应急预案》。易贡茶场党委与各队签订了《防灾减灾目标责任书》，给群众发放了"避险明白卡"，各队也相应地成立防灾减灾应急小队，确定了防灾减灾应急联络员。在10月11日发生的特大山洪泥石流灾害中，由于易贡茶场先期部署到位，预警、撤离及时，灾害未造成人员伤亡，群众重要财产均未受到严重损失。

2018年，易贡茶场的安全生产工作措施较为得力，坚持"红线"意识和"底线"思维，按照"五级五覆盖"的要求，完善"党政同责、一岗双责、齐抓共管"的安全生产责任体系，认真落实安全生产"九项措施"。茶场与各队层层签订《安全生产目标责任书》，深化落实安全生产目标责任制，强化安全生产各项措施，确保易贡茶场不发生任何安全生产事故。一是进一步巩固森防工作，及时建立"山火家火联防联控"机制，成立农牧区义务森林消防队，安排100名护林员每天轮流深入护林值班点巡逻，确保每个护林段时时有人在岗，杜绝各类森林火灾安全隐患；二是逐级签订《森林防火目标责任书》，并不断加大森林防火力度，完善防火物资储备，当年易贡茶场未发生一起森林火灾；三是针对易贡茶场的一些林政现象，茶场党委指定专人定期、不定期深入林区，进一步加大森林巡逻密度；四是加大安全生产宣传教育，深入易贡茶场各餐馆、娱乐场所及群众家中，进行安全生产宣传讲解，发放安全生产宣传单200余份，参与群众600余人。2018年以来，易贡茶场社会局势和谐稳定，安全生产事故零发生。

第六节　党建与文化生活的有序开展

党委是易贡茶场的领导核心和政治核心。易贡茶场党委向来不遗余力地学习贯彻落实党中央的路线、方针和政策，加强自身的政治、思想、组织和制度等方面的建设，全心全意为全场谋发展、为职工谋福利。易贡茶场自成立以来，中国共产党人几十年如一日发挥先锋模范作用，特别是党的十八大以来，易贡茶场党委积极推进"两学一做"学习教育常态化制度化，深入开展创先争优活动，坚持不懈地推进党风廉政建设，不忘初心，牢记使命，结合当地实况，不畏艰辛、攻坚克难，逐年不断扩大深化改革，让茶场彻底摆脱发展乏力的局面，为全面建成小康社会积极贡献力量。

党的十八大以来，易贡茶场党建等方面的活动回顾如下。

一、推进党建和党风廉政建设

1. 2012—2016 年基本情况

第一，开展创新争优活动。2012 年，茶场积极开展创先争优活动，完善基层党组织建设，健全基层党建工作机制，并由茶场领导挂点基层，实行群众问题"首访负责制"，逐级建立工作台账，对群众困难做到"及时反映、及时沟通、及时解决"，对遗留问题做到"专人跟踪、包干负责"，杜绝新增不稳定问题。

第二，扎实开展党的群众路线教育实践活动。实行"阳光政务"，制定重大决策集体议事制度，主动接受群众监督；坚持"援藏项目建设"和"地方发展项目"两条腿走路，项目建设由援藏干部和地方干部共管。2014 年 2 月以来，在全体援藏干部的积极配合下，茶场党委全力以赴做好党的群众路线教育实践活动，并结合茶场的实际做实事，受到自治区督导组及林芝地委充分肯定和高度评价。为方便职工群众办事，茶场撤销了八一办事处，茶场领导班子成员及各部门全部搬回茶场办公；建立健全茶场管理制度，强化茶场治理；加强基层党组织建设，提升基层党组织的战斗堡垒作用。该年 7 月底，茶场党委选拔任命了 4 名连队党支部专职书记和 4 名队长。

第三，推进"两学一做"学习教育常态化、制度化。其一，加强组织建设，提升组织执政水平。在各队"两委"班子队伍建设上，茶场党委不断加强村"两委"班子建设力度，在 2016 年换届工作中，广泛征求意见，认真审核、配好、配强"两委"班子，大力实施"三个培养""争做模范党员"等工程建设，并通过严格规范党员管理和党内生活，进一步规范班子内部议事决策程序，提高班子的团结与协作能力；在工作开展上，通过"两委"班子成员"交叉任职"等方式，不断提高各队"两委"班子的工作能力与执政水平，完善提高班子激励保障机制，严格制定并执行《村党支部书记岗位目标责任制》等制度，有计划、有落实地加强"两委"班子内部管理；在思想教育上，充分发挥农村党员干部现代远程教育站点的作用，认真开展党员思想政治教育和实用技术培训，不断加强党员干部的理论知识学习力度。

2016 年，易贡茶场共组织党员干部参加学习 27 次，严格落实各站点"三薄一册"制。在茶场机关党建工作中，一是大力推进"两学一做"等活动的落实力度，以创建"五好"党组织和努力实现"六个进一步"为目标，全面落实党建各项工作任务，深化基层党组织集体的凝聚力和战斗力，着力解决基层党组织建设中的突出问题，不断完善加强基层党组织建设的体制机制，形成"村村参与、人人参加"的良好工作局面；二是不断加强班子和党员干部的教育学习，强化党员干部纪律作风建设，积极创建党风示范岗、党员先锋，完善党建资料、党员信息库，并定期召开民主生活会、座谈会，帮助各队发展集体经济，拓宽组织经费来源渠道，有效推进党建工作开展；三是"七一"建党周年之际，组织新老党员重温入党誓词，发展新党员7人、预备党员5人。

推进党风廉政建设，提高组织自律能力。加强领导班子的思想政治教育学习，不断健全议事和决策机制，逐步建立起较为完善的党风廉政建设监督检查机制，认真落实党风廉政建设责任制，落实班子成员述职述廉、信访值班制等工作制度，将党风廉政建设与反腐败工作纳入年终综合考评，并不断加大干部廉政的检查、考核、落实力度，推进与做好农牧区干部的廉政建设工作；不断加强领导干部廉洁自律建设，组织领导干部学习《廉政准则》和国家有关干部廉洁自律的相关规定，同时组织党员干部职工收看廉政影片《永远在路上》等，按照中央八项规定、自治区"约法十章"和"九项要求"，严格执行公职人员收受礼金礼品的规定，严格控制公务宴请活动，严格禁止公款支付高消费娱乐活动，真正做到反腐拒变。同时认真做好党政领导干部的选拔任用程序规范化与制度化，坚持民主集中制，倾听群众呼声，为广大群众服务的同时自觉接受群众监督；加大案件查办力度。查信办案工作是贯彻"党要管党、从严治党"方针的重要体现，是加强党风廉政建设和反腐败工作的基本要求，是加强党风政风建设的有效手段。因此，茶场党委十分重视信访及查案工作，积极配合好上级有关部门查办案件，对上级机关批转查办的案件及群众反映的重要线索进行及时查处，做到无压案和瞒案，做到件件有着落、案案有结果。当年，茶场未出现一起党员干部、职工违法违纪行为。

做好宣传思想建设，加强组织思想学习。茶场党委理论学习组坚持不懈地开展社会主义核心价值观的学习教育，并及时召集茶场领导干部职工深入学习党的十八届三中、四中、五中全会、中央第六次西藏工作座谈会精神和区党委及市委一系列会议精神，扎实抓好"两学一做"教育活动，引导广大党员干部增强宗旨意识、大局意识。加强爱国主义教育，坚持不懈地学习现代化建设所需要的经济、政治、文化、科学、社会等各方面知识，不断开阔视野，完善知识结构，提高综合素质，并做好学习简报、学习记录、学习总结、学习图片、学习资料的整理归档。充分利用板报、宣传栏、宣传册、宣传标语牌及各类文化活动等方式，弘扬党的先进精神，推进群众性爱国教育与民族团结宣传教育。

2. 2017—2018年基本情况

2017年创新思路，推进党建和党风廉政建设。在抓好茶场党建和党风廉政建设工作中，不再单纯地开展某项工作，而是创新思路，把两者紧密结合在一起，采取座谈会、多媒体、讲党课等多种形式，推进党建和党风廉政建设工作的开展。

一是把开展"两学一做"学习教育与讲党课结合起来。2016 年 11 月和 2017 年 7 月，茶场党委召开干部学习会议，把加强党建发展党员和党风廉政建设融入"两学一做"学习教育活动中，强调党员和干部职工要不断强化党风党纪教育。认真做好党政领导干部的选拔任用程序规范化与制度化，坚持民主集中制，倾听群众呼声，为广大群众服务的同时自觉接受群众监督。

二是把中心组学习会与观看警示教育片结合起来。2017 年 4 月 11 日，茶场党委召开党委中心组学习扩大会，召开党风廉政建设工作会议，组织茶场中层以上干部和援藏工作组成员共 30 人参加，认真学习 2017 年全国两会精神，学习贯彻党的十八届六中全会、中纪委十八届七次全会和自治区第九次党代会、区纪委九届二次全会精神，学习贯彻"两准则、三条例"等，并观看纪律教育片《作风建设在西藏》。5 月 27 日，茶场党委召开推进"两学一做"学习教育常态化制度化工作座谈会暨党风廉政建设工作会议，传达学习自治区推进"两学一做"学习教育常态化制度化工作座谈会精神，观看广东省纪委拍摄的纪律教育片《苦茶》，教育引导广大党员干部进一步增强对党风廉政建设工作重要性认识，做到入脑入心、自觉践行。

三是开展"不忘初心、牢记使命"主题教育。2018 年 3 月伊始，茶场党委着手制定了《林芝市易贡茶场 2018 年党建工作计划》《林芝市易贡茶场 2018 年党风廉政建设工作计划》，把学习党的十九大、十九届三中全会、中央第六次西藏工作座谈会精神和习近平总书记系列重要讲话精神，学习贯彻自治区第九次党代会精神作为全年重大政治任务，同时完善党委理论中心组和各支部党员干部学习制度，通过开展"不忘初心、牢记使命"主题教育活动，举办专题辅导讲座、召开党委中心组学习会和党支部专题组织生活会等方式，确保每位党员学习党的十九大精神时间不少于 5 天或 40 小时，积极开创党建工作新局面，为促进易贡茶场经济社会全面发展提供坚强组织保证。

此外，还组织开展庆"五一"劳动技能竞赛活动。为创建"劳动光荣、争创一流"的良好劳动氛围，增强竞争意识和协作精神，提升职工的操作技能，"五一"国际劳动节期间，易贡茶场党委、援藏工作组联合举办了庆"五一"劳动技能竞赛活动。组织别开生面的职工劳动竞赛，在提升职工技能水平的同时，不断强化职工凝聚力，营造具有雪域茶谷特色的企业文化。值得一提是，易贡茶场茶叶加工厂于 2018 年被自治区总工会评为"西藏工人先锋号"集体。

3. 2019 年基本情况

第一，2019 年，加强建设学习型党支部，切实推进党建工作开展。年初制定《林芝市易贡茶场党建工作计划》《林芝市易贡茶场党风廉政建设工作计划》；坚持"三会一课"制度，坚持每周召开1次班子学习例会，坚持开展中心组理论学习，坚持召开党委领导班子民主生活会，把全面从严治党落到实处。组织党员干部手机务必安装"学习强国""西藏党员教育App"和"西藏先锋"微信公众号，并把学习贯彻党的十九大精神纳入年底考核内容，纳入党建述职评议内容，推动茶场党建工作走在前面。

第二，加强监督，强化党风廉政建设责任制考核。一是强化对重点领域的监督，对履行"两个责任"、选人用人、"三重一大"、执行民主集中制等情况进行监督，对茶场茶苗采购、茶田水渠建设、茶叶加工厂和拉萨销售部改建工程等进行了公开招标，加强项目实施监督，确保项目质量过硬、资金使用安全。认真落实廉政问责制，组织场机关、各生产队支部书记与场党委签订《党风廉政建设目标责任书》，明确规定了各部门、各生产队的职责任务。把对责任制的检查同年终考核工作紧密结合起来，在年度考核中实行廉政建设一票否决制，对因工作不力而造成严重后果和恶劣影响的，要按照有关要求层层追究领导干部的相关责任。

第三，认真部署，扎实开展"不忘初心、牢记使命"主题教育活动。自"不忘初心、牢记使命"主题教育活动开展以来，易贡茶场党委高度重视，认真部署开展学习工作。按照上级有关文件精神，制定了《易贡茶场"不忘初心、牢记使命"主题教育活动方案》，按照方案认真开展，同时举行了不忘初心、牢记使命整治承诺活动，红色革命历史教育活动，引导茶场广大党员干部职工深刻认识开展"不忘初心、牢记使命"主体教育的重大意义，党委班子成员带头履行好"一岗双责"，以身作则，守初心、担使命、找差距、抓落实，切实达到了理论学习有收获、思想政治受洗礼、干事创业敢担当、为民服务解难题、清正廉洁做表率的具体目标。

第四，积极配合完成市委常规巡查工作。2019年5月12日开始，市委第四巡察组对易贡茶场党委进行了为期3个月的集中巡察。巡察组指出了3大方面18个问题，并有针对性地提出了4条整改工作意见建议。针对巡察反馈结果，场党委研究制定了《中共易贡茶场委员会落实市委第四巡察组反馈意见的整改方案》，并按照整改方案实行整改"销号制"，做到整改一个销号一个，一抓到底、务求实效，做到问题不解决坚决不松手，整改不到位坚决不收兵，切实将各项整改任务落实到位，把整改转化为改进作风、推动工作发展的实际行动，进一步夯实了党的政治建设、思想建设、组织建设、作风建设、纪律建设和反腐败工作，落实全面从严治党责任，筑牢抵御腐败防线，同时抓好整改成果转化。坚持把落实整改与茶场党委主体责任落实结合起来，层层传导压力，压实责任，推动全面从严治党向纵深发展。

第五，推进"四讲四爱"群众教育实践活动有序开展。2017年3月，西藏自治区党委印发《关于开展"讲党恩爱核心、讲团结爱祖国、讲贡献爱家园、讲文明爱生活"喜迎党的十九大主题教育实践活动总体方案》[①]。2020年4月，西藏自治区"四讲四爱"群众教育实践活动领导小组印发《"讲党恩爱核心、讲团结爱祖国、讲贡献爱家园、讲文明爱生活"群众教育实践活动总体方案》，要求各地各部门认真贯彻落实。

易贡茶场"四讲四爱"群众教育实践活动领导小组深入各连队开展了新旧西藏对比演讲、爱国主义教育等活动，受教育人数达800余人次。该实践活动重点宣讲了习近平总书记是全国各族人民衷心爱戴的核心，习近平总书记的核心地位是党的选择、人民的选择、历史的选择，是西藏各族人民心目中早已形成、早已扎根的核心，是中国特色社会主义事业从胜利走向胜利的根本保证，以及习近平总书记"加强民族团结、建设美丽西藏"的重要指示。教育引导广大干部职工知党恩、感党恩、报党恩，坚定不移跟党走，讲党恩爱核心，永做自觉维护祖国统一、维护民族团结、维护社会稳定、坚决反对分裂的好群众。

4. 2020年基本情况

自2020年"四讲四爱"主题教育活动开展以来，易贡茶场高度重视，认真加强组织领导，配备专职人员做好"四讲四爱"活动，以《"四讲四爱"2020年宣讲提纲》为遵循，按照茶场制定的方案，认真抓好宣讲工作，不断深入到职工群众家中、生产一线、田间地头进行宣讲，确保不偏、不空、不漏。同时，完成了易贡茶场"不忘初心、牢记使命"主题展览馆布展工作，以主题展览的宣传教育形式，将"四讲四爱"主题教育融入职工群众的日常生活工作中，增强和巩固共同团结奋斗、共同繁荣发展的意识，让职工群众在学习教育中进一步坚定知党恩报党恩、增强民族团结、勤劳脱贫致富的信念。

认真开展党风廉政教育。认真组织开展党章及党的十九届四中全会、党的十九届中央纪委四次全会等重要会议精神的学习，提高党员干部的政治素养和理论水平。加强党内纪律教育，牢固树立讲党性、讲规矩、讲程序、讲纪律意识，引导和督促党员干部严守党纪党规，恪守政治信仰，坚定政治立场，召开了专题党委会议，制定了"第一议题学习制度"，建立健全常态化的学习机制，确保中央、自治区、市及国资委重要文件和会议精神的及时传达和贯彻落实。

以党建促发展，通过开展党性教育、意识形态教育、党风廉政建设教育，党员职工率

---

① 自治区党委办公厅，关于开展"讲党恩爱核心、讲团结爱祖国、讲贡献爱家园、讲文明爱生活"喜迎党的十九大主题教育实践活动总体方案［N］. 西藏日报（汉），2017－03－27，第2版。

先垂范，引导周边的职工群众提高工作积极性、提高工作效率、提高职工主人翁意识。当年，易贡茶场茶叶生产销售工作取得了优异的成绩，即便受疫情影响，较 2019 年仍有较大提升。

为庆祝建党 99 周年，易贡茶场党委把组织生活与表彰活动结合起来，对 2020 年度先进党支部和优秀共产党员、优秀党务工作者进行表彰，特别表彰在抗击新冠肺炎疫情过程中表现优异的党支部，受表彰的有 2 个党支部，分别是茶叶一队党支部、茶叶二队党支部，表彰优秀党务工作者 6 人，表彰优秀共产党员 7 人。

二、丰富文化生活、满足精神需求

2008 年以来，易贡茶场各界领导班子高度重视精神文化生活的重要性，在硬件建设和文化氛围营造两个方面做了大量工作。

硬件建设方面，先后修建基层文化活动室、职工书屋及标准篮球场，配备音响及健身器材等，并修建"雪域茶谷"文化广场等。2009 年投资 1 万元新修单卡队党支部活动室一座；2011 年，优先安排资金在 4 个生产队（站）建立党员活动室、职工之家，丰富了群众文化生活，增强了党组织的凝聚力。

在文化生活组织形式方面，组建"雪域茶谷"艺术团，邀请国家一级演员、自治区著名歌唱家格桑曲珍等为茶场谱写"易贡茶歌"。在每个基层单位建立文化活动室和党员活动室，配备活动器材和图书馆，举办职工夜校，培训英语、汉语、藏语和计算机应用，加强藏汉文化交流，逐步改变了茶场以往"活动无阵地，基层无组织"的现象，提高茶场的文化生活水平，改善职工群众精神生活。通过"国旗飘起来、红歌唱起来、锅庄跳起来"等系列活动，积极开展"祖国在我心中"主题教育活动，使茶场的每一个下属单位和每一个家庭都悬挂国旗；同时，每天早、中、晚定时播放"红歌"，激发职工的爱国热情，并在每周周二、周五及周末的固定时间，组织职工跳"锅庄"、观看爱国电影，增进民族团结，丰富职工群众的文化生活。

加强企业文化建设。易贡茶场结合茶场实际生产情况，2019 年制定了《易贡茶场庆祝中华人民共和国成立 70 周年群众性主题宣传教育活动方案》。根据方案，分别在有机茶园、茶叶加工厂举办采摘茶叶、包装茶叶两项劳动技能竞赛。茶场把开展各类技能竞赛、文化娱乐活动作为加强企业文化建设的载体，不断丰富职工业余生活，增强企业和职工凝聚力，扎实推进西藏自治区"四讲四爱"主题教育实践活动，促进西藏民族团结。举办丰富多样的"十一"国庆庆祝活动，党委领导、援藏干部、基层职工共同参与，丰富了干部职工的业余精神文化生活，体现出了易贡茶场粤藏一家亲、民族大团结的良好风气。2020年5月，为创建"劳动光荣、争创一流"的良好劳动氛围，增强竞争意识和协作精神，提升职工的技能水平，在林芝市总工会的支持下，易贡茶场举办了"美丽林芝与你相伴——易贡云雾"采茶技能竞赛主题党日活动，在提升职工技能水平的同时，不断强化职工凝聚力（图1-6-10）。

图1-6-10 西藏卫视报道"美丽林芝与你相伴——易贡云雾"采茶技能竞赛①

---

① 西藏卫视2020年5月24日新闻联播，该报道内容视频详见央视网，网址：http://M. APP. CCTV. COM/VSETV/DETAIL/C11182/D33CF27E1C2D4EA2833B9CDEB4AF77B9/INDEX. SHTML♯0。

第七章　易贡茶场的发展方向
与基本启示

第一节　不断走向深化的农垦体制改革

农垦改革工作开展以来，易贡茶场贯彻落实《中共中央　国务院关于进一步推进农垦改革发展的意见》（中发〔2015〕33号）、《中共西藏自治区委员会、西藏自治区人民政府关于进一步推进全区农垦改革发展的实施意见》（自治区〔2016〕35号）以及《林芝市进一步推进国有农场改革发展实施方案》（林委〔2017〕24号）文件精神，按照农业部、自治区、市委、市政府关于深化农垦企业改革的部署，通过市委、市政府的正确指导，以实现农业现代化、农场企业化为思路，以促进易贡茶场经济和社会全面协调可持续发展为目标，探索实践、开拓创新、攻坚克难，不断深化农垦企业改革。目前，改革工作已初具成效。开展的工作主要有以下几个方面。

一、强化组织领导保障

农垦改革工作开展以来，易贡茶场认真学习贯彻中发〔2015〕33号文件精神，超前谋划、主动作为，在广泛征求群众意见的基础上，结合易贡茶场实际，制定了《林芝市易贡茶场深化农垦改革专项试点工作方案》，并填报了《深化农垦改革专项试点任务书》，做到了"改革思路明确、改革任务明确、改革时限明确、改革目标明确"。同时，西藏自治区、林芝市先后出台了推进农垦改革工作实施方案，加强改革工作指导力度，多次组织召开农垦改革工作推进会议，易贡茶场积极建言献策，针对改革工作中存在的热点难点问题以及改革工作开展中取得的经验与各方交流会谈，有效推进了改革工作顺利开展。

二、企业社会职能全部脱离

易贡茶场属正县级国有农场，社会职能部门有易贡茶场小学、易贡茶场卫生院、易贡茶场敬老院、易贡茶场警务站、易贡茶场水电站。按照属地管理的原则，易贡茶场领导班子多次与波密县人民政府协商，所有场办社会职能于 2016 年 6 月顺利脱离，全部移交波密县人民政府管理。其中，茶场小学在征得群众意愿的基础上，经易贡茶场与市、县教育局协商一致，迁至易贡乡合并教学；卫生院由波密县卫生局派遣医务人员，并负责卫生院医务人员的编制经费、医疗器械、药品等；易贡茶场警务站由波密县公安局派遣警力，并负责人员的编制经费、警用配套设施等；易贡茶场敬老院原有的 5 名孤寡老人在征得其本人同意后，送至波密县敬老院集中供养。

易贡茶场水电站始建于 1994 年，占地约 10 亩，有在职职工 12 人。该电站是易贡片区唯一电源，主要供易贡茶场、易贡乡以及部分八盖乡群众日常生产、生活用电。目前，国电林芝分公司以及波密县分公司工作人员已到易贡茶场详细调研了解了易贡茶场水电站各项情况，并将有关情况向其领导层做了汇报。2020 年，易贡茶场水电站已与林芝国网公司达成协议，通过与电力体制改革结合，跨越农电代管，全面实现直管，移交国网林芝公司。

通过农场办社会职能改革工作的开展，目前易贡茶场小学、卫生院、敬老院、警务站、电站均已完成脱离，无任何遗留问题，企业负担得以减轻，改革工作成效显著。

三、土地确权颁证工作全面完成

易贡茶场按照《林芝市进一步推进国有农场改革发展实施方案》（林委〔2017〕24 号）文件要求，在自治区农牧厅、国土厅、林芝市委、市政府以及市直各部门、波密县委、县政府、县直各部门的指导帮助下，委托拉萨市宏鼎工程测绘信息咨询有限公司开展土地确权工作。前期由于土地性质划定、权属来源调查、历史遗留问题等原因导致该项工作进展一直较为缓慢。2018 年，在林芝市、波密县林业、国土部门的大力指导帮助下易贡茶场土地性质划定以及权属来源问题已得以圆满解决。2019 年，全面完成农垦国有土地确权办证。共计确权土地 55 宗、27173 亩，其中农用地 41 宗，面积 23756 亩，建设用地 14 宗，面积 3417 亩，确权办证率 100%。同时，为推动企业发展、解决历史遗留问题、防止国有资产流失，此次有 52 宗土地（25000 亩）确权给了改制后的林芝农垦易贡茶业有限公司名下，3 宗土地（2173 亩）确权给了易贡茶场名下，为下步易贡茶场完成清产核资、彻底完成公司化改制做好了铺垫。

四、组建林芝农垦易贡茶业有限公司

坚持保留国有属性，在过渡期内保留"易贡茶场"。新组建的林芝农垦易贡茶业有限公司实行"两块牌子，一套人马"的运转模式，于2018年年底成立，与林芝市三家农垦集团子公司抱团，由林芝农垦实业有限公司统一管理。

第二节　擦亮茶叶品牌、援藏与脱贫攻坚战

多来源、多途径的援藏资金支持，为易贡茶叶产业的发展、茶场职工收入增加等提供了根本性的保障，从而为打赢脱贫攻坚战提供了坚实的产业基础。

一、广东省及广东地方政府援助资金

2010年7月至2013年6月，广东省佛山市为对口支援单位，该单位投资6000万元，对茶叶加工厂进行改造、维修场部旧危房、修建国资大道，还对200亩老茶园进行台刈改造等。2013年7月至2016年6月，广东省国资委为单独对口支援单位，该单位投资1.1亿元用于修建易贡茶场游客服务中心、修建水厂、改造易贡茶场电站、修建湿地公园等。第七批援藏易贡茶场工作组做了大量的工作，投入1.1亿元（其中省财政6000万元，省国资委系统5000万元），重点建设易贡茶场游客中心、自来水厂和水电站等项目。2016年7月至2020年年底，广东省珠海市为对口支援单位，截至2020年年底，共投入1900万元，主要用于易贡茶场游客服务中心二期工程及易贡茶场加油站改造等项目建设。

二、国家农垦、扶贫及产业资金

2016年，国家投入农垦扶贫资金1157.37万元，扩建茶园680亩，同时投入科技资金100万元，建成品种试验田45亩，引进白毫、福选9号及名山特早（213）种进行适应性研究，探索茶叶新品种在当地的高效种植技术。当年生产红茶、绿茶1.3万斤，砖茶10万斤，实现营业收入297万元。职工茶农通过项目增收、茶田管护等渠道实现收入显著提升，全场年人均收入达到10869元。2018年，易贡茶场争取到国家农业农村部农垦局以及市扶贫办产业扶持资金530万元用于新建860平方米标准化茶叶加工厂房、采购茶

叶加工设备 10 套以及装修拉萨专卖店。

三、西藏及林芝市资金

2018 年，易贡茶场争取到市财政茶产业扶持资金 2500 万元，计划用于茶田改造、新建茶苗繁育基地、新建茶园等项目，打牢基础，有序推进茶产业健康快速发展。申请林芝市 2017 年第二批脱贫攻坚统筹整合产业资金 600 万元，实施林芝市易贡茶场茶叶加工、营销改扩建项目。项目建设内容为对茶叶加工厂厂房进行改扩建，改造易贡场部销售部、拉萨销售部以及巴宜区销售部。

随着投入资金的力度和规模不断扩大，易贡茶场改扩建工程取得良好效果。

2017 年投入发改资金、农垦扶贫资金以及市级产业发展资金共计 1260 万元，扩建茶园 940 亩，仅通过项目全场人均增收 5800 元，产业基础进一步提升，全年实现营业收入 297 万元，全场人均收入达 16564 元。

2018 年投入科技资金、农垦扶贫资金、自筹资金以及市级产业发展资金共计 1453.1 万元，扩建茶园 500 亩，扩建厂房、仓库、晒场等 1758.15 平方米，改造面积 1300.66 平方米；新建围墙 212.97 米，地面硬化 602.2 平方米；拆除原有建筑物 250.82 平方米，土方回填 1681.1 立方米及配套设施购置安装等。采购茶叶加工设备 22 台（套），装修拉萨茶叶销售部 40.99 平方米、仓储一体楼 270.88 平方米。易贡茶场茶叶产销能力进一步提升，辐射全西藏地区，全年实现营业收入 506 万元，全场人均收入达 18218 元。

2019 年投入国有贫困农场扶贫资金 455.63 万元，企业自筹 121.17 万元，市级产业发展资金 1144.6 万元，扩建茶园 480 亩，建设苗圃繁育基地。易贡茶场作为林芝市茶产业龙头企业，在不断扩规模、打基础的基础上，开始实施西藏本土茶苗繁育，为林芝市茶产业发展提供造血能力。该年度实现营业收入 1000 万元，全场人均收入达 20677 元。

2020 年易贡茶场计划扩建茶园 800 亩，同时建设察隅、易贡标准化边销茶加工厂，发挥资源优势，整合林芝茶产业资源，打响林芝茶品牌。预计全年实现营业收入 1200 万元，人均收入达 24000 元，实现扭亏为盈。2020 年，易贡茶场茶叶产品已通过国务院扶贫办汇总备案，纳入了《全国扶贫产品名单》。

资金的投入带动了产业的发展，特别是茶场职工的就业问题得到较好解决，为打赢脱贫攻坚战奠定了基础。2012 年，易贡茶场实行"以工代赈"，由各基层单位成立"互助合作队"，并优先安排承建小额项目工程，为职工群众创收达 100 多万元。2016 年，易贡茶场经济总收入达到 1660.95 万元，同比增长 12.8%；茶农人均收入达到 10869 元，同比增长 10.8%；职工人均收入达到 32545 元，同比增长 11.3%；劳务收入达到 600 万元，同比增长 7%；多种经营收入达到 127 万元，同比增长 6%。通过这几年的改革发展，易贡茶场不断发展主导产业，扩大产业规模，创造了近 220 个就业岗位，先后解决了 200 余名待业人员的就业问题，通过与员工签订《劳动用工合同》，构建和谐用工关系，使易贡茶场适龄人员就业率、五险参保上缴率均达到 100%。茶农人均收入从 2013 年的年人均收入 3650 元到 2018 年的年人均收入达 18218 元，足足翻了近 5 倍。通过推动茶产业的发展，采取"企业＋基地＋农户"的农业产业化发展模式，与职工群众建立紧密的利益联结机制，把企业办成服务职工群众、带动职工群众增收致富的惠农型企业，解决他们的就业问题，构建和谐用工关系。职工群众就业问题解决的同时，收入也提高了，社会局势得以稳定。这更加坚定了易贡茶场作为农垦企业，打好脱贫攻坚战，率先全面实现小康社会的决心与信心。

为贯彻落实广东省第八批援藏工作队有关精准扶贫到户的文件精神，茶场安排 180 万元用于易贡茶场精准扶贫建设项目。经过权衡比较，易贡茶场选定茶叶单卡队作为本轮精准扶贫对象。因为在茶场 4 个生产队中，单卡队离易贡茶场有 100 多公里，是茶场的一块"飞地"，人均年收入低于 9000 元，28 户家庭有 13 户为低保户，占比 36%。为做好扶贫工作，茶场多次组织人员实地调研，考虑到单卡队独特的地理位置和天然资源，采取集中建设方案，实施家庭旅馆计划。此项目预计平均每年为单卡队每户获得利润 5000 多元。

易贡茶场不仅积极解决本场内的贫困问题，还积极为当地政府的扶贫问题排忧解难。2016 年，林芝市政府下达对口帮扶波密县易贡乡 5 户建档立卡贫困户精准扶贫任务。经深入调研后，易贡茶场划拨 50 亩新扩建的茶园给五户建档立卡贫困户进行管护，并对他们进行技术指导，前三年茶苗成长期每年支付 600 元/亩的管理费，每年每户将增收 6000 元，茶苗度过成长期，进入稳产期后，从他们手中收购鲜叶，收购价格与茶场职工一致，茶园管理得当预计将创造 28000 元/年/户的收益。茶园收益期极长，在可以预见的期限内，这些贫困户的收入将有稳定的增长。

另外，设立扶贫济困及助学基金。2014 年对 310 户特困、贫困家庭及 7 名五保人进行救济，解决特困家庭子女上大学问题。发放扶贫济困资金 60 多万元，助学资金 35 万元。

第三节　打造红色茶旅小镇促进生态文明

2020 年 8 月，习近平在中央第七次西藏工作座谈会上强调，保护好青藏高原生态就是对中华民族生存和发展的最大贡献。要牢固树立绿水青山就是金山银山的理念，坚持对历史负责、对人民负责、对世界负责的态度，把生态文明建设摆在更加突出的位置，守护好高原的生灵草木、万水千山，把青藏高原打造成为全国乃至国际生态文明高地。要深入推进青藏高原科学考察工作，揭示环境变化机理，准确把握全球气候变化和人类活动对青藏高原的影响，研究提出保护、修复、治理的系统方案和工程举措。要完善补偿方式，促进生态保护同民生改善相结合，更好调动各方面积极性，形成共建良好生态、共享美好生活的良性循环长效机制。要加强边境地区建设，采取特殊支持政策，帮助边境群众改善生产生活条件、解决后顾之忧。

长期以来，易贡茶场自觉落实习近平总书记指示，大力推进生态文明建设，既要金山银山，也要绿水青山。充分利用茶场"国家地质公园""高原氧吧""天然植物园""有机茶园""红色旅游"等独特资源，加大旅游宣传力度，努力建设"雪域茶谷"现代农业与观光区，积极打造"中国户外运动之乡"，吸引更多游客来到茶场，已初见成效。2007年出版的《旅游手册　西藏》中，对易贡茶园生态旅游区做了详细介绍："易贡茶园是世界上最高的茶场，茶树生长于海拔最低1900米，最高2300米的易贡河谷及易贡湖四周，这里气候温和，湿度大，日照不强烈，土壤肥沃，最适合茶树生长。"

2012年，茶场紧抓落实经济林项目，种植经济林木3000多亩，改善茶场环境质量，增加茶场职工群众的经济收入。

2014年，茶场结合有机茶认证和红色旅游区建设需要，对茶叶加工厂进行改扩建并整治美化周边环境。在茶场国资大道两边修建人行道及排污设施，对国资大道进行绿化美化；按国家有机茶生产加工建设标准，对茶叶加工厂进行改扩建，整治周边环境；建设红色文化景区。对茶场场部电线、光缆走向进行重新规划，全部地下铺设，消除安全隐患；通过召开大会宣传国家土地法律法规、进队入户做工作等活动，加强茶场土地管理和使用。在茶场藏族干部的共同努力下，根据茶场和旅游发展需要，2014年7月收回土地1360亩，涉及茶场居民93户，其中拆迁9户。

2014年，茶场还全面启动易贡茶场旅游项目建设，打造"红色易贡""绿色易贡""生态易贡"。旅游项目规划占地1600亩，建设项目包括易贡有机生态茶园种植与观光体验区、特色产品及旅游综合服务中心（含湿地公园、山顶公园、藏家乐旅馆、红色文化旅游区、桃花观光园等项目）等。项目已于该年5月30日开工建设，计划建成后引进专业旅游管理公司运营管理，形成以茶叶带动旅游，以旅游带动茶叶，茶叶与旅游相互促进的产业新格局。

2016年，易贡茶场共开展环境综合整治12次，整治区域包括场部及下辖各队。在环境综合治理工作上，组织成立生态环境监管和创建工作领导小组，严格制定适合易贡茶场各队村情的环境生态保护机制，与各队签订了生态环境保护目标责任书，各队与各双联户户长签订责任书，将生态环境保护工作纳入各队"双联户"年度评奖评优及"两委"班子年终考核。大力开展"白色污染"治理工作，在易贡茶场的人口聚集地、风景区大力开展"禁白"工作，严格依照"重防范、抓落实、促发展"的要求，加强生活垃圾的收集与处置，并雇用专人负责打扫场部及各队人口聚集地的环境卫生，形成环境卫生保护长效机制。大力实施植树造林工程，不断加强林政管理，严厉打击林业违法行为，强化森林病虫害监测和防治工作，并加大生态林管护工作。此外，加强环境保护宣传力度，当年共开展环境保护主题宣传4次，参与群众900余人。

易贡茶场茶旅小镇的建设也已取得良好成绩。游客中心总建筑面积6000平方米，设有标准间28间、套房2间；藏家乐（贵宾楼）总建筑面积2700平方米，共10栋（每栋有3～5间不等）。游客中心主楼两侧设有餐厅、宴会厅、茶坊、会议室和多功能室，室外设有篮球场2个。目前，游客中心房间已安装空调、水电，家具、电视及床上用品基本配齐，但厨房设施、健身房、会议室等尚需配套；游客中心10栋别墅，已经装修3栋，其余会根据之后的发展情况继续装修。

第四节　解决民生问题以防范化解风险

1990年代之前，易贡农场是西藏的兴旺之地，只需完成上级安排的生产任务，不用考虑销路。但没有了国家统一收购后，易贡茶场不知如何打开销路，开始难以为继。改制失败，更让这所曾弥漫着革命激情的茶场陷入了困境。

1998年国企改制风行，易贡茶场也在当地政府的主持下，引进一家重庆的企业成立股份制公司，与西藏林芝地区易贡茶场共同成立"西藏太阳农业资源开发有限公司"。1998年4月6日和12月22日，西藏太阳农业资源开发有限公司以没有担保能力的、杨盛礼和贺兴友的另一家公司作担保，以技术改造为名，从中国建设银行西藏自治区分行骗取贷款两次，共计2700万元；1999年5月3日和6月8日，西藏太阳农业资源开发有限公司以低于贷款金额的易贡茶场部分土地使用权设定抵押担保，从中国农业银行拉萨市分行先后两次骗取贷款共计2600万元。2000年4月，西藏林芝易贡茶场发生了泥石流灾害，杨盛礼、贺兴友虚构5300万资金用途，欲借灾害冲销银行贷款。

这演变为西藏自治区建区以来涉案金额最大的贷款诈骗案，涉案金额5300万，在西藏自治区引起巨大反响。贷款诈骗案给茶场职工生活带来了极大困难，他们诉诸众多形式和途径反映各种情况，得到上级部门的重视。2005年东窗事发时，这些资金仅有少部分用于茶场经营，大部分都被挪为他用，茶场一蹶不振。当时茶场拖欠职工工资 360 万元，欠缴职工社会养老统筹金 2700 万元、公积金 1000 万元。由于欠缴养老金，职工无法正常退休，易贡茶场成为当地的上访大户。

2008 年江秋群培、朗色、朗聂三名副县级干部进驻茶场时，尚有 2050 多万元本息未偿还（其中本金 850 万元，利息 1200 多万元），茶场拉萨尼玛酒店、八一镇小芳村酒店和亚圣加工厂产权仍抵押于自治区建行，茶场名下资产几乎为零。在自治区党委常委、常务副主席丁业现、地委书记赵世军、行署专员旺堆、地委副书记、组织部长达瓦欧珠和广东省国资委、广东省建设银行的积极争取和大力帮助下，中国建设银行总行于 2014 年 4 月同意豁免茶场所欠贷款利息 1200 多万元，850 万元本金也得到解决。历史债务问题的解决，为易贡茶场盘活资产提供了契机。

2008 年以后，各届领导班子都视民生问题为第一要务，特别是广东援藏工作队的入驻，让易贡茶场有了翻天覆地的变化。2009 年，江秋群培写信给林芝地委，请求将茶场作为广东援藏的地点，并指名要黄伟平来茶场工作——之前三年黄伟平在察隅农场担任党委书记，将该农场从破产边缘挽救了过来。易贡茶场数百公里外的察隅农场的变化让易贡茶场职工看到了希望。其实，当时易贡茶场更切实的想法是希望广东援建能带来资金和项目，更切实的考虑是通过广东将茶厂的茶叶销售出去。正如职工安青所言："我们是茶场，要把茶叶卖出去，广东应该会有办法。"

2010 年 3 月，广东援藏工作队的到来，确实产生了预期中的变化。2010 年，在援藏项目资金尚未到位的情况下，易贡茶场先期启动急需的民生项目建设，投入 20 万元，完成了"饮水保障工程"和电站的基本维护，兴建了茶叶加工厂的冲凉房、公共厕所等公共设施。2010—2013 年，6000 余万元广东援藏资金陆续到位，西藏自治区政府也豁免了欠缴养老金、拨款补发了工资，茶场有了喘息的机会。

另一方面，事关职工生命财产安全的民生事项，也很快得到解决。羌纳村（茶叶一队）地处洪水、山体滑坡和泥石流多发地区，2007 年曾连续两次发生泥石流灾害，林芝地区国土局随即选派专家组进行地质勘查，要求"对羌纳村 89 户 386 人实行整体搬迁"。按照上报的搬迁工作方案，2010 年 7 月 20 日，工作组向援藏工作队递交《关于解决受地质灾害威胁的易贡茶场羌纳村整体搬迁资金缺口的请示》。7 月 23 日，援藏干部、地区发改委李兴文副主任提出审批建议"为确保 386 人的生命财产安全，建议特事特办"。李雅林常务副书记到茶场现场办公，当即批示："同意，请项目组与易贡茶场抓好落实，并做好跟踪。"

2012 年，羌纳村地质灾害搬迁工程顺利进行，已经完成 89 户搬迁户的搬迁工作，全部入住新居；另外，羌纳村排污、道路、厕所和冲凉房等配套设施也已修建完成，保障了茶场广大职工群众的生命财产安全，大大提升了茶场职工的生活水平。同年，为进一步使茶场广大职工群众安居乐业，茶场紧抓落实危旧房改造工程，茶场119户的危旧房改造工作完成，所有改造户已住进新居，极大地改善了茶场的居住环境及生活质量。

正如时任茶场副书记江秋群培所言："40个事关全场基础设施和群众生产生活的援藏建设项目在这里上马，茶场历年背负的2732.78万元社会保险和沉重债务全部得到清欠，不仅498名低保困难职工从此衣食无忧，连曾经遭遇亚洲最大泥石流灾害威胁的羌纳村89户居民，也全都住进了人人羡慕的'小康示范村'。"[①] 如今，茶场里村村有文化活动室，有硬化道路，有清洁饮用水，有排污设施；茶农家家户户有新房，有电灯电话电视机，有厕所、冲凉房和太阳能热水，八连、单卡等偏远闭塞的连队村寨也都结束了60年不通路、不通电的历史。

在紧急的危难时刻，易贡茶场更是注重民生工程的建设。2016年10月11日至13日，受区域连续性强降水诱发，易贡茶场场部及茶叶二队所在地发生特大泥石流灾害，对场部及茶叶二队区域形成严重威胁，造成的经济损失也极为严重，由于党委班子及时发现险情，及时指挥撤离群众，并无人员伤亡。当年，26户受灾群众已得到妥善安置，其中被冲毁的2户已重新选址并开始施工建设；茶场小学1～6年级复学率100％，水电路设施已全部恢复，茶园、农田及植被已基本恢复。

因此，白龙沟的治理是关乎茶场周边群众安危的民生工程。按照林芝市委、市政府的部署，经水利专家和茶场党委研究，白龙沟的治理按轻重缓急分三步实施：临时疏通堵塞河道，引导旱季小规模径流；实施应急排险工程，在泥石流决口发生河段设置铅丝笼块石导流墙、丁字坝，开挖扩大过水流断石，过流雨季洪水；实施白龙沟地质灾害治理工程，治理白龙沟内易发生泥石流物源，沿沟口下游3公里河岸修筑混凝土防洪堤，抵御可能再次发生的泥石流。

围绕这些步骤，易贡茶场着力推进以下几项工作：一是临时疏通白龙沟河道。易贡茶场干部职工不等不靠，提早谋划，提前行动，从2017年1月4日至1月25日共22天时间，出动人员132人次，大型机械设备88台次，共计清理河道1800米，清理泥沙、石块9.8万立方米。二是"白龙沟泥石流应急排险工程"先行施工。"白龙沟泥石流应急排险工程"项目由林芝市水利局协调设计单位进行设计，实施方案已于2017年2月23日在拉萨评审通过，项目总投资484.66万元。目前已施工完毕并投入使用。三是白龙沟地质灾

---

① 杨连成、尕玛多吉，西藏易贡茶场：唱响雪域茶谷的赞歌［N］．光明日报，2012-10-11。

害治理工程。白龙沟地质灾害治理工程已完成可行性研究和初步设计，并于 2017 年 4 月 21 日通过由林芝市政府组织的专家会审，概算投资约 3200 万元。

第五节　以茶产业筑牢中华民族共同体意识

习近平总书记在中央第七次西藏工作座谈会上强调，必须坚持治国必治边、治边先稳藏的战略思想，必须把维护祖国统一、加强民族团结作为西藏工作的着眼点和着力点，必须坚持依法治藏、富民兴藏、长期建藏、凝聚人心、夯实基础的重要原则，必须统筹国内国际两个大局，必须把改善民生、凝聚人心作为经济社会发展的出发点和落脚点，必须促进各民族交往交流交融，必须坚持我国宗教中国化方向、依法管理宗教事务，必须坚持生态保护第一，必须加强党的建设特别是政治建设。

易贡茶场始终把促进民族团结作为援藏工作的生命线。易贡茶场原是西藏的上访大户，也是维稳重点单位。茶场干部通过认亲结对交朋友、创建"双联户"等一系列措施，促进民族团结，维护了茶场社会的和谐稳定。茶场被授予林芝地区 2013 年度"民族团结进步模范集体"称号和"县级双联户先进单位"称号。

易贡茶场通过从内地不断吸收消化茶科技，引进和更新制茶设备，提升了茶产业的竞争力，在茶叶种植面积、茶叶产量等方面有了稳步提升，同时茶产业有了较大发展，近几年茶叶产值和销售额增长迅速，已经实现扭亏为盈。有效提高了茶场员工的收入水平，他们普遍表示生活水平与 20 年前相比，已经有了翻天覆地的变化。广东援藏工作组一系列工作措施巩固脱贫成果，促进了茶场高质量、上规模发展，提高了职工群众收入和藏区人民生活质量。援藏促进了茶产业发展工作取得明显成效，促进了汉藏民族融合，有助于筑牢中华民族共同体意识，受到了自治区、广东省和林芝市各级政府的高度重视。自治区齐扎拉主席、庄严常务副主席、坚参副主席等领导对援藏促进茶产业发展的工作多次批示肯定。

同时，易贡茶场"四讲四爱"群众教育实践活动领导小组深入各连队开展宣讲革命历史、爱国主义教育等活动，2020 年受教育职工群众达 300 余人次。教育引导广大干部职工群众知党恩、感党恩、报党恩，坚定不移跟党走，讲党恩爱核心，做自觉维护祖国统一、维护民族团结、维护社会稳定、坚决反对分裂的好干部好职工好群众。

中国农垦农场志

第二编

易贡茶场相关资料

中国农垦农场志

第一章 茶场基本信息

第一节 2020 年组织架构及机构设置情况

1. 茶场组织架构示意见图 2-1-1。

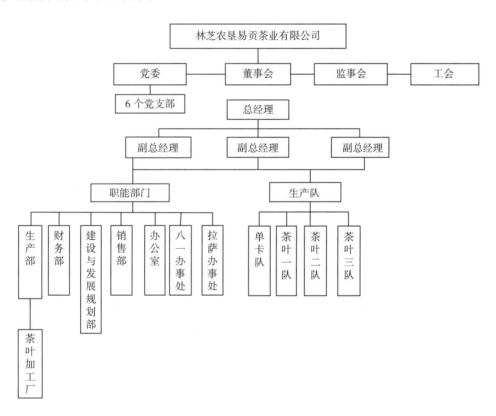

图 2-1-1 易贡茶场组织架构示意图

2. 机构设置情况

（1）党政办公室（纪检监察部、人事科）

茶场党委办公室、茶场办公室合署办公，统称党政办公室，加挂纪检监察部（审计部）、劳资科牌子。主要职责：制定易贡茶场办公和会议制度，组织茶场重要会议；协调各部室工作；负责茶场文电、公文把关以及印鉴、文书档案管理；起草重要会议报告和文件；办理茶场的人事任免、劳动工资工作；茶场日常党政工作的组织、协调、管理及党员队伍建设工作；茶场场务公开和民主管理工作；负责茶场大宗物资采购；茶场电子场务建设、组织、宣传等工作；管理茶场日常党务及工青妇等工作，起草上报相关文件；负责茶场司机班司机的管理；监督茶场各项工程建设，确保工程质量；负责茶场的纪检监察及审计工作；监督检查茶场的各项财务收支；监督茶场各部门及下属单位干部的违法违纪行为；完成上级纪检监察、审计部门交办的各项任务等；领导交办的其他工作。高建新任主任，主持办公室工作。

（2）生产经营部（销售部）

生产经营部与销售部合署办公，主要职责：组织指导茶叶加工厂茶叶生产、加工；负责茶叶推广及销售工作；负责茶场茶田改扩建工作；负责茶场的安全生产；领导交办的其他工作。尼玛次仁任部长。

（3）财务部

主要职责：落实国家财经法纪，制订茶场财务、会计核算管理制度；编制茶场年度成本、利润、资金、费用等财务指标预算；负责茶场日常财务管理、财务支出和结算工作，按年度编制财务报表，按季度编制财务快报；负责申报国家各项补贴资金；监督茶场大宗物资采购；按照上级有关部门做好茶场的各项数据统计工作，及时对外报送经济数据；领导交办的其他工作。白玛旺姆任部长。

（4）后勤部（保卫科、警务室）

后勤部与保卫科、维稳办合署办公，主要职责：负责管理茶场职工食堂、招待所；维护茶场场部安全；协助警务站维护茶场辖区的治安及维稳工作；完成上级交办的维稳工作，在重要节假日及特殊时期制定维稳方案；负责接受茶场职工群众上访、回访工作；领导交办的其他工作。普布次仁任部长。

（5）规划发展部

负责茶场项目规划实施工作，协助茶场领导做好茶场整体发展部署。杜改莲任部长。

（6）场属单位

①茶叶加工厂

负责茶场茶鲜叶收购、茶叶加工及新茶开发，茶叶品牌注册及有机茶认证等工作。安青任厂长，普桃、丁增曲珍任副厂长。

②湖景宾馆

易贡茶场住宿接待宾馆，同时对外营业，接待前来易贡旅游参观的游客。

③茶叶生产队

目前茶场有4个生产队，负责茶场茶田管理和茶叶采摘。阿祖任茶叶一队党支部书记，旺久任队长；索朗群培任茶叶二队党支部书记，仁青扎西任队长；李卫东任茶叶三队党支部书记，才旺尼玛任队长；边巴任单卡队党支部书记，扎青任队长。

④易贡电站

易贡电站是茶场、易贡乡唯一电站，除供应易贡茶场用电外，还为八盖乡部门片区以及易贡乡提供生产生活用电，站长为索朗顿珠。

⑤卫生所

易贡茶场卫生所主要为茶场辖区职工群众提供看病就医服务，田华担任所长。

⑥易贡茶场中心小学

易贡茶场中心小学属波密县教育局管辖，目前有在校生 116 名，教职工 16 人，设置 1～6 年级教学班。李秀清任校长。

⑦其他场属单位

茶场目前在拉萨设有办事处，在林芝地区巴宜区有亚圣加工厂和小芳村宾馆（巴宜区办事处）。

第二节　公司党建、班子及人事情况

1. 领导班子组成

（1）党委班子（5人）

曹玉涛　党委书记，广东省第九批援藏干部

戴　宝　党委委员、副总经理，广东省第九批援藏干部

才　程　党委委员、副总经理，本地干部

黄华林　党委委员，广东省第九批援藏干部

林锦明　党委委员，广东省第九批援藏干部

（2）经理层（5人）

曹玉涛　党委书记，广东省第九批援藏干部

戴　宝　党委委员、副总经理，广东省第九批援藏干部

才　程　党委委员、副总经理，本地干部

黄华林　党委委员，广东省第九批援藏干部

林锦明　党委委员，广东省第九批援藏干部

2. 2020 年易贡茶场党委下属党支部构成

2020 年易贡茶场党委下属党支部构成见表 2-1-1。

表 2-1-1　2020 年易贡茶场党委下属党支部构成

党支部名称	支部书记	纪检委员	组织委员	宣传委员
机关党支部	普桃	才吉卓玛	其美扎西	索朗拉姆
茶叶一队党支部	陈凯	阿旺尼玛	扎西顿珠	尼玛次仁
茶叶二队党支部	索朗群培	索朗江村	江措	德吉央宗
茶叶三队党支部	李卫东	浪卡	丁增平措	尼玛旺扎
单卡队党支部	边巴	白玛顿珠	成崃旺加	
边扎八一党支部	白玛旺姆	建安	陈奕	冬梅

注：截至 2020 年底，茶场党委班子成员 21 人，全场共有干部职工 289 人；共有 6 个党支部，党员 89 人。

3.2017—2018 年职工情况统计

2017—2018 年职工情况统计见表 2-1-2。

表 2-1-2　2017—2018 年职工情况统计

年度	在职职工情况																				其他		
	在职职工总数	性别		民族			最高学历					年龄结构				中层人员			当年新招录人员	当年退岗职工人数	在职党员人数
		男	女	藏族	汉族	其他	高中及以下	中专	大专	本科	研究生	30岁及以下	31~40岁	41~50岁	51岁以上	小计	正职	副职			
2017	290	152	138	283	7	0	287	1	2	0	0	50	123	115	2	11	7	4	3	12	84
2018	290	162	128	284	6	0	287	1	2	0	0	46	117	116	11	11	7	4	0	0	89
2019	285	157	128	279	6	0	283	1	1	0	0	41	115	112	17	11	7	4	0	5	89
2020	288	168	120	281	7	0	165	1	7	3	0	52	110	107	19	11	7	4	10	7	89

第三节　2017—2020 年生产经营情况

一、2017—2020 年易贡茶场生产经营情况

2017—2020 年易贡茶场生产经营情况见表 2-1-3。

表 2-1-3　近四年部分财务数据统计表

年份	资产总额（万元）		负债总额	资产负债率（%）	利润总额（万元）		营业总收入（万元）		职工人均月收入（元）	
	本年	同比增长率（%）			本年	同比增长率（%）	本年	同比增长率（%）	本年	同比增长率（%）
2017	7449.80	22.89	5379.60	72.21	−722.10	−85.15	294.49	−4.39	2966	9.37
2018	10766.20	44.52	9389.83	87.22	−450.3	37.68	506.01	72.83	2858	−3.64
2019	11147.62	3.54	10066.66	90.30	−295.41	34.40	1000.60	97.74	2540	−11.13
2020	12303	10.36	11001	89.42	218	26.2	814	−18.64	3141	23.66

注：2017—2020 年，公司的营业总收入变化较小，2020 年实现总营业收入为 814.00 万元，较 2019 年同比减少 186.6 万元。2020 年利润总额为盈利 218 万元。

二、2017—2020 年易贡茶场资产总额和资产负债情况

2017—2020 年易贡茶场资产总额和资产负债情况见图 2-1-2。

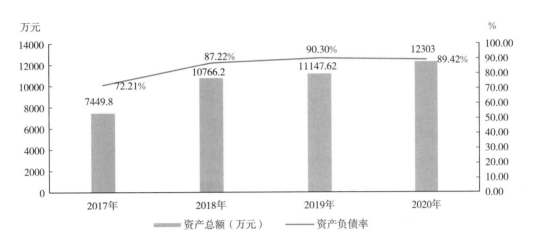

图 2-1-2 2017—2020 年资产总额和资产负债率

注：2017—2020 年，公司资产总额逐年上升，2020 年资产总额为 12303 万元，资产负债率为 89.42%。

三、2017—2020 年易贡茶场职工平均月收入

2017—2020 年易贡茶场职工平均月收入见图 2-1-3。

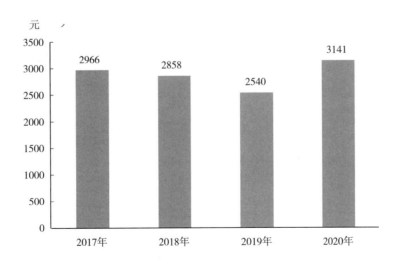

图 2-1-3 2017—2020 年职工平均月收入（元）

注：2020 年人均月工资为 3141 元。

第四节　产品品类及包装

易贡茶场主要产品品类及包装见表2-1-4。

表2-1-4　易贡茶场主要产品品类及包装

编号	产品	产品图片
1	易贡红·臻选	
2	易贡绿·臻选	
3	易贡红·特选	
4	易贡红·特选小盒	

（续）

编号	产品	产品图片
5	易贡绿·特选	
6	易贡绿·特选小盒	
7	易贡红绿·特选	
8	精选红罐	
9	精选绿罐	

（续）

编号	产品	产品图片
10	精选红袋	
11	精选绿袋	
12	精选红袋新	
13	精选绿袋新	

（续）

编号	产品	产品图片
14	低氟砖茶	
15	易贡红·特级	
17	纪念茶饼	
18	易贡红·一级	

（续）

编号	产品	产品图片
19	易贡云雾	
20	砖茶	
21	林芝春绿	
22	黑金茶	

（续）

编号	产品	产品图片
23	黑金块（饼）	
24	黑金砖	
25	易贡金砖	
26	易贡金砖	

第五节　茶场重要管理制度

林芝市易贡珠峰农业科技有限公司章程

（2020 年 3 月 30 日修订本）

第一章　总　　则

第一条　根据《中华人民共和国公司法》（以下简称《公司法》）、《中央组织部国务院国资委关于中央企业党委在现代企业制度下充分发挥政治核心作用的意见》（中办发〔2013〕5 号）、《中共中央　国务院关于深化国有企业改革的指导意见》（中发〔2015〕22号）、《国务院办公厅关于进一步完善国有企业法人治理结构的指导意见》（国办发〔2017〕36 号）、《中共林芝市委员会印发〈关于进一步加强和改进国有企业党的建设工作的实施意见〉的通知》（林委〔2017〕129 号）、《关于扎实推动国有企业党建工作要求写入公司章程的通知》（林市国资党〔2017〕25 号）及有关法律、法规规定，由林芝市人民政府国有资产监督管理委员会出资设立林芝市易贡珠峰农业科技有限公司（以下简称公司），特制定本章程。

第二条　本章程中的各项条款与国家宪法、法律、法规、规章不符的，以宪法、法律、法规、规章的规定为准并据其相关规定修改章程。

第二章　公司名称、住所和法定代表人

第三条　公司名称：林芝市易贡珠峰农业科技有限公司

第四条　公司住所：西藏林芝市易贡茶场

第五条　公司法定代表人：嘎路

邮政编码：860000

第三章　公司经营范围

第六条　公司经营范围：种植业、农畜产品收购、加工、销售（须经依法批准的项目，经相关部门批准后方可经营该项目）。

第四章　公司注册资本

第七条　公司注册资本：20 万元人民币

第五章　股东名称

第八条　股东名称：林芝市人民政府国有资产监督管理委员会

证件名称：中华人民共和国组织机构代码证

证件号码：78354822 - 3

住　　所：西藏自治区林芝市巴宜区八一镇广福大道 69 号

第六章　股东出资方式、出资额、出资时间

第九条　出资方式：股东以货币出资 20 万元人民币。

出资金额：以货币形式注入资本金 20 万元人民币，公司以 20 万元货币资金登记注册，占注册资本的 100％。

出资时间：按成立日期 2008 年 12 月 23 日前缴足。

第七章　股东的职权和义务

第十条　股东的权利。

（一）决定公司的经营方针和投资计划；

（二）决定有关董事、监事的报酬事项；

（三）审批董事会的报告；

（四）审批监事会的报告；

（五）审批公司的年度财务预算方案、决算方案；

（六）审批公司的利润分配方案和弥补亏损的方案；

（七）对公司增加或者减少注册资本作出决定；

（八）对发行公司债券作出决定；

（九）对公司合并、分立、解散、清算或者变更公司形式作出决定；

（十）制定和修改公司章程；

（十一）享有法律、行政法规规定的其他权利。

第十一条　股东应履行的义务。

（一）遵守公司章程；

（二）公司设立登记前一次足额缴纳出资额；

（三）以货币出资的，将其货币出资额足额存入公司在银行开设的账户；其他非货币出资的资产应尽快依法办理财产权转移至公司名下的手续；

（四）公司成立后，不得抽逃出资；

（五）享有法律、行政法规规定的其他义务。

第八章　公司的机构及其产生的办法、职权及议事规则

第十二条　公司不设股东会。

第十三条　公司设董事会，由 5 名董事组成。董事成员由林芝市人民政府国有资产监督管理委员会委派 3 名董事和职工代表大会选取职工代表董事 2 名。董事长由林芝市人民政府国有资产监督管理委员会从董事成员中指定。董事任期每届为三年，任期届满，经林芝市人民政府国有资产监督管理委员会同意方可连任。

若林芝市委市政府另有规定的，按规定执行。

第十四条　董事会行使下列职权。

（一）审定公司的经营计划和投资方案；

（二）制订公司的年度财务预算方案、决算方案；

（三）制定公司的利润分配方案和弥补亏损方案；

（四）制订公司增减注册资本以及发行公司债券的方案；

（五）制订公司合并、分立、变更公司形式、解散的方案；

（六）决定公司内部管理机构的设置；

（七）决定聘任或者解聘公司经理及其报酬事项，并根据经理的提名决定聘任或者解聘公司副经理、财务负责人及其报酬事项；

（八）制定公司的基本管理制度；

（九）对股东负责，行使股东授权的其他职权；

（十）公司章程规定的其他职权。

第十五条　董事会会议由董事长召集和主持；董事长不能履行职务或者不履行职务的，由半数以上董事共同推举一名董事召集和主持。

第十六条　董事会会议应有过半数的董事出席方可举行；董事会决议的表决，实行一人一票；董事会做出决议，必须经全体董事的半数以上通过。

第十七条　公司董事长、董事及其他高级管理人员，未经林芝市人民政府国有资产监督管理委员会同意，不得在公司以外的其他有限责任公司、股份有限公司或者其他经济组织兼职。

第十八条　公司设总经理 1 名，由董事会聘任或解聘。经林芝市人民政府国有资产监督管理委员会同意，董事会成员可以兼任总经理。

总经理对董事会负责，行使下列职权：

（一）主持公司的生产经营管理工作，组织实施董事会决议；

（二）组织实施公司年度经营计划和投融资方案；

（三）拟订公司内部管理机构设置方案；

（四）拟订公司的基本管理制度；

（五）制定公司的具体规章制度；

（六）提请聘任或者解聘公司副经理、财务负责人；

（七）决定聘任或者解聘除应由林芝市人民政府国有资产监督管理委员会、董事会决定聘任或者解聘以外的负责管理人员；

（八）公司章程规定和董事会授予的其他职权。

第十九条　公司设监事会，由 5 名监事组成。监事会成员由林芝市人民政府国有资产监督管理委员会委派 3 名监事，职工代表大会选取职工代表监事 2 名。监事会主席由林芝市人民政府国有资产监督管理委员会从监事会成员中指定。监事任期每届为三年，任期届满，经林芝市人民政府国有资产监督管理委员会同意方可连任。

第二十条　监事会行使下列职权：

（一）检查公司财务；

（二）对董事、高级管理人员执行公司职务的行为进行监督，对违反法律、行政法规、公司章程或者董事、高级管理人员提出罢免的建议；

（三）当董事、高级管理人员的行为损害公司及职工利益时，要求董事、高级管理人员予以纠正；

（四）公司章程规定的其他职权。

监事可以列席董事会会议。

第二十一条　监事会议事程序。

（一）监事会每年度至少召开一次会议，监事可以提议召开临时监事会会议；

（二）监事会会议应当由全体监事参加；监事若不能参加会议，应当向召集人请假并委托其他监事行使表决权。监事会决议必须经全体监事成员的半数以上通过；

（三）监事会主席召集和主持监事会会议，监事会主席不能履行职务或者不履行职务的，由半数以上监事共同推举一名监事召集和主持监事会会议；

（四）监事会应当对所议事项的决定做成会议记录，出席会议的监事应当在会议记录上签名，监事有不同意见应在会议记录中予以记载。

第九章　公司的法定代表人

第二十二条　总经理为公司的法定代表人，任期为三年，经股东同意可以连任。

第二十三条　法定代表人行使下列职权：

（一）检查董事会决议的实施情况，并向出资人报告；

（二）代表公司签署有关文件；

（三）在发生特大异常事故（如自然灾害等）的紧急情况下，对公司事务行使特别裁决权和处置权，但这类裁决权和处置权须符合公司利益，并在事后向出资人报告；

（四）推荐公司副经理、高级管理人员及专业技术人员人选，提交董事会任免。

第十章　党的建设

第二十四条　为加强党对国有企业的领导，充分发挥国有企业党组织领导核心、政治核心作用和基层党组织战斗堡垒作用，围绕企业生产经营开展工作，根据《中国共产党章程》（以下简称《党章》）规定，在公司中设立中国共产党的组织，建立党的工作机构，配备党务工作人员。

第二十五条　为有效开展党的工作，党组织机构设置、人员编制纳入公司管理机构和编制，党组织工作经费纳入公司预算，从公司管理费中列支。

第二十六条　根据《党章》和《中国共产党和国家机关基层组织工作条例》有关规定，公司设立中国共产党林芝市易贡珠峰农业科技有限公司委员会（以下简称公司党委）和中国共产党林芝市易贡珠峰农业科技有限公司纪律检查委员会（以下简称公司纪委）。

第二十七条　公司党委和公司纪委的书记、副书记、委员的职数按上级党组织批复设置，并按照《党章》等有关规定选举或任命产生。

第二十八条　公司党委设党群工会办作为工作部门，同时设立工会、团委等群众性组织；公司纪委设纪检监察室作为工作部门。

第二十九条　公司坚持和完善"双向进入，交叉任职"的领导体制，坚守党组织在企业法人治理结构中的法定地位。符合条件的党委成员可以通过法定程序进入董事会、监事会、经理层，董事会、监事会、经理层成员中符合条件的党员可以依照有关规定和程序进入党委。

公司下属企业的党组织根据党员人数单独或合署设立相应的工作机构。

第三十条　公司党委的主要职责：

（一）发挥政治核心作用，围绕公司生产经营开展工作。保证监督党和国家的方针政策在公司的贯彻执行，推动公司积极承担经济责任、政治责任和社会责任。

（二）加强自身建设，突出思想政治引领，严明政治纪律和组织纪律，严格党内政治生活，带头改进工作作风，强化组织建设和制度建设，夯实发挥政治核心作用的基础。

（三）履行全面从严治党主体责任，领导、推动党风廉政建设和反腐败工作；支持和保证纪委落实监督责任。统筹内部监督资源，建立健全权力运行监督机制，加强对公司领导人员的监督，建设廉洁企业。

（四）加强基层党组织和党员队伍建设，强化政治功能和服务功能有机统一，更好发挥基层党组织战斗堡垒作用和党员先锋模范作用。

（五）领导公司思想政治工作、精神文明建设和工会、共青团等群众组织，支持职工代表大会开展工作，坚持用社会主义核心价值体系引领企业文化、精神文明和品牌形象建设，做好信访稳定等工作，构建和谐社会。

（六）落实党管干部和党管人才原则，按照建立完善中国特色现代企业制度的要求，适应市场竞争需要，建设高素质经营管理者队伍和人才队伍，领导公司统战工作，积极做好党外知识分子工作。

（七）支持股东、董事会、监事会、经营管理层依法行使职权，推动形成权力制衡、运转协调、科学民主的决策机制，确保国有资产保值增值。

（八）参与公司重大事项决策。

第三十一条　党委参与决策的公司重大事项：

（一）公司贯彻执行党的路线方针政策、国家法律法规和国有资产出资人重要决定的重大举措；

（二）公司发展战略、中长期发展规范；

（三）公司经营方针；

（四）公司资产重组、产权转让、资本运作和大额投资中的原则性、方向性问题；

（五）公司重要改革方案的制定、修改；

（六）公司合并、分立、解散以及内部管理机构的设置和调整，下属企业的设立和撤销；

（七）公司中高层经营管理人员的选聘、考核、薪酬、管理、监督；

（八）提交职工代表大会讨论的涉及职工切身利益的重大事项；

（九）重大安全生产、维护社会稳定等涉及公司政治责任和社会责任方面采取的重要措施；

（十）公司党委应当参与决策的其他重大事项。公司董事会决策重大事项时，应当事先听取公司党委的意见。公司党委对董事会拟决策的重大事项进行讨论研究，提出意见和建议。未经党委会研究的重大事项不得提交其他决策机构研究。

第三十二条 党委参与重大问题决策主要程序：

党委召开党委会对董事会、经理层拟决策的重大问题进行讨论研究，提出意见和建议；进入董事会、经理层尤其是任董事长或总经理的党委成员要在议案正式提交董事会或总经理办公会前就党委的有关意见和建议与董事会、经理层其他成员进行沟通；进入董事会、经理层的党委成员在董事会、经理层决策时，要充分表达党委意见和建议，并将决策情况及时向党委报告；进入董事会、经理层的党委成员发现拟做出决策不符合党的路线方针政策和国家法律法规，或可能损害国家、社会公众利益和企业、职工合法权益时，要提出撤销或缓议该决策事项的意见，会后向党委报告，通过党委会形成明确意见向董事会、经理层反馈，如得不到纠正，要及时向上级党组织报告。

第三十三条 公司纪委主要职责：

（一）维护党章和其他党内法规；

（二）检查党的路线、方针、政策和决议的执行情况；

（三）协助党委加强党风廉政建设和组织协调反腐败工作，研究、部署纪检监察工作；

（四）贯彻执行上级纪委和公司党委有关重要决定、决议及工作部署；

（五）对党员进行党纪党规的教育，做出维护党纪的决定；

（六）对党员领导干部行使权力进行监督；

（七）按职责管理权限，检查和处理公司所属各单位党组织和党员违反党的章程和其他党内法规的案件；

（八）受理党员的控告和申诉，保障党员权利；

（九）应由公司纪委决定的事项。

第十一章　会计、财务及劳动用工制度

第三十四条 公司应当依照法律、行政法规和国务院财政主管部门的规定建立本公司的财务、会计制度，并应在每一会计年度终了时制作财务会计报告，委托国家承认的会计师事务所审计并出具书面报告，并应于第二年5月31日前报送林芝市人民政府国有资产监督管理委员会。

第三十五条 劳动用工制度按国家法律、法规及国务院劳动部门的有关规定执行。

第十二章　出资人认为需要规定的其他事项

第三十六条 公司的营业期限自公司营业执照签发之日起计算。

第三十七条　公司有下列情形之一时，可以解散：

（一）股东决定公司解散的；

（二）公司章程规定的营业期限届满或者公司章程规定的其他解散事由出现时；

（三）公司经营管理发生严重困难，继续存续会使出资人、债权人利益受到重大损失，通过其他途径不能解决的；

（四）因公司合并或者分立需要解散的；

（五）公司违反法律、行政法规被依法吊销营业执照或者被责令关闭的。

第三十八条　公司解散时，应依照《公司法》的规定成立清算组对公司进行清算。清算结束后，清算组应当制作清算报告，报股东确认，并报送公司登记机关，申请注销公司登记，公告公司的行为终止。

第十三章　附　　则

第三十九条　本章程经股东批准之日起生效。本章程未尽事宜，按照国家法律法规或有关规定执行。公司董事会通过并经股东批准的有关公司章程的补充决议，公司董事会依照本章程制定的各项管理制度，均视为本章程的一部分与公司章程具有同等的法律效力。

第四十条　本章程未规定的其他事项，按《公司法》的相关规定执行。

第四十一条　本章程由林芝市人民政府国有资产监督管理委员会负责解释。

董事会会议制度

依照《中华人民共和国公司法》和《公司章程》，制定本制度。

一、会议召集和主持

董事会会议由董事长召集和主持。董事长因特殊原因不能履行职务时，由董事长指定副董事长或其他董事召集和主持。

二、出席会议人员

董事会全体董事（董事因故不能出席，可以提交书面意见）。党委委员、经营班子成员、监事会主席列席；

总法律顾问、监事会主席指定的专职监事列席有关议题；公司职能部门负责人、有关项目负责人或主办人根据需要可列席有关议题；

必要时可邀请上级主管部门派员列席。

三、会议内容

（一）拟订和修订公司章程；

（二）决定公司基本管理制度；

（三）决定公司发展战略规划、经营方针、经营目标；

（四）决定公司内部管理机构的设置；

（五）制定公司投资计划，决定公司的经营计划和投资方案；

（六）制定公司的年度财务预算方案、决算方案、利润分配方案和弥补亏损方案；

（七）审定国有资产收益分配方案，审议批准全资、控股企业的收益分配方案；

（八）制订公司增加或减少注册资本以及发行公司债券的方案；

（九）审议批准全资、控股企业增加或减少注册资本方案；

（十）按有关规定和程序决定国有资产产权转让案；

（十一）根据企业领导人员管理权限，按有关规定和程序聘任或解聘总经理；根据总经理的提名聘任或解聘副总经理、其他高管人员、财务负责人、人事负责人；

（十二）制订公司合并、分立、解散或者变更公司形式、申请破产的方案；

（十三）审议和批准总经理工作报告以及提出的议案；

（十四）市国资委和公司章程规定的应由董事会审议的其他事项。

四、会议组织

（一）董事会会议由董事长提出会议时间和初步拟定的议题，综合办发出会议预通知；办公室领导负责收集其他董事提出增加议题的意见，报经董事长审定会议议题，综合办再发出会议正式通知；

（二）会议预通知于会议召开十天以前印发给各董事；会议正式通知于会议召开五天以前印发给各董事；会议材料由综合办于会议召开五天以前发送给各董事；

（三）会议记录由办公室负责，出席会议的董事应当在会议记录上签名，并有权要求在记录上做出某些记载；董事会会议记录由综合办立卷归档，永久保存；

（四）董事会做出决议或决定，必须获得全体董事半数以上通过方能生效。董事会会议实行一人一票制；

（五）《董事会会议纪要》和根据会议决定事项单项制作的《董事会决议》由办公室负责整理。《董事会会议纪要》和《董事会决议》均需要呈报与会董事审核签名，由董事长（或主持会议的副董事长、董事）审定后，印发各董事及有关单位；

（六）参加董事会会议人员须严肃纪律，严守机密，不得违反规定泄漏会议内部讨论情况和尚未正式公布的议定事项。

五、会议时间

董事会会议原则上每季度召开一次。因工作需要，经三分之一以上董事提议或董事长认为有紧急事由时，可临时召开董事会会议。董事会会议有二分之一以上董事出席方有效。

场长办公会议议事规则

第一章 总 则

第一条 为完善企业法人治理，保障管理层依法合规行使职权、履行职责，保证场长办公会议决策的科学化、规范化、程序化，根据《公司法》《公司章程》等有关法律法规和规范性文件规定，结合本场实际情况，特制定本规则。

第二章 议事范围

第二条 场长办公会议的议事范围包括：

（一）研究制订我场发展战略和发展规划，提前审议；

（二）研究制订我场年度生产经营计划、年度投融资计划、年度预算方案等，前置审议；

（三）研究制订我场及所属控股、参股重组、改制、合并、分立、解散、清算和变更企业形式、重大资产处置、产权转让方案等，提前审议；

（四）研究编制我场季度报告、半年度报告、年度报告等定期报告，提前审议；

（五）讨论制订我场的基本管理制度，需提前场部审议的提前场部审议；

（六）研究执行场部决议的工作措施；

（七）研究实施我场批准的年度生产经营计划、年度投融资、年度预算方案的具体工作措施；

（八）研究制订我场内部组织机构设置及定岗、定编、定员，审定人事任命和工作调整方案；

（九）研究制定或修订我场员工工资、福利方案，决定场部员工奖惩、加薪或减薪事项等。

第五条 根据《公司章程》和管理制度规定通过日常业务流程可以解决处理的问题，以及经营班子成员分工范围内决定或解决的事项，不再提交场长办公会议研究。

第三章 办会流程

第六条 综合办负责场长办公会议的具体落实和执行，具体职责包括：

（一）负责收集会议议题，组织对会议议题材料进行初审和汇总，并报请场长审定；

（二）负责根据场长确定的会议召开时间、地点、参会人员、议题和议程，发出会议通知并做好相关会议事项通知工作；

（三）负责在会前准备好与会议召开相关的材料、工器具、电子设备等，负责落实会议召开时的签到工作，维持会场纪律；

（四）负责整理会议记录、会议纪要等相关会议资料；

（五）负责对会议安排和落实的事项进行督察督办，并定期向场长汇报；

（六）负责做好会议相关电子、纸质材料及相关影像资料的存档和保管工作；

（七）其他事宜。

第七条　综合办落实场长办公会议的相关事宜。

第八条　场长办公会议原则上每月召开一次，具体召开时间由综合办报请场长批准后落实，场长办公会议应遵循以下办会流程：

（一）组织和筹备会议

1. 收集会议议题；

2. 初审会议议题内容；

3. 确定会议议题、时间、地点、参会人员，发出会议通知。

（二）召开会议

依照会议议程，讨论审议会议议题。

（三）跟踪检查会议议题落实情况

1. 确认会议议题讨论审议情况；

2. 整理发布会议纪要；

3. 跟踪检查会议议题及相关事项落实执行情况，并向场长汇报。

（四）实施结果评估和考核

对会议安排事项的落实情况和相关人员的具体执行情况依据会议要求进行评估，并抄送劳资科进行考评。

第四章　会议的组织和筹备

第九条　场长办公会议的组织和筹备工作由综合办具体负责落实，主要事项包括：收集会议议题，初审会议议题内容，发出会议通知等。相关涉及部门必须积极配合。

第十条　场长办公会议议题由场长提出。本单位经营班子其他成员、各部门也可提出议题建议，但须经场长审查同意后方可上会。

第十一条　综合办负责会议议题的具体收集和汇总，填写《场长办公会议拟上会研究议题审批表》，报分管领导审核、场长审批后执行。

第十二条 各部门根据业务工作开展情况、部门职责和场长办公会议召开时间，认真做好提交场长办公会议研究议题材料的准备工作。

（一）议题为规章制度类的，主办部门必须事先征求我场领导和相关部门意见，并根据征集意见进行修改完善后，再提交场长办公会议讨论研究；

（二）议题内容涉及多个部门工作的，主办部门必须主动征求其他部门和相关分管领导的意见，各相关部门要积极配合，在提出可行性的处理建议或方案后，再提交场长办公会议讨论研究；

（三）议题内容按照国家规定要求由中介机构提供专业审查、咨询意见的，由主办部门负责联系具备资质的中介机构出具专门的报告，随同部门意见一并提交场长办公会议研究；

（四）议题涉及合同审定的，主办部门必须事先征求茶场领导和相关部门意见，提出可行性的处理建议或方案后，提交场长办公会议讨论研究；

（五）主办部门对提交场长办公会议研究的议题应提交书面报告，报告中须明确部门的建议、意见或观点。主办部门在报告中应提供充足的依据和理由，并对决策可能出现的后果或成为先例的影响作出评估说明；

（六）各部门在做好场长办公会议议题的准备工作中，应将相关议题资料呈报分管领导审核同意后，报送综合办组织相关部门和人员进行初审，初审合格后，一并汇总报送场长审查确定；

（七）准备工作不充分或审议条件不成熟的议题，不得提交场长办公会议审议研究。

第十三条 综合办应对相关人员提交的会议资料的质量进行评估。

第十四条 会议议题经场长审查批准后，由综合办拟定会议通知，经批准后发出会议通知。

第五章　会议的召开

第十五条 所有参会人员应准时参会，若确因特殊情况不能按时或不能参加会议的，应向会议主持人请假，综合办予以备案。

第十六条 会议召开前，所有参会人员实施签到，会议过程中严格遵守会场纪律。综合办负责做好会议记录。

第十七条 场长办公会议原则上按照每次审定的议程和议题执行，若临时需要也可进行调整。每个议程和议题按照以下流程执行：

（一）主办部门对议题内容和材料做演示和说明；

（二）参会人员对议题发表意见和建议，并进行修改和调整；

（三）对议题是否审议通过作出判定，并就具体落实措施做要求。

第十八条　原则上会议中对会议材料进行修订后，应在会议现场将修订后的材料及时发送给各参会人员；若涉及重大事项或重要材料，会议过程中应同时安排至少 2 人进行记录和修改，现场校对确认，并同时将修订后的材料及时发送给各参会人员。若会议中作特别说明无须发送给各参会人员，以会议要求为准。

第十九条　会议结束时，所有参会人员应对会议内容进行确认，即在会议记录上签字确认。

第六章　会议事项跟踪落实

第二十条　会议结束后，综合办应立即对会议审议议题情况进行整理，并将会议中修改确定的议题资料附后，参会人员签字确认后报场长审批，作为会议纪要编写及会议事项落实及督察督办的依据之一。

第二十一条　综合办负责按公文处理程序拟定会议纪要，参会人员签字确认后报场长审批并印发。

第二十二条　场长办公会议决定的事项，按照分工分别由场长或党委班子成员负责组织有关部门和相关企业贯彻落实。场长办公会审议通过的规章制度，按照公文印发程序印发和执行。

第二十三条　场长办公会议决定的事项，因特殊原因或不可抗力因素导致情况发生变化，不能按原决定贯彻执行时，主办部门可提请场长办公会议复议。

第七章　附　　则

第二十七条　本规则由综合办负责解释。

第二十八条　本规则自颁布之日起执行。

附件：《场长办公会议拟上会研究议题审批表》

场长办公会议拟上会研究议题审批表

时间：   编号：

会议次数				
会议时间		会议地点		
会议主持		会议记录		

会议议题及参会人员

会议议题	责任部门	参会人员	备注

综合办		分管领导	
场长审批			

财务管理制度

第一章　总　　则

第一条　为了加强我场管理和会计核算工作，提高财务管理水平，实现会计工作规范化，为茶场领导经营决策提供及时、准确的会计信息和决策依据，促进茶场做大做强，特制定本制度。

第二条　本制度依照《中华人民共和国企业国有资产法》《中华人民共和国会计法》《企业财务通则》和有关财务审计管理的法律、法规建立内部财务审计管理制度。

第三条　本制度的宗旨是：在我场领导下，通过科学管理，合理运营，以期茶场在保证社会效益合理化的前提下，经济效益最大，效率最高，效力最佳。

第四条　以茶场持续、正常的经营活动为前提，按权责发生制原则处理日常财务审计事务，以每年的 1 月 1 日—12 月 31 日为会计期间归集收益费用及成本项目，编制会计报表。

第五条　记账方法采用借贷记账法。会计核算以人民币为本位币。

第二章　财务管理制度

第一条　库存现金管理

1. 我场收入现金应于当日送存银行。当日送存确有困难的，须于次日送存；逢银行公休不营业时，可暂存保险柜，但必须向茶场报告。

2. 茶场财务出纳的库存备用金和茶场收入的库存现金限额为 20000 元。

3. 任何人无权从此款项中直接支付任何形式的费用，任何人不得将个人物品、票据、现金等存入保险柜，违者重罚。

4. 因特殊情况需坐支现金的，须提交书面报告茶场领导批准。

5. 不准将茶场收入的现金以其他个人名义存入储蓄账户；因特殊情况应书面请示茶场领导批准。

6. 茶场员工用于办理业务的借款，期限不超过一个月，超出的应挂账，以减少账面现金余额。

7. 会计要每半月或不定期与出纳员盘点库存现金，检查是否有挪用现金、白条顶库、超限额留存现金以及账款是否相等；如发现上述情况应及时向茶场领导报告。

8. 对以上责任人有违犯国家法律、法规及茶场规定者，视情节将予以从严处罚；情节严重的送交司法机关处理。

第二条　银行存款管理

1. 银行存款应根据业务需要和币种的不同，开设不同的账号。

2. 因公需使用支票、汇票或电汇等银行转账结算方式支付货款和费用时，应由经办人填写借款单，注明用途、金额、收款单位名称及账户、开户行名称，经财务科经营班子签字同意后，出纳方可办理有关结算（盖章等）手续，否则不予办理。汇票一律记名；能确定收款对象的应详细填明收款单位；确定不了的，应填写汇款人指定的姓名。单位和个人在管理汇票时应认真提交银行验证，如丢失，应立即向银行挂失，并承担相应的经济赔偿责任。

3. 所有通过银行转账支付的货款和费用，不论是本单位还是外单位，一律由茶场出纳或茶场指定人员随行投递。

4. 严禁签发空头支票，否则，由此造成的罚款损失，由渎职者承担其全部责任。

5. 支付款项要有必要的依据，如工程合同、购货合同及购货发票、有关部门审核的结算书、完工验收手续、对方发票、付款通知书、监审会计及领导审批意见等。

6. 没有经过上述审批手续而擅自支付款项的，根据茶场相关规定追究责任人责任。

7. 及时与银行进行对账。

第三条　应收款管理

1. 坚持钱货两清原则，尽量减少和避免债权债务的发生。

2. 对于茶场的销售款项要保证第一时间收取，收取款项时应态度温和，行动积极。收取的款项为银行转账的，应及时取得银行收款凭证；收取的款项为现金的，应当日存入银行。

3. 对已发生的债权债务及其他应收款要及时进行调查、清理。

4. 对超过一定期限的债权，建立收款责任人制，包干到人，限期收回。

5. 定期分析应收款的详细情况，根据风险程度按规定提取坏账准备金。

6. 对到期的债务要按时进行归还或办理延期手续。

7. 建立应收款情况跟踪和对账制度，防止失去诉讼时效。对应收款和售房的分期付款的客户，掌握每笔应收款的收回时间。

第四条　工资管理

1. 茶场员工年度工资及资金总额，员工的工资标准和奖励方法，由负责人提出方案，报经营班子审定。

2. 实行工资总额与经济效益挂钩的工资制度，奖金按下达的利润基数及实际完成的利润额分别提取，采取平时预提、年终结算的方法，提取比例年终由经营班子审定。

3. 茶场按当地劳动管理部门规定缴交养老保险金、失业保险金、医疗（生育、工伤）保险金和住房基金。缴纳标准按相关部门核准的缴纳基数计算，员工应缴纳部分由茶场代扣。

4. 茶场所有员工的个人收入按照国家规定缴纳个人所得税，由茶场代扣代缴。

第五条　票据管理

1. 发票、收据购领由财务科凭所需资料向税务机关统一购领。

2. 购领的发票、收据由主办会计（发票管理员）保管，建立登记簿，做好领用、保管、注销登记工作，严防被盗、丢失。

第六条　票据使用

1. 出纳或收款员向主办会计领取发票使用，并在登记簿上签名；

2. 领票人领票时应认真核定编号、数量；

3. 开具发票时应内容详细、字迹清楚、大小写相符，不准涂改；收款人及开票人处必须写上全名。

4. 领取空白发票后必须由综合管理部盖发票专用章，并办理登记手续。

5. 领票人要妥善保管好空白发票，如有遗失，领票人要承担相应责任。

6. 领票人开具发票收到现金，应于当天存入银行；如当天不能存入银行的，按库存现金管理规定办理。

7. 发票管理员定期复核已开具的发票款额，是否全额存入银行；如已存入，在发票存档的记账联上签名，并注明凭证号。

8. 每月末领票人当月使用的每本发票填写的合计金额填写在发票的封面。

第七条　票据的注销

1. 定期（一个月）将已开具的发票向综合管理部办理盖章发票注销手续。

2. 领票人用完每一本发票，必须将发票封面上的内容填写完整，向发票管理员办理注销登记手续。

领用的发票办理注销手续时，发票管理员严格审核开具票据的金额，对作废票据应注明"作废"划销，并保证无缺联，同时检查所填写的金额是否已全部存入银行无误后方可签字予以核销。如已开票，但款未存的，应查明原因，并追究其责任。

第八条　根据茶场业务控制情况

在签订对外经济合同时，随时向综合管理部等部门提供财务数据，同时审核合同中的涉及茶场财务状况的数字。

第九条 每月 20 日前，各部及时向计财部报送下月用款计划及所需资金量。

第十条 计财部根据各部报送的用款计划，综合茶场的管理费用等。

第十一条 为保证茶场资金量充足，渠道畅通，保证项目所需，各部门应按规定时间报送用款计划。如因迟报而影响用款，发生在哪个环节就由哪个环节所涉及的部门负责，并追究责任人的责任。

第十二条 应报用款计划的部门而未报，视同下月不需用款，计财部将不再安排该部门款项。

第十三条 材料部临时购买材料应向财务部报送《单项材料设备议价报批表》或《材料单价报价表》。

第三章 会计档案管理制度

第十四条 财务档案管理严格执行财政部、国家档案局颁布的《会计档案管理办法》。

第十五条 会计档案是指会计凭证、会计账簿和财务报告等会计核算专业材料，以及其他应保存的会计资料，如银行存款余额调节表、银行对账单等。

第十六条 财务部的会计档案由主办会计负责保管。每月月初对上月发生的会计资料整理立卷，装订成册，分门别类存入文件档案柜。

第十七条 会计档案不得借出。如有特殊需要，必须经经营班子领导批准，可以提供查阅和复制，并办理登记手续。

第十八条 会计档案的保管期按照《会计档案管理办法》分为 3 年、5 年、10 年、15 年、25 年和永久保存。

第四章 附 则

第十九条 本管理制度自 2019 年 11 月 1 日起开始施行。

人事管理办法

为加强易贡茶场人事管理工作，使之规范化、程序化、制度化，根据《劳动合同法》，并结合我场实际，制定本办法。

第一条 适用范围

本办法适用于林芝市易贡茶场、林芝市易贡珠峰农业科技有限公司、林芝农垦易贡茶业有限公司。

第二条 用人申报

由用人单位填报企业招录人员方案，经茶场劳资科审核后报茶场党委会议或场长办公会议讨论通过，并按有关程序办理。

第三条 人员录用

人员录用坚持德才兼备的用人标准，贯彻公开、平等、竞争、择优的原则。进人方式采用公开招聘或直接考核录用。

（一）公开招聘。公开招聘工作由劳资科根据茶场领导班子决策组织实施。

1. 公开招聘对象的基本条件

（1）具有中华人民共和国国籍，遵守国家宪法、法律，具有良好的品行；

（2）符合岗位任职资格条件；

（3）35周岁以下，身体健康；

（4）具有中级以上专业技术资格人员年龄可放宽至45周岁。

2. 公开招聘程序

（1）公布招聘岗位、资格条件；

（2）组织报名和资格审核；

（3）视岗位情况组织笔试和面试工作；

（4）组织拟录用人员进行体检；体检医院为市、县综合性医院；

（5）用人企业对体检合格人员组织考核；

（6）用人企业提出拟聘用意见并报市人社局审核。

（二）直接考核录用。因管理岗位和专业技术岗位空缺，急需用人的情况下提出申请，经市人社局调查审核后按程序办理相关录用手续。

1. 直接考核录用条件

（1）具有中华人民共和国国籍，遵守国家宪法、法律，具有良好的品行；

（2）具有全日制本科以上学历的人员，或者具有中级以上专业技术职称的人员，符合岗位任职资格条件；

（3）35 周岁以下，身体健康；

（4）具有中级以上专业技术资格人员年龄可放宽至 45 周岁。

2. 直接考核录用程序

（1）资格审查。直接考核录用人员须带上最高学历证明、学位证明、专业证书、获奖证书及身份证（原件和复印件）等相关材料。

（2）市人社局会同我单位对直接考核录用人员进行考核，以确保企业人才的素质。

（3）组织拟录用人员进行体检。

（4）提出拟录用意见并报领导班子审核。

（三）办理录用手续。市人社局审核后按程序办理相关录用手续。

第四条 劳动合同订立

（一）国有企业与职工按照平等自愿、协商一致原则，签订劳动合同，依法确立劳动关系。已建立劳动关系，未同时订立书面劳动合同的，应当自用工之日起一个月内订立书面劳动合同。并按规定办理社会保险手续。

（二）新进人员实行试用期制度，试用期包括在劳动合同期内。试用期时间按《中华人民共和国劳动合同法》执行。根据《中华人民共和国劳动合同法》规定，做好劳动合同的变更、续订、终止、解除等各项工作。

第五条 实行考核评议制度

（一）国有企业对员工实行定量考核与定性评价相结合的考评制度。对重要岗位上的管理人员要实行定期述职报告制度，并建立考评档案。考评结果的确定，以工作实绩为主，参考民主评议意见。

1. 试用考核：员工试用期间（三个月）由本单位负责考核，期满考核合格者，填具"试用人员考核表"经场长办公会议或党委会议批准后正式录用，报市国资办备案。

2. 平时考核：由本单位各依照通用的考核标准和具体的工作指标考核标准进行，通用的工作指标、考核标准和考核表由劳资科拟制及修订。

3. 中层及以下人员的考核结果由劳资科保存，作为确定薪酬、培养晋升的重要依据。

（二）考核结果分为优秀、合格、基本合格、不合格四个等次。考核结果作为续聘、解聘、奖惩、调整岗位和晋升工资的依据。考核结果以书面形式通知被考核人，被考核人对考核结果有异议的，可向本企业考核领导小组申请复核。

考核办法参照事业单位考核办法执行。

第六条　建立培训机制

（一）国有企业要形成培训与考核、使用、待遇相结合的激励机制。坚持先培训后上岗制度，对按规定必须持职业资格证书上岗的职工，应在其取得相应职业资格后方可上岗。要建立和完善知识更新培训机制，提高职工素质，增强职工创新能力。

（二）新员工进入本单位后，须接受本单位概况与发展的培训以及不同层次、不同类别的岗前专业培训，培训时间应不少于 20 小时，合格者方可上岗。新员工培训由本单位根据人员录用的情况安排，在新员工进入本单位的前三个月内进行，考核不合格者不再继续留用。

（三）本单位所有员工的培训情况均应登记在相应的《员工培训登记卡》上，《员工培训登记卡》由用人企业保存在员工档案内。

第七条　本意见由易贡茶场负责解释。

第八条　本办法自发文之日起执行。

安全生产管理制度

第一条 严格遵守公司各项规章制度及操作规程，坚守工作岗位，确保安全生产。

第二条 操作人员进入岗位前必须将工作服、帽穿戴整齐，紧束袖口，女工将头发辫扎在工作帽内。

第三条 开机前必须对设备进行全面检查，确认设备状况正常后方可开机运行。

第四条 开机后，设备经一定时间空转，观察设备运转是否正常，要特别注意新换零件以及经维修的设备，待运转正常后方可投料生产。

第五条 严禁带电作业。

第六条 严禁用硬物敲打管道与设备。

第七条 各生产设备应严格按该设备的操作规程进行操作。

第八条 服从管理、听从安排，未以批准，不得私自更换工作岗位，严禁在车间做与工作无关的事。

第九条 严禁私自更改工具和任意拆卸车间内各种机械设备、电器和消防设施。

第十条 严禁非生产人员（包括小孩）及外来人员无故进入生产车间，有事必须有管理人员陪同方可进入。

第十一条 工作人员上班必须穿工作服、戴工作帽、工作口罩等。

第十二条 严禁酗酒后进入车间，严禁在车间内吸烟和携带易燃易爆物品及有毒物品进入生产车间。

第十三条 工作人员因违反操作规程或擅离岗位而引起的事故，应追究当事人责任。

第六节　易贡茶场国有建设用地面积

易贡茶场国有建设用地情况见表 2-1-5。

表 2-1-5　易贡茶场国有建设用地面积

预编宗地号	地类代码	面积（平方米）	面积（亩）	备注
GB00001	081	486152.12	729.23	茶叶场部
GB00002	081	872021.2	1308.03	茶叶场部
GB00003	071	5716.31	8.57	茶叶二队
GB00004	118	2425.92	3.64	茶叶二队（水厂）
GB00005	071	136122.9	204.18	茶叶三队
GB00006	071	73365.03	110.05	茶叶三队
GB00007	071	36450.07	54.68	茶叶一队
GB00008	118	19848.23	29.77	茶叶一队（电站）
GB00009	071	166331.32	249.50	茶叶一队
GB00010	071	79144.66	118.72	茶叶一队
GB00011	071	217327.53	325.99	茶叶一队
GB00012	071	40512.28	60.77	茶叶一队
GB00013	071	16247.31	24.37	茶叶一队
GB00014	071	126621.98	189.93	茶叶一队
合计	/	2278286.86	3417.43	/

第二章 相关记录资料

第一节 易贡湖的由来

费金深[①]

与古乡冰川相隔不远的易贡地区，是另一个冰川泥石流发育的地区。易贡藏布江下游有个易贡湖，湖长 20 公里，宽 2 公里，周围雪山环绕，青松遍野，果木成林，气候宜人，真是一个风景如画的美丽地方。易贡，藏语的意思，就是美丽的地方。

可是，易贡湖这个美丽的湖泊，它的形成史，却包含着一段触目惊心的苦难故事。

1900 年以前的地图上，这里没有湖泊，易贡藏布江畅流无阻。

1900 年藏历 7、8 月间，位于现在湖口左岸的那条名叫章陇弄巴的河流，在断流 15 天后，突然发生了一次特大的冰川泥石流。据当时目睹这次泥石流爆发的老人说，那天下午、突然山谷雷鸣，大地颤动，深褐色的泥石稠浆，好像一条暴龙，穿过章陇弄巴峡谷，滚滚向前涌来，5 公里以外的房屋都被震得摇晃起来。泥石流出沟后，龙头越过易贡藏布江，在对岸山坡上逆坡而上，顷刻之间造成一道 60～80 米高的拦江大坝。

从此，便有了易贡湖，地图上开始出现它的名字。

（选自费金深编著：《冰川的故事》，科学普及出版社 1979 年，第 87 页）

第二节 易贡的建设者

朱龙和[②]

引 子

易贡，也称"叶贡""野贡"，藏语的意思是"美丽"。这里地处藏东雅鲁藏布江大拐

---

① 费金深，当代科普作家，1939 年生，长期在甘肃兰州中国科学院兰州冰川冻土研究所工作，1978 年加入中国科普创作协会，1979 年加入中国作家协会甘肃分会。先后出版了十种科普著作：《冰雪世界》（科学出版社 1978 年出版）、《冰川的故事》（科普出版社 1979 年出版）、《雪和冰的故事》（甘肃人民出版社 1980 年出版）、《珠穆朗玛峰科学考察散记》（天津科技出版社 1981 年出版）、《雪》（宁夏人民出版社 1982 年出版）、《冰雪王国导游》（地质出版社 1986）、《冰川奇观》（上海教育出版社 1986 年出版）、《中国的自然奇观》（宁夏人民出版社 1986 年出版）等。

② 朱龙和，1956 年调藏，曾任自治区基本建设委员会副主任等职，1985 年内调，任无锡市政协副主席。

弯附近，多云多雨多雾，山上森林郁郁葱葱，山间泉水叮咚，山顶白雪皑皑，山下湖泊水平如镜，四季鲜花不断，林中药材丰富，真如人间仙境，是川藏公路边一颗璀璨的明珠，是旅游的好去处。然而，在 20 世纪 60 年代以前，易贡还只是名不见经传的波密县易贡区委所在地的一个小山村，除当地农民猎户外，很少有外来人涉足。1964 年夏季开始，这里轰轰烈烈的建设，打破了往日的宁静。很快，一片崭新的建筑群就出现在这宛如仙境的山谷之中：易贡开始了新的征程。

一切从零开始

一九六四年，我任西藏建筑公司经理，七月的一天，自治区工业建筑地质局党组书记周川萍找我和公司党委副书记赵洪海谈话，传达中共西藏自治区工委的决定：在昌都地区波密县易贡建自治区三线基地，工委已成立了三线建设"101 工程建设指挥部"，并已进驻易贡，局党组决定由我带队尽快组织队伍进易贡。公司党委立即召开党委扩大会议传达和听取意见建议。公司党委认为易贡建设是政治任务，必须坚决执行，同时考虑到这一项工程时间紧、任务重、难度大，最大难题是组织地方建筑材料的生产，全要从零开始：工程所需木材，要就地伐木加工；砖瓦，要就近寻找黏土建厂烧砖；石灰，也要找石灰矿石建窑烧石灰；石料，要就地开采加工等，就连施工队伍住的帐篷也要求不带或少带，就地取材搭建工棚。经过学习讨论和研究，达成了共识，公司机关和各厂队首批进易贡人员主要是负责资源调查勘探、筹备建厂等基础工作，由于进场单位和部门较多，公司必须加强协调领导。经局党组同意公司组建易贡工区，并建立党的总支委员会，由我兼任总支书记、工区主任。公司办公室主任蔺祖壁任总支副书记；公司材料科科长秦远厚任工区副主任；公司主任工程师崔家玉、生产计划科副科长陈启发、材料科副科长向德才同志到易贡工区工作。与此同时，木材加工厂厂长任忠明、砖瓦厂厂长陈润泽、采石场场长邓超礼、施工二队支部书记王延龄、队长刘洪恩、汽车队胡东旭、安装队王庆龙等带领各厂（场）队部分人员于八月初进易贡，与我们同行的还有局设计室的易贡设计组人员。

易贡的建设者 40 公里路程汽车开了 5 个多小时

我们去易贡前就听说从通麦大桥至易贡的 40 公里路，全是便道、路窄、车子难行，所以从林芝进易贡那天，天不亮就出发，赶到通麦吃中饭，中午从通麦大桥离开川藏公路进易贡，估计 40 公里路，有 2 至 3 个小时总会到了吧。结果，车子开进易贡山沟，才走了几公里，就发现那路比想象中的还要坏得多：这条路本来是西藏军区生产部在易贡办农场修的一条简易便道，农场的来往车子少，还可以走走，现在进出易贡的车子多了，又是雨季，被车轮一碾压，路中间形成一条高埂，边上两条沟，沟深的地段，汽车后桥被搁起来，后轮就打滑空转，我们同行的有 3 辆车：两辆解放货车，一辆嘎斯六九（吉普车）。车上的 20 多人只好下车，挖高埂、搬石块、填坑沟，都成了修路工，一路走一路修，有时前面车子陷进沟里，用后面的车把它拖出来，搬来石头，填沟再走，有时前面车子开过去了，后面的车子又陷进去了，前面的车子再倒回来拖后面的车，一个小时还走不到 10 公里。车子开过易贡湖口时，正遇到农场的车子出来，路面窄，会不了车，只有把车倒到稍宽一点的地方才能交会，由于路不好，倒车难，用了半个多小时，一进一出的车才交会过去。就这样，车子开一段，人下来修一段，40 公里路走了 5 个多小时。我们到指挥部时已是下午 5 点多钟了，指挥部把我们安排在区委（指挥部暂设在区委办公）西北方向一块荒地上安营扎寨。

易贡的饭菜香

下车后，一部分人搬石垒灶，准备做饭，从区供销社买来了一筐新鲜辣椒和几个南瓜，用带来的猪肉罐头炒辣椒，烧南瓜；一部分人用带来的两块大篷布，搭成两个有顶无墙的大棚子：一个住人，一个作食堂。棚子搭好后吃饭，这餐饭吃得很开心，特别是四川人能在西藏吃到新鲜辣椒炒罐头猪肉还是第一次，易贡的辣椒很辣，他们被辣得满头大汗，还一边吃一边说吃得安逸。我们这些不太能吃辣椒的人，尝了一口就辣得张口哈气，只能用烧南瓜下饭了。大家吃着用大锅煮的大米饭时，又觉得非常好吃。大家说：在易贡吃饭，没有菜也比在拉萨吃得香、吃得多（后来在易贡的职工普遍反映粮食定量不够，我们从拉萨单位调剂了一部分粮票给在易贡的职工）。原来易贡海拔低（2200 米），比拉萨低了 1500 米，和云南昆明差不多。这天晚上，20 多人在有顶无墙的棚子里，睡在地铺上，易贡不冷不热，空气好，虽然住的条件差些，但很舒服，情绪都比较高，一起谈论着易贡建设的前景。正当大家快入睡时，凌晨一两点钟，公司车队又来了两辆运送材料工具的卡车，驾驶员老刘、老马告诉我们说，他们从通麦到易贡行车的时间，比我们的还长，二位疲惫得很：开了几十年的车，还未见过这么难走的路。他们走进无墙的棚里，看见有新鲜辣椒，很高兴：这可是好东西。说着就自己动手，用石头架起锅，开一个猪肉罐头烧辣椒，拿出随车带来的酒，两人边说边吃，吃喝了两个多小时才睡觉。

分组探查资源

第二天我们去指挥部报到，汇报先期来易贡人员的情况和任务，李正林、孙德全两位副指挥长、昌都地区建设处处长史德胜同志、以及易贡区委的同志，向我们介绍了易贡地区的气候、资源和社会情况，两位副指挥长对我们的工作提出了要求：尽快调查勘探资源，筹建木材加工、砖瓦、石灰、采石场和工区施工队的临时设施建设，孙德全副指挥长对易贡地区情况比较熟，他在十八军进藏时就路过易贡并住过一段时间，后来任林芝地委书记时又在易贡做过社会调查，他对易贡森林资源做了介绍，对寻找黏土提供了方向，为资源调查提供了范围和重点。

我们按专业组织了五个小组，任忠明带人在易贡湖南岸区委附近调查两条山沟水源流量、选址，提出建厂方案；邓朝礼、刘洪恩带人在湖南岸，东至下游湖口白村，西至湖口上游峡谷近30公里的范围内，寻找石灰石和建筑用石料的开采资源；陈润泽带人到易贡湖北岸调查勘探黏土资源储量并提出建厂方案；蔺祖壁、王延龄等负责搭建工区和二队的临时设施、寻找可开荒地；我和秦远厚、崔家玉、向德才、朱春庆等负责近期可采伐森林资源调查和选择采伐点。每个小组都配有藏族干部或会讲汉语的藏族工人，区委选派了向导。

我们森林资源调查组首先是对沿湖两岸山坡和几条支流河口坡地上森林进行调查，经过几天爬山查看，沿湖两岸的山坡上，海拔3000米以下的区域，基本上是针叶阔叶混交林，而且针叶树少。3000米以上树种好，但坡度大，采伐运输异常困难，近期不考虑采伐。重点对湖边的几条支流河口的坡地上几片林区进行查看测算分析：湖北岸一片林区可采伐，材质好的供建筑用材，差的供砖瓦厂烧砖用材，可采伐量在5000立方米左右，湖南岸有三片小林区可作为目前急用材。沿湖几片林区都是易贡湖形成后生长起来的天然林，树径40～50厘米，树高一般都在25米左右，材质较好，但储量不大。

自制"木瓜罐头"

在易贡湖南岸调查森林时，在易贡的西南方向的一个山弯里看到一片天然木瓜林，开始我们都不认识木瓜，它像北方的黄梨，还以为走进了"梨园"，只见树枝上挂满了"黄梨"，那景色非常美，我们问向导：是什么果子？他答是：木瓜，问：是不是老百姓种的？答：是野生的，问：能不能吃，他说：不清楚。我们都摘了几个，带回来给大家看看，区委的同志说，这是木瓜，可药用，也可加工了吃。易贡的木瓜个儿大，一般重三四两到半斤，大的重七八两。后来在木瓜成熟季节，遇到空闲星期天休息（有时加班星期天也不休息），就有职工到山坡、山沟里摘木瓜，一般都背上几十斤回来分给同志们，当时吃木瓜的方法很简单，把木瓜皮削掉，切成片，放到沸水里焯一下，拿出晾干，放入容器里加上白糖，过几天拿出来吃，口味就像菠萝罐头，有些酸甜味。那个时候，在西藏能吃上水果罐头，就是好口福了，能吃上自己动手做的"木瓜罐头"，是多么令人高兴的事，所以一个人做好了就请大家品尝，于是大家也学着做。

林中历险

在完成沿湖区两岸调查后，我们开始选择一条森林条件好的支流进行调查，一是从区委往东，白村往西的一条大的支流，我们带上干粮（糌粑、馒头）烧茶的锅和雨衣雨鞋进沟爬山调查，一边走一边看，做好记录，山坡上面树种好，都是原始森林，树木高大，树径都在50厘米以上，大的有一米多，枯朽的老树横倒在地上，人都爬不过去，要用梯子才能过去。但树的密度不高，坡度大，采伐难。坡下小河两岸为针叶阔叶混交林，针叶树少，阔叶树多。这一天，走了约10公里，天色已晚，我们选择了一块比较平坦、树木少的坝子住下，拾柴、烧茶、吃糌粑，准备过夜，为了防止野兽袭扰，烧了一堆篝火，围火而坐，雨衣铺地，排好值班人员后，大家和衣躺在地上，议论一天来的情况，研究第二天的行走路线，这样露宿在原始森林里，对我们40岁左右的人都是第一次，大家感慨颇多：我们五个汉族同志来自祖国四大区五个省，为了西藏建设，我们走到一起，为了西藏的三线建设，又一起钻山沟，露宿林区……第二天早上，吃饱喝足了继续向高山深处爬，至中午时分，估计又走了五六公里路，阔叶林少了，山上山下基本上都是针叶树，但树的密度仍不高，估计此地海拔有3000多米。我们停下休息，拾柴烧茶吃饭，并商量是否还要向前进，一致认为目测前面林区和脚下差不多，不需要继续向前走了，这条沟森林储量可以，木材质量也好，但修路难，投资大，采伐难度也大，近期难以安排采伐。回到昨天的营地后，拾柴烧火，吃吃干粮喝喝茶，安排好值班人员，就都围着火堆躺下了，大家都感到累了，议论的精力也少了许多，睡到半夜时，听到有野兽的吼叫声，大家都连忙起来四面观看，见无动静，在火堆上加了些柴，又躺下休息，天快亮时，下起了小雨，大家起来穿上雨衣，烧茶吃饭后回易贡。中午才走到沟口，人们更加疲惫，加上有雨，身穿雨衣，脚穿雨鞋，走起路来感到吃力，特别是秦远厚同志，年龄较大，体质差一些，走路就更难，他手拿拐棒，慢慢前行。几个人中，崔家玉年龄最大，但走得最快，大家叫他为我们的年"轻"人，待徒步走回易贡驻地，个个都累得像吃了败仗的"兵"。休息了几天，整理了调查资料，各个组碰头汇报了各自进展情况后，我们几个人又继续从湖口出发，沿易贡藏布江向上游调查森林资源。走了六七公里后，见到一片大叶青桐树林，树径一般都在50厘米以上，大的有一米左右，树高枝叶茂盛，此树结的籽很多，满地都是掉下来的树籽，走路一不小心，踏在树籽多的地方，人就会摔倒，有几个人摔得很惨，一路上大家互相提醒，注意脚下有"弹子"当心滑倒。这种树籽个儿大，直径0.5～1厘米，据老乡说，狗熊、猴子爱吃这种树籽。大叶青桐的材质硬，比现在市场上卖的铁木菜板的木质还硬，如果加工成菜板供应市场价值就很高了。但那时它不能做建筑用材，无采伐价值，做烧柴又难锯难劈，没有人要。继续往前走两三公里路，看见易贡藏布江北岸有一大片森林，地势平坦，容易采伐，想过去查看，向导说，上游有藤索可过河，走近一看，是用几根天然藤条交捆而成的索道。我们第一次见到这种索道，没敢贸然过去。第二天，过到湖北岸，向上游走了一段路，山坡陡，人无法过去，老百姓是用圆木做成锯齿形梯子爬上去的，我们也只有往上爬……走了一天才到目的地，这是我们在易贡所看到的最好的一片森林，地形平坦，面积大，树的密度也高，储量也大，树径一般都有40～50厘米，好采伐，也好加工，问题是路难修，如何把伐下的原木运到易贡加工厂，当时我们研究提出了两个方案：一是利用易贡藏布江的水流，把木材放到河里，顺水漂下去；二是在易贡藏布江上加索道运过河去，在南岸修路容易一些。我们在林区住了一夜，第二天就回到易贡。

敲定方案

经过 20 多天沿两岸爬山进沟，行程数百公里，对湖区 300 多平方公里区域进行的初步调查勘探，各组都提出了建厂、选点方案。砖瓦厂小组找到土源后，已在现场打砖坯，正在砌小土窑进行试烧，并继续探明土的储量，考虑建窑方案。木材加工厂小组已初定水源，正在地形测量……工区党总支召开各厂、队领导人会议，初步确定将木材加工厂建在区委往西 1.5 公里处一条小河的东侧，此河流量 1～1.5 立方米/秒，只要修引水渠 300 米和架空木水槽 100 米，水头可高达 10 米，即可安装一台水冲式圆锯或安装一台 10 千瓦水轮发电机。砖瓦厂选在易贡湖北岸，距易贡湖渡口往东 10 公里左右的山坡台地上，老百姓自然村子的后面一片土地可以烧砖，经现场打坯试烧，砖的质量可以，土的储量也可满足近期工程需要。山坡台地比较高，与山下相差有 200～300 米，砖瓦厂无论是建在山上还是山下，关键都要解决运输问题，当时大家提出了两个方案，一是在山上建窑烧砖，即把路修上去，运烧砖用材要修 4～5 公里简易公路；二是把土运下山建窑。但从渡口至砖瓦厂 10 公里左右的公路要修，并要在湖口的上游修座大桥，才能把砖运到白村工地。石料开采资源多，在工地就近开采，不需建固定采石场，这样可以减少运输，降低成本。石灰石找到一处，初查储量不太多，质量也不太好，可建土窑试烧石灰，解决目前工程需要。伐木，初定了三个点，即湖北岸拟建砖瓦厂往东三公里的地方，有一片可采林区，采伐的木材，一部分供建筑用材，一部分供烧砖用材。湖南岸两个采伐点储量少，但原木可供加工厂，解决目前工程急需。湖北西边的一片林区待运输问题解决后再定是否采伐。易贡的小块荒地较多，各厂、队可就近造地开荒种菜。

以上方案向指挥部请示汇报后，指挥部原则上同意我们的意见，但认为通往砖瓦厂的桥和公路由谁负责修需要研究（我们意见由公路部门负责），后来，指挥部决定，过湖桥由公路指挥所负责修，桥北头至砖瓦厂的简易公路由指挥部增拨 200 名民工，由工区负责修筑。

在我们进行资源调查、选址建厂的同时，工业建筑地质局设计室易贡设计组的同志对工委一期工程招待所工程选址和测量工作也已展开，公路指挥所也安排了通麦到易贡的公路测量设计工作。

建　设

建厂方案经指挥部同意后，各厂、队都转入建设阶段，这时，除各厂、队原在拉萨的基本队伍大都进入易贡外，指挥部还从昌都地区各县安排给我们 500 多民工进入工地修路（易贡桥头至砖瓦厂和易贡至石灰窑的简易公路）、伐木、修渠引水、建窑，一派繁忙景象，炮声隆隆，车来车往，易贡建设迎来了高潮期。此时我们组织厂队一起研究急需解决的几个问题：

一是砖瓦厂到底建在哪里？经过地形测量，反复研究，指挥部领导也多次到现场参加讨论研究，对两个建厂方案进行分析比较。方案一，是在山坡台地建窑，投工少，时间快，但从山下把路修上去难度大，用工多，投资大，而且要占用农田。方案二，把土运下山，同样有一个运输问题，如何把土运下山又提出了好几个方案，最后吸取各方案中的优点，综合成一个方案：根据地形，上下两头坡度陡的地段修滑槽，中间地势平坦地段约300 多米，沿山坡台地边上，削坡填沟修建双向运土车轨道，用卷扬机牵引，重车下带动空车上，用卷扬机控制速度。在空车上来停靠的上方，也即滑槽的下方，修一个储土箱，容量和车厢一样大小，储土箱底板为活动的，装上插式开关：空车上来一碰储土箱底部开关，箱里的土就自动流下来装满车，松动卷扬机刹车，重车向下滑，重车到下面后，一碰车厢活动底板开关，土就自动卸下。这个设计方案确定以后，各厂、队分工负责，砖瓦厂负责削坡修筑轨道路基和上下两头滑槽的削坡工程。木材加工厂负责两头木滑槽、储土箱、运土箱的制作和安装。安装队、汽车队负责去拉萨加工轨道配件和把轨道运到易贡，各自都有明确的时间要求。

二是湖口过河大桥要到 1965 年的五六月份才能通车，建厂所需材料设备如何从湖口渡口运到砖瓦厂，烧砖用材如何从采伐点运到砖厂，靠驮运解决不了生产烧柴，时间不等人。汽车队技术员胡东旭提出把车从湖里拖过去，讨论认为，现在湖水浅，把车从湖里拖过去有可能。于是围绕拖汽车过湖问题，组织各厂、队会战易贡湖。汽车队的同志测选过湖的地段，工区挑选会游泳、水性好、身体好的人，协助汽车队下湖测水深，探路选点。易贡的冬天并不太冷，但易贡湖的水是山上流下来的雪水，人在水里仍然冰冷刺骨。在胡东旭同志带领下，经过几天在两岸和水下的探测，最后过湖线路选定在渡口下游，湖面比较窄，宽约 800 米，水深一般在 1～1.5 米，最深处有两米以上，河床比较好，估计不会陷车。过湖线路选定后，加工厂制作好绞车，在湖北岸安装。安装队、二队组织 20 多个会水的青壮年把钢丝绳拉过湖，固定在绞车上，为了防止汽车在过湖途中出现问题，我们撑来渡船，准备运物资，还用汽车内胎打足气，四个一组捆扎了三个气圈筏子，在湖中划行，备用。一切准备就绪后，在一个晴天的早上，把汽车开到湖边，将拆下的发动机，用渡船运到对岸，汽车车身套上钢丝绳后，20多人推转绞车，慢慢地向湖中驶去，在水不太深的地方，胡东旭同志坐在驾驶室里掌握方向盘，在水深的地方，就把方向盘固定死，绞车慢慢拖，水最深处，水已漫过车厢。这一天，从早上到下午三四点钟，才拖过一辆车。第二天，就比较熟练了，拖过去两辆，还早早就结束了。车身被拖过湖后，汽车队修理工在湖边上拆洗、保养、重新安装好发动机。就这样苦战了十多天，才把全部汽车拖过湖，解决了砖瓦厂建厂材料设备和烧砖用材的运输问题，使砖瓦厂建设生产走向正常。

进入冬季，加工厂引水小河的水量减少，加工原木，水锯带不动，工区又组织测量人员上山测量，把西边小河的水引过来，经过测量选线，修1.5公里引水渠，可引来流量0.3立方米/秒的水。方案确定后，我们又组织加工厂、二队、工区机关全体人员上山修渠引水，经过一个多星期的苦战，终于把水引过来了。到易贡半年时间，已建成砖瓦、石灰、木材加工共三个厂和两个伐木点，易贡地方建设生产转入了正常。白村工程设计已出图，工地场地平整也基本完成。工程地址原来是滚石成堆的地方，大的石头直径有2～3米，一般的也在一米左右，灌木杂草丛生，选址时有些地方人都走不进去，只好拿棒子在前面探路前进，经过施工二队、采石场职工艰苦奋斗，伐杂树、拔草、爆破、开石，就地把已开石料堆放整齐。现场施工道路也修通，具备了开工条件。到1965年四五月，工程正式开工砌基础工程（因湖口大桥尚未修通，砖运不来工地），至此，我们已来易贡八九个月的时间，爬山、钻沟、露宿野外，寻找地方建材生产资源，筹建砖瓦厂、森林采伐点、木材加工厂和建石灰窑等，之后才开始转入正题：房屋施工。这正是在西藏搞建设与内地不同之点，西藏是搞现代建设的处女地，它没有地方建材生产基础，到一个地方搞建设都要从零开始。西藏过去不生产砖瓦、石灰，建房用木材不用锯刨加工，而是用刀劈斧砍的方式加工木料。内地建筑施工企业只管工程建设，地方建筑材料由当地建材企业生产供应。而西藏建筑公司不管走到哪里搞建设，首先都要从组织建材生产运输开始。就连职工吃的蔬菜也要自己开荒种，才能解决吃菜问题。所以我们到易贡后首先把主要精力集中在寻找资源，筹建砖瓦、石灰、森林采伐、木材加工和石料开采，以及修筑简易公路上。而在施工现场的组织管理上花的精力较少，主要靠施工队伍自己安排。到6月份通麦至易贡公路和过河大桥也已修通，易贡至通麦，汽车只要一个多小时就到。砖瓦厂到工地路桥通了，砖运到工地，白村工程转入正常施工。为了加快工程进度，施工二队在拉萨人员也全部进入易贡，又从拉萨调施工一队进易贡，加强白村工程建设的力量。到1965年底，书记楼、办公室、食堂兼礼堂、会议室、干部宿舍等项目已完成主体结构，到1966年三四月份工程基本完成，这时西藏的三线建设重点转到昌都，易贡的建设也就暂停了。

易贡建设中的"老西藏精神"

在易贡建设中，广大建设者的生活是非常艰苦的，但自力更生、团结奋斗、克服困难的精神值得传承。例如职工住的基本上是就地取材自己动手搭建的临时工棚。除从拉萨带来少量有顶无围的帐篷外，主要是用油毛毡盖顶，四周墙用板皮、树枝用钉钉或捆扎而成，四面通风透亮的工棚。易贡气候好，大米饭、馒头、面条很好吃，但易贡地区没牦牛，羊也少，肉食品很少，只能供应少量罐头、腊肉、海带、黄花菜、粉条干菜，冬季调运一些牛肉。蔬菜除从150公里外的林芝八一地区买一些萝卜、土豆、莲花白，向当地农场或老百姓买一些辣椒、南瓜外，主要靠职工自己动手开荒种菜。易贡气温高、雨水多，蔬菜生长比较快，特别是黄瓜结得又多又大。在易贡的各厂、队有一条不成文的规定，职工食堂烧的木材，全部由职工利用工余时间上山采伐杂树和林区树枝杆，每人每月交300斤，一律不准用汽车、马车运烧柴。汉族职工从拉萨来到易贡，觉得气候好、饭好吃、觉好睡。而藏族职工到了易贡，普遍感到不适，雨水多、湿度大，皮肤病发病很多，尤其是牧区来的民工更不适应。他们除气候不适应外，适应生活比汉族职工更难：酥油不能保证供应，开始糌粑也运不过来，后来是调来青稞到易贡加工才得到了保证。我们的藏族干部和医生工作最艰苦，既要组织带领民工，指挥民工修路伐木，又要帮助解决民工的生活供应。医务室的医生白天下工地、下厂巡回给职工看病，每天要走几十里路，晚上经常出诊。

在易贡工作期间，我感受最深的是干部、工人吃苦耐劳、团结协作、自力更生的精神非常好，一方有困难，各方齐心协力帮助解决。如砖瓦厂建厂和黏土的运输问题，汽车过湖问题都是各厂、队领导带领最好的工人现场帮助解决。加工厂厂长带领技术最好的工人到现场制作滑槽、储土箱，轨道车的运土箱都是多次修改在现场制作而成。轨道、卷扬机安装，王庆龙总是亲手安装和试开车，直到带出能单独开车的工人，自己才回安装队。汽车过湖，胡东旭不畏雪水刺骨寒，带领人员下湖测水深、探河底地形等。干部们白天参加生产，指挥生产，晚上还要在烛光下处理业务。他们在忙完各自的任务后，遇到空闲的星期天，有的上山打猎，有的带上锅、油盐到湖边钓鱼，过上半天的休闲生活，我也被邀去过几次，看他们钓鱼，吃野餐，放松心情，真是神仙过的日子。不过这种星期天并不多，更多的是自觉加班，参加义务劳动，争取时间完成任务。在易贡建设者的身上真正体现了特别能吃苦、特别能战斗、特别能忍耐、特别能团结、特别能奉献的老西藏精神。

在易贡搞建材资源调查时，钻灌木林遇到最讨厌、最麻烦，也是最头痛的是两种害虫，一是草虱，它的形状像半瓣黄豆，有一粒黑芝麻那么大小的头，开始听区委的同志介绍，进灌木林要注意防备草虱，我们还不以为然，由于防备不严，吃了不少苦头，它到人身上就到处爬，钻到皮肉里吸血，等你发现时，头已钻到你皮肉里吸了一肚子的血，抓住它的身子往外拉时，它的头就断在你的皮肉里，让人瘙痒难耐和红肿发炎。有一个同志被草虱子钻到耳朵里，自己弄不出来，痒痒难受，到指挥部医疗队请医生才把它拉出来。所以一到晚上，回到住地，人人都把衣服脱下来，检查一遍。在总结了被草虱子吸血的苦头之后，再要进灌木林前，大家都采取更加严密的防范措施：把衣服袖口、裤脚口捆好，颈部用毛巾围好。如果身上发现草虱子不要马上用手拉，先点好一支香烟，在草虱子的肚皮上熏一下，然后用手猛击一掌，再把它拉出来，这样草虱子的头很少断在皮肤里。二是旱蚂蟥，它比水里的蚂蟥还要大一些，样子很难看，平时生活在灌木林的树叶子上，我们在调查森林时，好几个人身上钻了旱蚂蟥，吸饱血的旱蚂蟥有 3～4 厘米长。旱蚂蟥在易贡只有阴山湿度大的地段有，如通麦至易贡七公里的一段阴山坡下灌木林中就有这种旱蚂蟥。

　　与建房、修路的建设者同时在易贡的还有一支为易贡建设执行考察任务的队伍，即 101 指挥部高山科学考察队。这支队伍是根据西藏工委要求，国家科委下达任务，由西藏自治区体委登山营、西藏工业建筑地质局大队四分队、自治区农牧厅水利局水文总站、中国科学院冰川冻土沙漠研究所及植物研究所等五个单位组成。考察队约 20 多人，历时 3 个多月，对易贡沿湖两岸七条主要支沟上游的地质、地貌、冰川、积雪、冰湖、泥石流、岩崩、滑坡等自然危害的分布及其对建设区域的危害程度和历史资料进行了考察，为易贡建设提供了科学根据。

1998 年 11 月 5 日

　　（选自丁品主编：《老西藏精神　长存常新》，西藏人民出版社 2007 年，第 17 - 33 页）

第三节　难忘西藏

胡晋生[1]

　　1966 年 2 月的一天，我接到师副政委刘长进叫我马上到师部报到的电话，到今天已经过去 42 年了。想想在西藏工作的经历，令我浮想联翩，思绪万千。

组　建

支藏团由农二师、农六师、农七师、农八师、二建一师、兵团商业处、兵团供销部等

---

① 胡晋生，原新疆生产建设兵团援藏团西藏军区 404 部队易贡团团长、农七师第三管理处一六三团政委。

单位筹备组建，团级建制。农二师抽调组建第一连和一个 15 人组成的演出队；农六师组建第二连和第三连；农七师组建第四连、第五连、基建连；农八师组建第六连、第七连、第八连、机务连、卫生队部分人员；兵团商业处和供销处组建商业、食品加工厂；工一师、农七师、农八师组建一个 10 余人的勘察设计队。

兵团生产部将老兵三连和三个民工队交给支藏团，老兵三连战士分到五、六、七、八连和基建连。

支藏团领导从农二师、农六师、农七师、农八师抽调。团长，政委由兵团任命，副团职干部由各师选任，共计 10 人，团长胡晋生，政委秦义轩。副团长农七师任命聂迎祥，农八师任命张发喜、郜丙礼，副政委农六师任命张复英，农七师任命王风岐。王风岐兼任政治处主任，农二师任命蒋仕琪为参谋长，吕希倡任政治处副主任；农七师任命王隆为司令部副参谋长。兵团党委批准了支藏团领导班子。营、连、排级干部必须是政治可靠、历史清楚、立场坚定、思想进步，具有较丰富的生产、领导经验和业务能力的同志。技术工人要能带徒弟，身体健康，年龄不超过 40 岁。凡调藏工作的干部、工人，由各师与西藏军区生产部农垦团的负责同志共同研究审定，报备兵团。

1966 年 2 月 26 日，兵团党委召开紧急动员会议。27 日，农七师党委召开常委会议，研究贯彻兵团党委支援西藏发展军垦生产这一决定的具体方案，会议指定师党委常委朱耀臣、张晓村负责组织，干部科、劳动工资科设专人承办具体业务。各团场、单位均成立专业班子负责这一工作。随后召集各有关单位领导开了紧急会议分配任务，要求各单位贯彻党委决定，把思想工作做透做细，坚决完成兵团党委交给的这一光荣的政治任务。当日晚，各单位领任务连夜返回。

动员参加西藏生产建设兵团对部队来说是一项重要的政治任务，各师团以连队为单位，先党内后党外，层层动员。凡经动员过的单位，决心书、申请书就像雪片般纷纷飞向领导面前，战士们一致表示：坚决响应党的召唤，党指向哪里就走向哪里，哪里艰苦就到哪里去锻炼，坚决要求到西藏去工作。工程处一处共青团员张二虎和他爱人周喜艳一天三次写申请不算，还写了血书，坚决要求去西藏。年近 52 岁的连年获得五好职工的张岁新激动地对指导员说："你不要看我人老了，我的心并不老。"审定公布援藏人员是既严肃又细致的一项工作，各级党委坚持高标准、严要求、择优选拔。在自动报名的基础上，经过查档案、看表现，连队选、场部审、师部定，最后完全符合条件才确定下来，目的就是要选拔最优秀的战士援藏。4 月初，选拔上的战士按师党委的指示，以团场为单位进行集中编组编班，一边组织学习，一边参加生产劳动，并进一步做好复查和思想教育工作。

选调工作通过动员教育、摸底审查、选定公布、集中欢送等四个阶段，在 17 个团场、68 个连队中共选调干部 90 人，其中团职 4 人、营职 6 人、党员 52 人、团员 25 人。年龄在 35 岁以下的 87 人。职工 460 人，其中农工 259 人、机务工 33 人、畜牧工 20 人、基建工 148 人。党员 60 人，团员 131 人。

送　行

4 月 5 日上午，兵团政委张仲瀚在兵团机关小楼接见了支藏团的领导。他首先说明支藏团是西藏军区向中央提出要的，是毛主席、周总理决定的："按照党中央的决定到那去工作，就是保卫祖国，保卫边疆，发展多项生产建设。你们到了西藏以后，必须服从西藏党政军的领导，与西藏人民打成一片，搞好团结，尊重西藏人民一切生活习惯。在搞好生产的同时，对那里的一草一木、一山一水、一土一石都得爱惜，决不能浪费和毁坏。"他要求我们："去西藏，要完成'三个队'的任务，既是战斗队，又是工作队，也是生产队。你们去是不调资、不升职的。你们去不是普通人，要做普通人做不到的事。你们去的人都是党员、团员，要和西藏人民同甘苦共命运。你们是任重而道远的历史建设者，希望你们在新的环境中锻炼成长，发扬兵团人敢于拼搏、敢于战斗的伟大精神，努力建设繁荣富强的社会主义新西藏。"

4 月 7 日，各单位对进藏人员进行隆重的欢送。进藏人员身披红绸、胸戴大红花照相。有的单位赠送进藏人员毛主席著作、生产工具、笔记本、针线包等纪念品，敲锣打鼓将他们送出连队。

4 月 12 日，这天清晨，奎屯锣鼓喧天，彩旗飘扬，2000 多人列队欢送。赴藏的同志们个个精神振奋，胸戴红花，在师领导的陪同下，迈着整齐的步伐，穿过欢迎的人群，与战友们告别，去兵团报到。

4 月 13 日，在军区"八一"俱乐部召开欢送会，俱乐部里洋溢着欢乐的气氛，战士们唱着专为进藏部队编的歌《志在四方》，拉歌声此起彼伏。

兵团政委张仲瀚致欢送词："同志们，我代表兵团党委、兵团全体指战员向你们问好！你们这次去支援西藏，是毛主席和周总理同意的，这不仅是我们兵团的事，也是党中央毛主席和全国人民对西藏军区和西藏人民的关怀。你们到了西藏以后，要做到自供、自给，为西藏人民创造更多的财富、更多的粮食，要完成毛主席指出的'三个队'的任务，即是生产队、工作队和战斗队。这也是你们去西藏的宗旨，也是你们工作的指导思想。这也是我们兵团党委对你们的殷切希望。你们向着奋斗目标前进吧！"

会场上多次响起暴风雨般的掌声。

我作为支藏团团长代表全体同志表决心，一定做到：安心边疆，长期建藏，巩固祖国，繁荣西藏。

进　藏

4月13日，我们由西宁坐上进藏的汽车（一车坐24人），汽车在漫无边际的荒原上行驶。每到一个兵站，都受到站上的解放军热烈欢迎。头几天，战士们有说有笑，欢天喜地地唱歌。汽车穿过伤心岭，驰过日月山、青海湖、格尔木。每前进一站，海拔高度逐渐增加，气候也一天比一天坏，空气稀薄。有个别战士开始有较强的高山反应，恶心、呕吐、不想吃饭。战士的情绪低落下来。五道梁兵站海拔4000多米虽不算高，但空气稀薄、缺氧，战士们高山反应更加厉害，但没有一个人说要组织照顾。五连司务长李从善，突然脸色苍白，嘴唇发紫，车上人一再劝他坐驾驶室，他仍不肯。最后领导命令他下来输上了氧气。

经过半个多月的长途行军，来到著名的唐古拉山，战士们载歌载舞、欢呼胜利，高山反应好像也不存在了。又走了几站路，快到拉萨了。远远地，战士们就欢呼起来，拉萨，这个充满传奇色彩而又美丽的城市，彩旗招展，锣鼓喧天。身着节日盛装的藏族人民在路两旁列队，载歌载舞，热烈欢迎来自新疆的朋友。

4月29日，西藏军区举行盛大隆重的欢迎仪式。军区副政委吕寿山、张桂生，政治部主任尹华汤到会。吕寿山副政委说："欢迎你们远道而来，从祖国的西北边疆来到西南边疆。你们的到来壮大了我们的力量。我们要团结起来，共同建设新西藏，加速解决西藏吃粮的困难，稳定、发展和完善西藏的军垦事业。"

西藏军区将支藏团授名为"西藏军区404部队西藏易贡军垦团"。按人民解放军的建置设置机构。设司令部、政治处。司令部下设生产股、基建股、行政股、计财股、武装股、供销股、劳资股。政治处下设组织股、干部股、宣教股、政法股。支藏团有三个营。一营由一连、二连、三连、老兵十连组成；二营由四连、六连、农业三队、农业四队组成；三营由五连、七连，八连、九连，农业五队、农业六队组成。团直单位有加工厂、卫生队、演出队、科研组、警卫班。有一所团中学，一营、二营办有小学。团有托儿所一个，每个连队建一个托儿组。三营设一个供销社。

生　活

部队在拉萨休整了3天，奉命到易贡地区开发生产。易贡是波密县的一个区，也是西藏自治区小三线的建设区，风景优美，四季常青。这里四周环山，中心有湖，湖中有鱼，高山上有72条冰湖环绕易贡沟，冰湖在高山雪线以上。春夏秋冬季节不明显，冬天最冷只有零下七八度左右。二月桃花似火，松柏常年青绿。当地流传着这样的歌谣：二月桃花三月杏，四月的杜鹃花，五月木瓜树上结，六月的洋芋吃个够，七月的狗熊下山来，八月里的猴子抱子游，九月少雨快脱粒，十月小孩穿单裤，十一月天寒有点冷，十二月小菜绿油油，凡人此去多留恋，去时喜来走后愁。这里有三四百户人家，都是藏族，以种地为主。有一个银行、一个自治区招待所、自治区"气象站"邮局、一个供销社和军区的一个电话班。

5月3日，援藏团到达指定地点——易贡。团部设在易贡白村，一连、十连、农工一队驻单卡；二连驻波密县长达桥北；三连驻波密县大兴滩；四连驻易贡河东铁山下；五连驻易贡乡河西；八连驻长达桥西；团基建连、加工厂、机务连、畜牧队都分布在白村周围，农工二队在陈州地区搞生产。

随着部队陆续到位，人烟稀少的易贡突然热闹起来了……

战士们初来时不习惯，住在木板房里，白天细雨蒙蒙，晚上河水哗哗作响，走起路来不是上坡就是下坡，没有电灯，晚上伸手不见五指，林涛阵阵，野枭鸣叫，让人毛骨悚然。人们都惧怕野兽的袭击。

易贡地区地属山区，可耕土地49556亩。经过设计队的勘察，援藏团认为易贡可耕地200000亩，波密单卡地区16000亩。易贡种植茶叶6000亩，果树2000亩，蔬菜2000亩，粮食10000亩。波密单卡种植茶叶和果树，共6000亩，粮食10000亩。战士们按照新疆的种植经验，在山坡上种上了玉米和喀什小麦。因为气候和环境适宜种植茶叶和果树，团领导因地制宜，安排大面积种植茶叶和苹果、核桃等果树。易贡起初只有少量的自养畜，团大力发展养殖牛、羊、马、鸡、猪新品种，不仅做到自给自足，还能供给西藏其他地方。并筹办了副食品加工厂，做出糖、酱油、醋、饼干、蛋糕、月饼等。当地藏族群众有的是第一次吃上饼干，纷纷夸赞兵团人的手艺巧、手艺高。缝纫车间给当地群众加工衣服。波密县里有一个不足10人的小医院，团医疗队经常下乡，为藏族同胞看病。

春夏多雨连绵，下地干农活，要把小雨当晴天，中量雨才当阴天，战士们穿着雨衣干活。麦子成熟了，一块地里的麦子不能一下割完，一天只能割上四五背筐，搭起凉棚，晾干后再脱粒。有时麦子割不完，穗头又长出新青苗，急得战士们连连叫唤。战士们想了个好办法，收麦子时只收麦穗，晾干速度加快了，及时完成了收麦任务。

农四连玩得更玄，将麦子种到山顶上。四连连长带着战士将农用工具扛上山，战士们吃住在山上，把土地整好，把麦子种上，才下山。

夏收了，朱秀士去四连检查，到山上一看，麦子长得齐整，为了怕麦子倒伏，战士们就把麦子一把一把地辫起来，一排一排，真是种麦奇观。山上好多猴子和战士们混熟了，看战士们辫麦子，也凑热闹，贾书记的哨子一吹，"呼啦啦"跑来一大群猴子。

鱼　水　情

易贡兵团自从踏上这块土地，就严格执行"有求必应，见困必帮，尊重地方，服从领导"的宗旨，密切联系当地群众，形成了鱼水般浓厚的淳朴情谊。

易贡沟没有发电设备，照明是点酥油灯，漫长的夜是在寂静中度过的。易贡团进驻后，新鲜而陌生的生活吸引着藏族同胞。易贡团每星期都组织文艺活动，每个连队都鼓足了劲参加歌咏比赛，雄壮的歌声在山谷中久久回荡。唱歌、跳舞有时可以通宵达旦。藏族兄弟也不甘示弱，唱起歌、跳起舞。每年，易贡团都组织专业演出队和业余演出队送节目下乡，到兄弟单位进行慰问演出，场场爆满，深受欢迎。

节假日最热闹的属易贡团和兄弟单位举行的各种联谊活动，射击、投弹包括篮球比赛。易贡团无论在主场和客场几乎都能凯旋。

最让人激动的莫过于接到电影队要来的消息。"今晚有电影"的消息像春风般掠过连队，战士们立即着手准备了。早早干完手中的活，早早做饭，早早将凳子摆到露天场。远远看到电影队的马车，孩子们便欢呼着涌了上去，跳跃着。放映员们每到一地，总享受着贵宾般的待遇，都期待他能多来一趟。《洪湖赤卫队》《地道战》《地雷战》等电影，每每将平静如水的易贡沟，霎时变得喧闹起来，一沟的人们都沉浸在美妙的电影世界中去了。

西藏自治区党委书记张国华对支藏团非常关心，多次指示昌都地委多关心和支持农垦团，同时帮助农垦团解决土地、住房等问题。生活部副部长安耀中长期住易贡团白村指导生产。1967年，西藏军区副司令员余致泉视察了农垦团，他高兴地赞扬："卫生整洁，内务整齐，教育得法，进步很快。"

西藏军区召开劳模代表大会，秦义轩政委带领支藏团先进个人参加表彰大会。第二天清早参加大会的支藏团代表，便以新疆园林化的标准，修整了招待所的林带和花园。军区首长见到美观、大方的花园，赞不绝口。

接　　见

1968年，新疆军区团以上干部赴北京参加毛泽东思想学习班，支藏团10名领导有胡晋生、秦义轩、王风岐、张复英、张发喜、郜炳礼、聂迎祥、蒋仕其、王隆、吕希留参加了学习。

1969年1月25日16时，毛主席接见了西藏军区团以上干部学习班的全体学员，易贡团的10位领导和支藏团10位领导同时被接见。这是我们支藏团全体成员的光荣。

（本文选自王次会、王怀志主编：《历史的回响》，新疆生产建设兵团出版社，2009年，第195-200页。）

第四节 挺进易贡湖

符水潮[①]

根据周恩来总理的指示，1966年4月5日，2100多名干部战士组成援藏团（下三场当时派出36名干部战士），行程4600余公里，来到西藏波密县易贡湖畔，成立了易贡农垦团。4年中，他们剿匪平叛，开荒造田，与当地藏民友好相处，把兵团精神带到了雪域高原、世界屋脊。我作为一名援藏干部和众多的援藏同志一样，对那段往事终生刻骨铭心。

大地回春，万物复苏，又是一个冰雪融化的季节。"东方红"－75链轨式机车在轰隆隆地破雪，雪水从圆片切过的沟行中流过，埋盖在冬雪地里的麦苗露出了嫩芽，再过一个月，田野便是一片翠绿，万物都在享受着阳光的恩赐。40年前，我们援藏人员正是在这个季节前往西藏自治区执行一个特殊的历史使命。

1966年4月，新疆生产建设兵团党委接到中央军委的命令，从农二师、农六师、农七师、农八师四个师抽调25岁以下的优秀干部战士和农机操作能手共2100多名，4月20日至23日到乌鲁木齐政府礼堂集合，并召开了援藏誓师动员大会，2100多名干部战士改编为"农垦团"，共三个营、十个连队、三十六个排，当年的兵团政委张仲瀚和自治区有关部门的主要领导及援藏全体指战员合影留念。政委张仲瀚在广场上发表了热情洋溢的讲话，他说："同志们，这次参加援藏的同志，是我们兵团的骨干力量，有着丰富的战斗经验、工作经验、生产经验，有着吃苦耐劳和无私奉献的革命精神，你们是中华好儿女，你们是我们兵团人的骄傲，你们服从党的需要，从边疆去边疆，你们要帮助西藏人民搞好开发建设，要为维护地方安全和社会稳定做出贡献，我等待你们的好消息，祝大家一路平安。"接着兵团组织部领导为一、二、三营路上行军模范班、排、连赠送了锦旗。

4月25日中午10点30分，援藏人员迈着整齐的步伐向火车站走去，大家不约而同地喊着首长再见，亲人们再见！乌鲁木齐市有1万多名各族群众手拿花束载歌载舞，流着激动的热泪欢送离别的战友。

援藏人员在上火车时，高唱："毛主席的战士最听党的话，哪里需要就到哪里去，哪

---

① 符水潮，男，汉族，生于1943年12月，祖籍陕西省兴平县。初中文化，助理政工师，中共党员。1960年参加工作，当过农工、拖拉机驾驶员。1966年4月作为援藏干部，被兵团党委派遣支援西藏生产建设。自1964年以来，历任文教、统计、司务长、副政治指导员、政治指导员、党支部书记、厂长、纪检员、宣传干事、新闻干事，科技办科员、团史志办副主任等职。在已编纂出版发行的《中共一三四团组织史资料·历史大事记》《一三四团场志》《一三四团简史》3部书中任编辑、副主编。退休后现定居一三四团团部。

里艰苦哪安家，祖国要我守边卡，打起背包就出发。"激昂的歌声回荡天空。我们以饱满的革命热情踏上列车，担负着光荣而艰巨的任务。火车行至青海省西宁兵站，同志们只吃了两顿饭，观看了电影《英雄儿女》《黄继光》后，又马不停蹄地乘坐军用汽车向格尔木进发。一路上由于高原反应和恶劣的风沙天气，很多同志因缺氧出现了头晕、呕吐、胸闷、心慌等症状。没有氧气，同志们就把军用壶里灌上凉水对着嘴不停地吹，缓解缺氧不适的问题。特别是在翻过昆仑山时，由于大雪封山，山上只有两台小型推土机推行军路道，推土机只能推掉厚雪层，但 20 多厘米的冰层还是刮不掉，汽车轮胎挂满了铁链子，还是打滑，影响前进。带队的连长贾德良一声令下，大家下车脱下身上的皮大衣为汽车铺路，大家边铺大衣，边推车，经过两个多小时的奋战，满载援藏大军的车队顺利通过，按时翻过了昆仑山。紧接着翻过海拔 7000 多米高的唐古拉山和雀儿山，越过了青藏高原，穿越黑河到达了西藏境内。经过 7 天的连续行军，于 5 月 1 日胜利到达拉萨，受到西藏军区领导和数万名藏族同胞的热情迎接。

5 月 1 日，援藏人员参观了西藏历史革命展览馆，通过学习、讨论，大家一致表示，决心要为西藏人民办好事，为搞好民族团结和保卫西藏、建设西藏贡献力量。5 月 2 日，我们最终到达西藏易贡湖白村的易贡湖畔山坡间，在此安营扎寨，这就是易贡农垦团的团部。基建连、卫生队属团直单位，一连、二连、三连为一营，四连、五连、六连为二营，七连、八连、九连为三营，三个营分布驻地从易贡湖的铁山脚下到扎木兵站，这段山路弯弯曲曲，长达 90 多公里，到了雨季，随时都有泥石流塌方和滑坡发生，交通十分不便。

当时，我们二营四连奉命驻扎在九子股下游的铁山脚下，对面 500 米就是易贡湖。这里四周高山环绕，据当地老乡说，这是千年泥石流形成的大石滩，后来有 7 个山口的积水流下来形成了易贡湖。刚到此地看不见房子，只是一片荒草石滩，大家发扬南泥湾革命精神，没有工具自己造，没有房屋砍树搭建棚舍。后来有了电锯，同志们将树木锯成板子，修建木板房，房顶盖上油毡，解决了住房 460 平方米。没有蔬菜吃就开荒种菜，种的菜当年达到自给。我们每天坚持两个小时的政治学习和 8 个小时的军训。1966 年 5 月至 6 月由于西藏叛乱分子搞暴动，破坏军民团结，四连两个排 45 人奉命出击，在连长贾德良、排长马里德、张春南的带领下参加剿匪两个多月，出色完成剿匪任务，无一人伤亡。回连后每人体重减了好几斤，四连被评为团里"剿匪模范连"。我们在平时都是以军训和开荒造田为主，组织各班、排开展劳动竞赛，提高开荒工效。战士们用十字镐挖石头，人工抬石头，垒成田边石墙，用自己发明的绞车人推着绞小树、拔树根，就这样，把一片荒石滩变成绿油油的梯田。三年间，四连干部战士开荒造田达 500 多亩，种植的小麦、青稞、果树、蔬菜、茶叶等农作物，获得了好收成。1968 年连队被团里授予"生产先进、军事过硬"荣誉称号。

1968 年的夏季，由于通麦通往昌都的主要公路中段地区发生了多年罕见的大塌方，30 多公里的山沟堆满了坚硬的巨石，道路中断，泥石流冲垮了河床和桥梁，堵塞了边防运输交通要道。西藏某军分区派去数千名工程兵，易贡农垦团也从一连、二连、三连、四连、五连等单位抽调 700 多人，参加抢修公路大会战，中央电台播放的中国人民解放军某部指导员李献文等十名英雄，就是在这次大塌方中光荣牺牲的。在英雄精神的鼓舞下，我们易贡农垦团的所有参战人员按照总指挥部测量的路线，从对面山腰打炮眼炸山、伐木、排石修路，四连 25 岁的青年战士魏有才在此次伐树时被大树压倒牺牲，团里追记他为"革命烈士"，我为烈士题写了墓碑。经过两个多月的苦战，新修的山路终于通车了，为西藏人民在公路建设史上留下了辉煌的一页。

1969 年 12 月，我们易贡农垦团的干部战士奉中央军委命令全部返回新疆。四十年过去了，但是回忆援藏时的那段历史和援藏人员那种无私无畏的奉献精神，我永生难以忘怀。

注：易贡湖地处西藏南部通美地区的铁山脚下，当地人称"千年湖"，最深处达 80 余米，浅处可照影洗脚。四周红松环抱，鸟语花香，溪流不断。山上多产野生果品，当地藏牧民在山坡上种有小麦、青稞、蔬菜等作物。此处是当时新疆军区农垦部队某团机关所在地。

（摘自李涛：《天南地北下野地人》，新疆生产建设兵团出版社，2008 年，第 354 页）

第五节　藏族和茶

晋美、广澄

从低海拔的地方登上高原以后，常常有人被那利刃般的寒风刮得肌肤绽开、脸皮龟裂；有人常被严重缺氧折磨得头晕、气急、心慌和呕吐。每逢碰到这种情形，藏族老乡会规劝他喝上几杯酥油茶。他们的生活经验里包含着科学的道理，茶叶中含有维生素 B_1、B_2 和维生素 C，它们对长期生活在缺乏新鲜蔬菜和水果的高原居民，尤为重要。

茶对生活在高原上的人们，有莫大的好处，这是妇孺皆有亲身体验的。可惜，一千几百年来，生活在这里的人们喝茶，茶叶始终得翻越千山万水，需要人驮畜运从内地运来，西藏人民从没喝上过自己生产的茶叶。

难道在这一百二十万平方公里的土地上，果真没有一寸土地可种植茶树吗？不是的。在那银峰林立的高原上，也有气候温和，雨量充沛的区域，还有四季如春的"西藏江南"，那里是茶树生长的好地方。然而，汉族地主、资产阶级，始终把茶叶当作慑服藏族人民的武器，不愿帮助少数民族人民种植茶树；而藏族的三大领主，自有名茶善茗可以饮用，哪管百万农奴的艰辛与死活。

唯有以解放全人类、为人民谋福利的中国共产党，才为西藏的茶树生产开创了新的道路。在那察隅山中，在那易贡河畔，那里气候温和，雨量充沛，适宜栽种茶树。今天，我们在这些地方，会见到披着头巾的阿妈，以及戴上草帽的藏族姑娘，挥动灵巧的双手，在茶树丛中，采摘嫩绿的茶尖；在离茶园不远，藏族青年抢着长长的锅铲，不断搅拌着铁锅里的茶叶。公社的茶坊，不时飘来阵阵茶香，陶醉着男女老幼。当老阿妈掏出公社自制的坨茶时，笑得嘴都合不拢。更多的西藏人民，喝上自己生产的茶叶，为期不会很远了。

（原载《西藏文艺》1980 年第 2 期，节选，选自刘万庆等编《当代藏族散文选》，拉萨：西藏人民出版社 1986 年，第 81－82 页）

第六节　从色齐拉山到通麦河畔

蔡贤盛[①]

从通麦往北十七公里，便是波密县的易贡区。易贡，藏语为"易翁"，是"美好"的意思。这里的确气候温和、风景优美、物产丰富，名副其实的美好之地。

车子沿易贡河上行。开始，两旁高山峥嵘，路旁河水汹涌，气势颇为壮观。到了易贡区革委会所在地，滚滚的河水顿然平稳下来，地势平缓开阔，面前便是易贡湖了。易贡山谷海拔不高，只有二千米左右。一度，西藏自治区首府曾计划迁到这里来，已经修建了不少楼房。现在，自治区党校设在这里，附近还有一个生产建设农场。

易贡湖水平如银镜，北面山峰高耸入云，山上石头油黑湛亮，两旁森林茂密参天，景色异常壮观。湖水终年清澈见底，阳光下，游鱼鳞光闪闪。易贡湖里的鱼，不少皮薄鳞粗，味道鲜美，不亚于内地河、湖的淡水鱼。而西藏的绝大部分地方出产的鱼，都是无鳞鱼。现在易贡湖边的农民，把捕鱼作为自己的一项副业。

易贡区东西长近一百公里，南北宽约二十公里，周围高山环抱，中间是河谷盆地，全年无霜期达二百天，年降水量九百至一千毫米，一月份最低气温也在八度以上。五至八月在二十四度以上。气候温和，四季无雪，一年可种两季，是个很好的农业区。粮食作物有

---

① 蔡贤盛，1941 年生，广东澄海人。上海复旦大学新闻系毕业，1965 年起在西藏日报社当记者、编辑。1981 年到广东电视台开始从事电视新闻工作。主要著述有散文集《西藏见闻》（与赤来曲扎合著）、游记《世界屋脊万里行》《西藏风土志》等。

小麦、青稞、谷子、荞麦、玉米等，粮食产量逐年提高，不少社队亩产达到四五百斤以上。易贡又盛产蔬菜，品种与长江流域无二样，葱、蒜、芋头、黄瓜、番茄、辣椒、豆荚、南瓜等应有尽有。这里的辣椒特点尤为突出，每棵辣椒通常能结四十个大辣子，多的达八九十个，以每个一两算，每棵可产辣椒四到八斤。由于气候温和，1949 年以后，易贡栽培了梨、苹果、西瓜、水蜜桃等水果。苹果中尤以"红元帅"最为有名，它以香、甜、脆、多汁而闻名西藏。易贡地区自然条件得天独厚。这里，六畜兴旺，鸡、鸭、鹅、牛、羊、猪都有，养猪也是这里农民的一项主要副业，几乎每户都养二三头猪。

养蜂是易贡人民一项特有的副业。这里养蜂条件良好。春天满山遍野的桃花，夏天，田野里油菜花一片金黄，秋天到处有荞麦花，冬天，向日葵及各色野花还盛开着。花，为蜜蜂酿蜜贮备了充足的原料。这里的蜂房很特别，农民们取当地盛产的树木，挖空成木桶状，高约二尺，再用斧劈；用木片在桶里架成蜂房，再把蜂房搁在近花的树丛之上，蜜蜂就近采蜜，农民们便坐收蜂蜜。每年春、秋可收割两次，一窝蜂可收获十一到十五斤蜂蜜。正因为这里养蜂如此便利，所以几乎每家农户都要养二到三窝蜜蜂。

易贡不愧为西藏高原上一块富饶的土地。但是，在万恶的封建农奴制度的摧残下，农奴们只能对着肥沃的土地哭泣，许多人生活不下去，背井离乡，流浪他乡，易贡成了人烟稀少、土地荒芜、野兽出没、杂草丛生的地方。1949 年以后，人们才陆续回到这块土地上来，西藏生产建设部队也在这里开办农场。今日的易贡，呈现出一片欣欣向荣的景象。

顺着通麦河，公路弯曲前进，稀疏的松树在竹丛和芦苇上方挺立着，已经是原始森林的边缘地带了。

（节选自蔡贤盛《西藏见闻》，青海人民出版社，1981 年）

第七节　"珠峰绿茶"出易贡

杨辉麟[①]

易贡，藏语意为"美丽"。距林芝 170 公里，距拉萨 600 公里。这里气候温和，终年多云多雾多雨。我们从林芝出发，翻过海拔 4700 多米的色齐拉山，极目四望，唯见重峦叠峰、林木幽深，飞澡漱石，古木倒悬。公路在绿色的环抱中蜿蜒伸展，不知不觉中，车

---

① 杨辉麟，藏族名玛米多杰（MA‐MI‐RDO‐RJE）。西藏军旅作家，西藏作家协会会员、东方文学创作学会理事、中国艺术研究院特邀创作员。有《西藏东南角》等 17 部著作，有作品被收入《西藏军旅文学选粹》等多种文集等。

已在通麦大桥前拐弯，离开川藏公路进了易贡沟。沟谷越来越宽，两边的山势也渐渐变得平缓，山坡上不时出现一块块果园和茶地。身着民族服装的采茶姑娘点缀着绿色的茶园，呈现一幅诗情画意的图景。

珠峰绿茶，外形条紧秀美，色泽绿润。捏一撮放入杯中，将开水冲进，顷刻便可闻到一股诱人的馥香，此时的杯中简直成了海底世界：茶汤是海水，茶叶是海藻，间杂其中的茶叶如游累了的一条条海鱼，正在海藻丛中小憩。当我啜饮了几口，便想起品茶老手"色香味俱臻上乘"的话来。场长帕加乐滋滋地向我介绍：珠峰绿茶之所以为绿茶中之精品，在于它色泽翠润美观，香味鲜浓持久，滋味爽口沁心。话匣子一打开，场长带着神秘的语气讲起了西藏茶叶的来源：相传，很久以前吐蕃赞普堆松芝布杰，不幸身染重病。一天，赞普看见一只小鸟口中含着一根树枝叫个不停。他觉得奇怪，将小鸟失落的树枝拾起，顺手摘下一片叶子放入口中，顿时满口生津犹如甘露，再将残渣吞进肚内，顿感沁人心脾。于是，赞普降旨臣民四处寻找这种绿叶树。一位王臣奉旨去寻，来到一个山秀水明的地方，见一片片坡地尽是不高的绿树，他喜出望外，顿时忘了长途跋涉的艰辛劳苦，很快采摘了一大捆驮回王宫。赞普吃了以后病体康复……自此，茶叶就成了藏族人民生活的必需品。

随即，帕加话锋一转，又讲起了易贡茶场的来历。1964 年，西藏工委就作出在西藏发展茶叶生产的决定，随后，中央农业部、外贸部进藏考察，提出了种植茶叶树区域的可行性报告。同时，进行试种获得成功，从此，结束了西藏不产茶的历史。1985 年，珠峰绿茶远销日本，1989 年荣获"全国星火计划产品展销会"银质奖，1990 年在深圳展销会上获优质奖，1992 年又获"全国首届农业博览会"铜质奖，如今，珠峰绿茶已打开拉萨、四川、北京、天津、山西、上海等市场并引起一些外商的兴趣和关注。听了场长的介绍，犹如品尝珠峰绿茶，回味无穷。

被民间尊为茶神的唐代陆羽在他的《茶经》中论及茶叶品质与土壤的关系时说："上者生烂石，中者生砾壤，下者生黄土。"所谓烂石，系指砂页岩风化形成的砂质土壤，这恰恰是珠峰绿茶的土壤特征。1984 年，上海商检局和茶叶进出口公司化验后欣喜地指出：珠峰绿茶中与茶叶品质成正相关的水浸出物含量为 44.4%，茶多酚含量高达 30.9%，农用化肥残存物含量为 0。易贡四面群山环抱，海拔 2000 米左右，年平均气温 11.4℃，年降水量为 1000 毫米左右；林木苍郁，落叶使土壤腐殖增多，营养丰富；云雾缭绕，空气洁净，使太阳直射光降低，蓝紫光多，这一切都促使茶叶中的糖类、蛋白质、氨基酸、维生素、咖啡因等有机物质增多，从而使珠峰绿茶具有"颜色碧而天然，口味香而浓郁，水叶清而润厚"的特点。

易贡真正发达兴旺是党的十一届三中全会以后改革开放的十多年。1980 年，易贡农场恢复了种植生产。1987 年，易贡农场定名为易贡茶场，新建加工厂 3165 平方米，成为世界上海拔最高的茶叶产地；现有茶园 2100 多亩，已投产面积 450 亩，年产绿茶 110 多吨。"珠峰"牌花茶、红茶、金尖茶……面对经济大潮的冲击，帕加场长还有一层更深远的想法："我们将高薪聘请高级技术专家来指导产品的开发，更新设备使茶叶加工更加精密严格，培训职工将产品打入沿海和国际市场……"易贡孕育出珠峰绿茶，珠峰绿茶寄托着易贡人的希望。

（杨辉麟：《西藏东南角》，西藏人民出版社 1993 年，第 249 - 251 页）

第八节 农场之夜

孙永明[①]

同一天，八一镇连同几个县的许多人都度过了一个不眠之夜。

人们在私下议论着，福建能给多少钱，这些钱将做些什么。广东能给多少钱，这些钱又能做些什么。这些外来干部会拿出什么办法来解决林芝地区的问题。有人说，这些人是来镀金的，不就是三年嘛，三年中还有半年的休假，这一除，就剩下两年半。这两年半里，开会的开会，学习的学习，就只剩下一年半。总之，他们能做什么……

他们的态度很明确：我们欢迎你们来，我们等待着你们的是热腾腾的酥油茶，我们所希望的是，你们都是高原上的雄鹰，但要成为真正的雄鹰。我们要看到你们怎么飞，能飞多高多远。

这想法不只是藏族干部和老西藏的同志有，就是福建来的援藏干部也有这样的想法。邱运才在天还没亮的时候就上车向易贡奔去。

黎明来得很早。八一镇已经沐浴着高原的晨曦，但高原的人们还在熟睡。邱运才乘坐的汽车已经在接近海拔 4850 米的色季拉山口。邱运才想：我今年近五十岁了，我还有多少时间工作，我在西藏的时间只有三年，这三年我要做对得起易贡茶场全体职工的事，让他们过上好日子。

沿途的风光与拉萨和八一镇不同，充满着翠绿和墨绿。邱运才觉得又回到了自己的家乡——福建的建阳市，所不同的是这里的路又陡又窄，而且每隔几公里就有泥石流冲垮的

---

① 孙永明，1955 年生，福建福州人。二级作家，福建省电视艺术家协会副主席。从 1995 年开始跟踪记录福建省援藏干部的工作和生活，曾经 20 多次赴藏，出版长篇报告文学《援藏岁月》《天山沉思录》《西藏日记》等，创作有援藏三部曲剧本《追你到天边》《太阳和月亮》《美丽的故事》等。

痕迹。汽车弯弯曲曲地从海拔 2950 米一直往上爬，到了接近山口的地方才看到一块小盆地。绿色的世界消失了，又回到灰白的空间来。山谷到山头全是灰白和银白色，坐在车里邱运才都觉得冷。司机在山头把车停下来，捡起一块石头往经幡下的玛尼堆一放，高喊一声："噢——玛咪哄！"喊完就到一旁方便去了。

邱运才也跟着学，他想我要在这里工作，在藏文化的地区工作，不能离他们太远，而且一方水土养一方人，自有他们的道理。人类面对着这几百公里的无人区，有多少没有被科学揭开的秘密，无数自然现象被宗教蒙上一层神秘色彩，又有多少至今无法解释的现象在必然与偶然间发生，这又给原有的神秘罩上更多的宗教面纱。跟随邱运才的藏族干部也就在邱运才高喊"噢——玛尼玛咪哄——"的瞬间被感动了，至少说明这位新来的福建干部十分尊重他们藏族的信仰与习俗。

色季拉山口覆盖着冰雪，白色的雪将整个山头包得严严实实的，没有一点儿的空隙。生长在这里的唯一植物青干金也被白雪裹上一层厚厚的纱幔。邱运才站在山口举目眺望，山下的那一片绿色依然傲然挺拔，所不同的是那绿色的松针上多了一层翠绿，多了一丝春的气息，多了一点生命的亮绿。他再往自己将要出发的方向望去，那座号称世界第七高度的南迦巴瓦峰仍隐藏在云雾中不肯露出她那高傲的身影，而在她的脚下却是一片神奇的绿色，一个似乎是人间的世外桃源。从南迦巴瓦峰的山边露出一丝的阳光，悄悄地投在那片土地上，木栅栏沿着青稞地由近向远伸延，牦牛和羊形成不规则的图案，在绿色的草地上变幻着神奇的梦想，那边飘动的经幡像是慈祥的手，在抚摸着每一幢白色的房屋。上苍很不公平，这么绝世美景的地方竟然写着落后与贫穷，邱运才想，我的使命竟然是如此神圣，我要在这里写下些什么，等待我的又是什么。三年零四个月，就这么点时间，我希望一千多个日夜后自己可以无悔无憾地离开。

这是通往林芝地区的另一条路，途经山南地区，离开山南两百多公里后就进入山南地区的曲松县。曲松县就在一个几百平方公里的地质断裂带上，每座房屋都建在直壁上，四周看不到绿色，站在任何一方往下看就像置身于黄土高原。一条望不到边的深谷曲曲弯弯地伸向天边，这就是那条地质断裂带。深谷形成梯形，从谷底向上直到山顶组成了这地球的大台阶，高度近千米，而通往加查县的路就沿着这条山谷向高处爬行。当你的车行到最高处时，你去俯视这条山谷时，就仿佛看到美国西部的大峡谷一样，全是由黄土直壁组成一道道充满野性的土地。

路越走越窄，一个塌方接一个塌方，塌方的路面全都往外倾斜，车轮常常有半个悬空着。这一切都落了在陈营官和秘书陈秋雄的眼里，他们就这样随车起伏在空中和地面上。

邱运才没想到自己会被困在离易贡茶场仅四十多公里的通麦。雨刚停。这雨也怪，从色季拉山开始就一直跟到现在。雅鲁藏布江像头凶猛的野牦牛飞奔而来。一路颠簸，邱运才的身子骨都快散架了，这下可好，眼看就要到达目的地了却就是进不了。邱运才问司机和陪同的两个干部："能走吗?"

"能，要到下半夜才能到……"

邱运才急了，他承受不了这种慢节奏的煎熬。他站在地上，两脚左右动着，急得想骂人。他想，怎么人不会长翅膀呢。他努力克制住自己焦急的情绪，左右观察了一遍，右边是江水，实际上这江水就在他们自己的脚下，左边是山崖，根本无法挖掘。泥石流冲毁的长度有三十多米，形成一个大水坑。邱运才挽起裤管和衣袖，脱了鞋抱起一块大石头往里头填。大家见这新来的领导动手了，也跟随着动了起来。没几分钟邱运才就绝望了。他们投下去的石头在泥坑里滚动几下就随激流而去。

"邱书记，我们今晚就在我们自己茶场的招待所过夜吧。"司机提议。

邱运才看看天色已晚，提着鞋子回到车上。

天黑沉沉的，四周阴森森的，只有司机的发动机打开后才有两束光明在这条川藏公路上发出光芒。高原的夜，风刺骨的冷。望着这光，邱运才感到自己回到了人间，同时也觉得肚子在不停地叫唤着。

车往回走了十几公里就到通麦村。邱运才跟着大家在一栋楼房前下了车。司机四处找人，找了几遍，喊叫了好几声都没人应答。邱运才急了，这几百公里见不得人的地方，本是个过路司机和旅客的中途休息站，这招待所完全可以发挥作用，现在连自己的人来都找不着人。

"把门锁砸开。"

邱运才从行李袋里取出手电筒进屋。屋里除了床和青稞草外没有别的东西。青稞草上爬着老鼠，雨水沿着柱子往下淌，地面上也是坑坑洼洼的小水塘，但终究是有个避风避雨的地方。现在就是要解决肚子的问题。

招待所的服务员终于出现了。她站在门口，一脸的歉疚，用十分不流利的汉语说道歉，边说边给屋里点上蜡烛。邱运才和大家正忙碌着收拾床，这收拾也不过是把老鼠的窝给清走，把泥沙扫清，余下的就只能是大家将就着睡。服务员搬来几床被子往那一放就走了，邱运才伸手一摸全像是隔了好几个夜的冷馒头，硬邦邦的。这一夜，邱运才援藏的第一个夜就只能望着漏雨的天花板了。

而易贡茶场的职工在场部门口一直等到天黑，他们也没有等到新上任的领导。

（节选自孙永明新浪博客，《农场之夜》，网址：http：//blog. sina. com. cn/s/blog_63219ac50100fo5t. html）

第九节　困惑时光

孙永明

朗县的这一夜是个多情的夜。

朗县的县城除了一栋挨一栋的木屋外还是木屋，小百货、小吃大吃全都在这木屋街上。在朗县桥的边上有个小小的集市，看不见绿色食品，就有几摊卖酥油的。晚饭时，新上任的县委正副书记郑民生、张忠毅，副县长李永远、蔡马追想让远道来的亲人有点可口的蔬菜都无能为力。我看到，在他们的餐桌上一丁点的蔬菜也没有，就几丝拌榨菜，连福建人常见的葱都看不到。一条鱼，雅鲁藏布江里的鱼，十几厘米长，七八厘米宽。唯一看得过去的就数牦牛肉，红嫩嫩的。在山南时的午餐，自然比这里精美可口了许多，但在座的没有一个人诉苦，话题总是围绕着工作。

朗县桥是座钢筋混凝土的桥梁，两边的护栏则由木材做成，每一根护栏的柱子上都插着四米高的经幡。

朗县的当地干部为了迎接福建的四位干部，从县级干部的住房里挤出四套小庭院给他们四个人住，足见朗县人对他们四个人寄予多么大的期望。大家知道李永远有个残疾的女儿，便问李永远家里的事安排得怎么样了。李永远笑得很艰难，他尽量装扮出一副若无其事的样子，大口大口地吸着烟，吐着浓密的烟雾，让烟雾遮掩自己的表情。

朗县的夜很静很静，天上的星星很多很多。墨蓝色的夜空下，雅鲁藏布江像一个娴静的少女仰望着春夜里的星空。此后在这里发生了翻天覆地的变化，这位娴静的少女就是一位历史的见证人。

在通麦这条紧靠着川藏公路的易贡路口，邱运才和茶场的干部职工一起填平被泥石流毁坏的大缺口。这是邱运才在易贡茶厂做的第一件事。他和职工一起将这断头路连接上时，也就把他和职工的陌生"沟"给填平了。邱运才边填断头路，边望着遥远而又崎岖的山路。他盼望着，盼望着帕加场长能出现在自己的眼前，能和自己共商易贡的发展大事。

然而，原本就很少见到车的川藏公路偏偏没有帕加场长的车来。邱运才在心里苦苦地叫了声：西藏啊西藏，你怎么是这样来迎接我的一腔热情。

东久水电站是建在高寒多雨的激流溪上，溪流窄小，流量大而激，站在远处就听到激流的轰鸣声，而置身于此地的人耳边终日灌满了这声音。就在我们到达的前些日子，这个大坝刚刚建完。开通渠道的日子里，厦门援藏工程处的同志们连自己的住房也没有保住，炸山时把他们最简陋的工棚也给炸毁了，连吃饭的地方都没了，他们就端着泡熟的快熟面，站在寒风里吃了几天的饭。

这里是藏族同胞的天葬台。天葬台是藏族人民神圣的地方。这是一个庄严的世界，他们将从这里走向另外一个更新更高的起点。

为了尊重藏族群众的生活习俗，为了不影响藏汉民族之间的友好关系，电站指挥部出资，村民们请来喇嘛为在这里走上天街的灵魂，举行了隆重的藏族宗教仪式，同时又拿出一些资金，给村里的党支部建了一个现代风格的活动室。这在林芝地区还是第一个，这个活动场所成了现在当地群众业余生活的主要去处。

大家来到旧的天葬台，它已经不复存在了，但仍然可以见到一些褪了色的经幡在山坡上飘动，平地上那块大石头就是死者在人间的最后一站。大家站在天葬台的旧址上，眼前的一排木屋就是厦门水电工程技术人员的驻地与住房，离他们屋子不到二十米的地方有个下坡，坡底就是一条江，是雅鲁藏布江的支流，按陈国勇工程师的话说："我们是厦门来的，喜欢水，而我们又是修水电站的，所以不管我们晚上怎么睡，头和脚都对着水。"

东久到易贡就有两处大塌方，西藏的塌方大都是泥石流造成的。1994年的4月在这里就有四辆车给埋在地下，而被泥石流冲下来的树依然长在那里。

但，川藏公路也是最美的公路，绿荫遮蔽的路时隐时现，傍着喧嚣的雅鲁藏布江往东伸延。横跨在江面上的桥多姿多彩，有钢木结构的，有木石结构的，有钢筋混凝土结构的。这些桥梁的设计完全是根据这里的地质条件和独特的地理环境来建造的。在186公里处的那座桥，每年都被凶猛的泥石流冲毁，林芝地区交通局的工程师就在路桥连接部分采用了一种独特的方法，将石头用铁丝捆扎在一起铺在路基上，再浇灌水泥。改变路基不牢固的方法，也是一样，还多了许多的大木头。悬崖绝壁上的那座刻有"天险"二字的桥，则采用钢材锁链而后再铺上木头。当我们的车经过时，那桥面上的木头有的已经腐烂，车轮在铁板和木头之间慢慢而过，桥下的浪花从车窗下飞溅而上，足见这江水有多大的破坏性。

易贡茶场因交通和通信条件的限制，地委行署无法与他们在短时间里取得联系。我们的午餐只好在公路边的一家四川人开的小饭馆里解决，吃起早已准备好的快熟面和糕点。在这里没有人提出特别的要求，也没有人会提出特别的要求，人与人之间在这里变得坦诚和相互理解，而且还充满着欢乐与友情。

实际上我们一路都受到大家的关照，丁志隆处长和我们共进午餐时就拿了许多东西摆到我们的桌面上，让我们感到于心不安。

此时，林芝地区交通局新上任的副局长陈锦辉下班也途经此地。他带着一车的修路工程师去拟定修路方案。

这是福建援藏干部到达林芝地区的第三天。

继续往易贡茶场前进就像进入仙境。一路上风光迷人。空中飞鸟鸣声清脆，回荡在空谷间。雅鲁藏布江在这里变得平缓许多，一眼望去，静得像一位慈母在絮语绵绵。云雾变成了山的围裙，淡薄得透出绿色，轻轻地搂着魁伟的大山。瀑布常常令人目瞪口呆，只可惜李白生活的那个时代人们还来不了西藏这神奇壮丽的地方，否则我们可以看到更多雄奇瑰丽的诗篇。

易贡在我们的眼前出现了。江边有一片茶园，绿色连接着铺着晚霞的江面，我们站在茶场，天上还给我们丝丝的凉意，是雨在纷纷扬扬地随风而下。我们在场部办公楼前等待着邱运才。邱运才不知道我们今天会到达他们的茶场，没有人接待，大家都站在楼前的空地上，雨来得大了，大家又走到邱运才的房前。

邱运才到哪啦，有人帮我们去找这位福建新来的场领导。过了很长时间，我们才发现邱运才从远处走来。

大家到了厂房。厂房的房门也没上锁，职工们基本处在停工状态。几台机器也已经锈了，寂寞地停放在空荡荡的厂房里。

邱运才这时开始他慷慨激昂的工作话题。

天色已晚，天黑前必须离开易贡，否则很危险。大家只好与邱运才辞别。

我们在赶回八一镇的途中被泥石流困在半路上整整一个小时。在晚间九点多钟才安全到达八一镇。

我第一次见到这个名叫"泥石流"的自然灾害，我第一次将自己的脚踩在泥石流里，我听到的是山在耳边轰鸣，水在脚下奔跑着，成团成团的鹅卵石在滚动着、咆哮着向你冲来。

（节选自孙永明新浪博客，《困惑时光》，网址：http：//blog. sina. com. cn/s/blog_63219ac50100fo5v. html）

第十节　茶人李国林　一起来探访西藏易贡茶场的师傅

导读：1983年李国林第一次来西藏，到易贡等地考察茶叶种植情况；1994年是当年的易贡茶场老场长帕加亲自跑到雅安说服领导把李师父"借给"易贡茶场；2010年是加工厂的安青厂长派人再次到雅安找到了李师父，前后32年，易贡茶场的领导已经换了好几届，"李师父"依然是"李师父"。

在易贡，如果人们对我的问题无法解答，或者是不耐烦解答，就让我去问"李师傅"，"李师傅"什么都知道。于是我去找李师傅，这个矮矮的，68岁的白头发老汉在车间里指导安装滚动式炒茶机，他要工人们给马达装一个防护，后来的几天他每经过这个地方一次，必然要再说一次。

1. 从"李师傅"到"李师父"

和他聊了一会儿就惊叹他对茶叶的无所不知，赶紧把人云亦云的"李师傅"改成"李老师"，后来了解了他在茶叶方面的权威地位，惴惴不安地打算喊他"李教授"。现在发现，原来全厂人喊的不是"李师傅"，而是"李师父"，早在20世纪80年代，李国林就开始给易贡茶场当老师了。

炒茶车间现如今的主力是大妈们，二三十年前她们是一群未嫁的姑娘，从那时候起，李师父就教她们如何炒茶，如今这些腰身浑圆、面色红润的大妈连带几个姑娘是李师父最骄傲的弟子，也是全西藏第一批真正的炒茶人。

绿茶炒制时，茶叶的香气和口感会随时变化，炒茶时工序环环紧扣，相差时间以秒来计算，李师父的得意弟子们配合默契，没有出过一点差错，显然是训练有素。她们还威风凛凛地命令汽车不准靠近车间，因为车子的尾气会影响茶叶的香味，"茶叶的吸收性特别强。"这专业的术语一听就是李师父的口气。李国林满口雅安四川话且滔滔不绝，让不懂四川话的人很头疼，但他几十年手把手教出来的藏族弟子们听起来却毫无问题。

她们也是李国林告别易贡茶场十多年后重返茶场的原动力：1998年易贡茶场被太阳公司兼并，李国林离开了易贡，因为"给私人干活，我心里还是有点梗起梗起的"。到2010年前，易贡茶场深陷困境，李国林的弟子们一天只有20元的工资，"我想到有点伤心哦，这些都是我的徒弟，搞成这个样子。"

此外，李国林自己的说法，所有到过西藏的人都有"西藏情结"，于是2010年李国林重返易贡茶场，广东援藏组在易贡茶场开展工作也从这一年开始，易贡茶场终于走出了困境。

2. 从巴金的侄子到茶叶权威

加工厂的厂长安青泡了两杯名贵的"雪域银锋"，茶叶舒展，待人欣赏；李国林不管不顾，端起杯子牛饮下去，还呱呱有声，简直不像个茶人。一般来说，茶人应当风轻云淡，细声慢语，恨不得每句话都透着禅机。如果李国林不是"雪域银锋"的创造人，会有人认为他完全不懂茶道。

安青和我洗耳恭听，今天李国林要讲的内容和昨天一样：茶园管理还做得不够，施肥不充分，茶叶的产量还可以再提高；其次是有的茶农施肥方法不对，用马拉犁，扯断了茶树的须根，比较好的方法是在两行茶树中间手工挖沟施肥再覆土。

安青和李国林都知道，在地广人稀的易贡茶场，必然有人力不足的难处，这情况一时无法改变；更何况上山采集"七叶一枝花"甚至虫草的收入远高于辛苦地伺候茶田，更何况还有人偷偷上山砍伐珍稀的红豆杉。但是李国林还是会说，甚至天天说。"我晓得实际情况，有些要求提了也白提，但是我也提，让他们晓得有这回事；如果我晓得这个情况，我不开腔，我要后悔一辈子。"

其实按照李国林的想法，他倒未必想做一个茶人，这位巴金的亲侄子，雅安农学世家的子弟原本想当一个地质学家，哪怕雅安茶厂制边茶时香动满条街，李国林也不觉得自己会和茶有什么关系。1978 年恢复高考时，他由于不喜欢"下田踩稀泥"，不得不选择茶叶专业，就此成了一辈子的职业，如今李国林已经是雅安"南路边茶"的权威，西藏名茶"雪域银锋"和"易贡云雾"都是他的作品。

1983 年李国林第一次来西藏，到易贡等地考察茶叶种植情况；1994 年是当年的易贡茶场老场长帕加亲自跑到雅安，软磨硬泡终于说动了李师父的领导，把李师父"借给"易贡茶场；2010 年是加工厂的安青厂长派人再次到雅安找到了李师父，前后 32 年，易贡茶场的领导已经换了好几届，茶场历尽劫波，"李师父"依然是"李师父"。

李国林在易贡不拿钱，基本上算是个"老志愿者"，后来厂里面实在过意不去，就给了一点生活补贴聊表心意，还说"如果不拿这个钱，也不好意思请你来了。"他在易贡接到的电话，除了家人外，就是天南地北各地的种茶人和老板来请教问题，例如绿茶在雨后第一天采和第二天采，口味上有什么区别。

"没得啥子区别，"李国林说，几十年前他决定学茶时，怎么也不会想到如今中国人会对茶叶热衷到这样的程度。于是他给自己定了个规矩，小茶场不收钱，有钱人开的大茶场，那是要收咨询费的。

3. 老茶人的展望

炒茶已经结束，从上午 9 点到下午 6 点，除了中午的一顿方便面，这个 68 岁的老汉就没有坐下过，所有的过程都他亲自参与。几十年前，他大学刚毕业担任雅安市茶厂厂长时，从平地建厂、摸索完成完整的边茶工艺，一直到生产只用了半年时间，靠的也是亲自动手。

工作全部完成之后，李国林拿了棕条扫帚，将烘干机上细细扫了一遍，防止有茶梗卡在机器上受热焦煳，这是一天最后的工作。"我希望易贡的茶园能逐步改善好，增加产量，达到每亩能制作 20 斤干绿茶的能力。挖草药现在收入虽然高，但这个资源早晚要萎缩，以后不可能长期坚持。茶叶种好了，比挖草药收入好。"

不上班的时候，李国林会去爬山和散步，他能够分辨出几乎每一种植物，甚至包括其口味。据他说自己喜爱摄影，所以每年都想来易贡生活，和做茶一样，李国林完全看不出摄影师的派头，他提着塑料袋，有时候里面装的是镜头，有时候装的是采来的野蘑菇，看来完全没有办个人摄影展的想法。

他最喜欢拍茶场远处一座极尖的山，却怎么都记不住山的名字叫"岗拉孜琼"。记不住也没什么，反正李国林明年还要来。

2017 年 5 月 27 日，易贡茶场组织召开茶叶技术知识研讨会议，茶场首席技术顾问李国林讲授茶叶知识（图 2 - 2 - 1）。

图 2 - 2 - 1　李国林在培训课上讲授茶叶知识

（选自，中国西藏新闻网，2014 - 07 - 11）

第十一节　一条茶叶铺成的天路

高富华①

从"茶马商城"昌都到"雪域茶谷"易贡

……

而我们这次考察的重点之一，就有位于波密县易贡乡的易贡错，这里有着"雪域茶

---

① 高富华，1985 年参加工作，现任《雅安日报》主任记者，著有《大熊猫史画（1869—2019）》和《大熊猫史话（1869—2019）》等。2016 年 8 月 10—26 日，高富华参加了西藏旅游发展委员会主办的"茶马古道·西藏秘径"科考活动。在半个月的时间里，科考队从成都出发，经过 318、214 国道和西藏 305 省道（那曲至林芝），途经四川省雅安市、甘孜藏族自治州康定市和西藏昌都市、林芝市，最后抵达拉萨市，重点考察了察雅、昌都、然乌、来古、嘎龙、易贡、鲁朗等地的"西藏秘径"。高富华考察的重点是"雪域茶路"——茶叶，"这片神奇的树叶"是如何飘进雪域高原的。

谷"之称，易贡茶场就在易贡湖畔。

车过通麦大桥，我们沿着易贡河到了易贡茶场——雪域茶谷。此时，夜幕开始降临，在昏暗的云层下和朦胧的山影中，我们一头扎进了这绿色的海洋中。

在易贡茶场，我们听到了雅安的乡音，看到不少雅安的朋友，大约有10多个雅安人，他们在这里种茶、制茶。

我们饮的是雪域圣茶，喝的是拉萨啤酒，吃的是易贡"雅鱼"，说的是雅安土话，大家相见甚欢。

晚饭后，月亮爬上了山岗。趁着月色，我们走出茶场，一窥月光下的易贡湖。七弯八拐，我们依稀看到了茶园和易贡湖。易贡湖水借着月光的反射发出波光，黝黑的茶垄寂静无声。

第二天清晨，我们起了个大早，直扑易贡湖。

喜马拉雅山被雅鲁藏布江打开一道缺口，从印度洋飘来的暖风使这里温暖湿润，常年云雾缭绕。云雾山中出好茶，易贡湖畔自然也不例外。

在波光浩渺的易贡湖畔，是苍翠的茶园。这里的海拔并不高，只有2200米，适合茶树生长。

然乌湖是堰塞湖，易贡湖也是堰塞湖。

在这里，我知道了什么是"百年一遇"，更明白了什么是"沧海桑田"。

1913年7月2日，一个名叫贝利的英国人来到了这里，给后人留下了一本《无护照西藏之行》的书。

到达港口过易贡错不久，我们来到了一条叫茶隆的河边。茶隆河有15英尺宽，两英尺深，从石床上急流而过。由于人们不肯费力架桥，我们必须涉水过河。他们说这是一条生性凶恶的河流，容易突然涨水把所有桥梁冲走。13年前的7月12日，茶隆河形成高达河谷上方大坝的蓄水池，水有三天流不出去。住在河谷下方的人提心吊胆，知道水坝总有一天会决堤成灾，于是都迁到山里等待河水泛滥。

第三天下午，水坝决了口，泥石流以排山倒海之势向茶隆河谷冲去，一直持续了一个小时，泥和石刚好流到易贡河谷，在河的两岸冲积出一块约两英里宽的扇形地带，易贡河左岸有三个村庄被埋没，他们是茶拉、茶多和茶贡；右岸有两个村庄被埋没，即卡定和旺登。当时还有一件怪事，洪水暴发时，石头和泥巴滚烫的，人们说脚都被烫出泡来，但第二天泥石就冷却了。

更严重的是，大量泥石横积在易贡河中，形成了一道拦河坝，易贡河水堵塞，渐渐形成湖泊。由于水位上涨，淹没了许多房屋，很多牛马也都淹死了，人没有淹死，是因为他们爬到高地上去了。

湖水在一个月零三天之中持续上涨，而后拦河坝顶端出现裂口，湖水水位才下降。我们到那儿时，湖泊依旧很大，高出谷底五、六英里，从我们渡口计算，湖面有六百码宽。

无独有偶，在《艽野尘梦》一书中，"湘西王"陈渠珍叙述了自己 1909 年从军，奉赵尔丰命随川军钟颖总进藏，后取道青海返回的经过，也记录下了他经过易贡湖看到的情况。

大海子，宽里许，长数十里。对岸即易贡。向导曰："多年前，此为小溪，后因左面高山崩溃，壅塞山谷，遂潴为海子。而右岸亦夷为平原矣。"

遥见海子对岸，无数烟堆……

他们叙述了同一件事，即在 1900 年，易贡河左岸的扎木弄沟发生的一场大型泥石流，滚滚而下的泥石流堵塞了易贡河，形成了易贡湖。

而我们今天看到的，是一个"微缩版"的易贡湖，在 2000 年又改变了模样。

2000 年 4 月 19 日，沉睡了 100 年的扎木弄沟又颤动了起来，海拔 5000 米、体积约 3000 万立方米的山体突然崩塌，在短短的 6 分钟时间内，大自然完成了相当于 11 座长江大坝的浇筑方量，易贡湖水快速上涨，在随后 62 天的时间里，湖面由原来的 9.8 平方公里扩展到 52.7 平方公里，整整扩大了 5.4 倍。

6 月 9 日，"大坝"决堤，洪水狂泻，洪水过处，一片疮痍，易贡藏布江、帕隆藏布江、雅鲁藏布江沿岸的所有桥梁、公路通信设施全部被毁，易贡湖也缩小了很多。

如今，这里已建立起了以世界罕见的特大山崩灾害遗迹和中国海洋现代冰川群为主体、拥有面积达 2160 平方公里的易贡国家地质公园。

在易贡湖的消亡与重生之间，雪域茶谷为易贡湖添上了一抹新绿。

而为易贡湖添上新绿的，正是雅安人和蒙顶山茶。

在易贡茶场，说到种茶，茶场的人会说到"李师父"；说到制茶，他们也会提到"李师父"，甚至说到易贡的美景，他们也会说到"李师父"……"李师父"无处不在。

"李师父"是谁？一打听，原来是雅安市雨城区农业局高级农艺师李国林。

1984 年，四川省农垦勘测队与西藏林业厅合作，进行宜茶性土壤调查，李国林成了调查队的一员。他们的目标是察隅县，在从林芝前往察隅的途中，他们偶然听说易贡也产茶。于是，调查队在通麦拐了个弯到了易贡。于是，李国林便与易贡结下了不解之缘。后来，四川省农垦勘测队向西藏林业厅提供了一份《西藏易贡农场宜茶土壤抽查报告》，认为易贡适合中、小叶种的茶树栽培。

有了第一次的良好合作，李国林便成了易贡茶场的技术顾问。退休前，他作为援藏技术人员到易贡，退休后，他作为"志愿者"到易贡。

从西藏考察归来，我登门拜访李国林。李国林家中的客厅里挂满了易贡的照片，这些照片都是李国林拍的。"只要你到过西藏一次，就会想去下次。那里的一切，让人梦牵魂绕。"他已记不清自己已进去多少次了，他教会当地人如何种茶，如何加工，甚至是制茶设备的安装使用，都是他手把手教的。闲暇之余，他就拿上相机出门，把易贡的美景定格在镜头中。

如今，年逾七十的李国林由于身体不适，不能再到西藏了，但更多的雅安人走了进去。在茶界闯荡多年的辜甲红来到了易贡湖畔，他与易贡茶场合作，成立了茶业公司，进行茶叶种植、培育、研发、生产、销售，茶艺及茶文化传播、推广、茶新品、茶工艺研发工作。在他身边，更是聚集了一大帮雅安人在易贡湖畔安营扎寨，他们的目标是依托这里的生态优势，让西藏人民喝上西藏产的"雪域圣茶"，同时还把雪域茶谷打造成了康养天堂。

世界上海拔最高的有机茶叶生产基地——易贡茶场。1966年9月，从雅安名山蒙顶茶场引种，采取有性繁殖试种成功（图2-2-2）。

图2-2-2　易贡茶场茶农在采茶（摄/郝立艺）

（本文节选自高富华：《一条茶叶铺成的天路（二）》，《茶博览》2017年第5期）

第十二节　李国林：情系西藏的茶叶专家

印象中的技术专家，慢条斯理，小心翼翼，眼前这位头发乌黑、精神矍铄、思维敏捷，说话喜欢使用动作语言的男士，谁能想到他就是2011年刚刚评出的雅安市十佳茶人之一——雅安市雨城区农业局推广研究员李国林呢！

当时他的入选理由，除了茶叶专业方面的成绩之外，还有多次援藏，完成西藏察隅县茶叶自然资源考察、林芝地区易贡茶厂改扩建等项目；创制雪域银峰、易贡云雾等名茶，帮助西藏易贡茶厂编写"易贡茶"标准，为藏汉民族团结作出贡献。

说起这段经历，李国林情绪高昂。自打和西藏结缘，已经近二十年了。走过藏区很多地方，他觉得西藏就是一片圣洁的土地，他用酷爱的镜头记录下了那里的点点滴滴。

镜头中有美丽的格桑花、高原上的翠绿茶园、硕大的杜鹃花树……这些照片如同一把把钥匙，开启他那些关于西藏的记忆。

1982 年：野外考察结缘西藏

和西藏结缘于 1982 年。这和李国林自己的特殊经历有关。

李国林是 65 届的学生，不属于"老三届"。"文化大革命"让他的命运一夜之间发生了变化。由于当时的成分问题，他没有继续学业，而在当时的中国航空工业总公司川西机器厂子弟校代课。

12 年过去，终于盼来能够再次求学的消息。恢复高考像突然降临的喜讯，李国林在欣喜之余，也感到莫大的压力。压力来自三方面：一是担心自己能不能考上，二是担心单位不放人，三是自己是 65 届，不属于"老三届"，能不能参加高考？

最后，通过多方斡旋，他获得参加高考的机会。李国林思量再三，没有选择他喜爱的地质专业，而是选择了当时四川农学院园艺系茶叶专业。

1978 年他参加高考，顺利考上，1982 年大学毕业。

毕业后为期一年的野外考察，李国林去了西藏。当时骑着骏马，在边境上考察的情景，那种自由自在，和大自然亲密接触的美好，李国林至今记忆犹新。

考察期间，有两天时间他骑马经过林芝地区易贡茶厂。这也为他后来帮助易贡茶厂改扩建埋下伏笔。

2010 年：十多年后又相遇

毕业后，李国林被分配到雅安市雨城区农业局。由于工作关系，从 1994 年到 1996 年，他又再次到西藏。此后，就一连十几年再没有去过。

可是对西藏的想念一刻没有停止。想念那边内地罕见的花草树木、自然风光；想念各种各样的珍禽异兽；想念那边朴实真诚的人们，在夕阳西下时，在清澈见底的河边，在熊熊篝火旁，一张张映照得红红的笑脸；甚至想念那边温润的空气和山顶缭绕的乳白色云雾……

终于在 2010 年，他又有机会再次去西藏。李国林挎上心爱的相机，安排好各项事宜后，马不停蹄地赶赴西藏。

迎接他的，除了久违的美景，还有一堆棘手的事情。原来，易贡茶厂遇到一些麻烦。

李国林在了解情况后，全心全力地给予帮助。

截至目前，他帮助西藏易贡茶厂创制雪域银峰、易贡云雾等名茶；申请了质量安全认证。由于季风带来的温暖气候，"易贡茶"在 2250 米的高原也能生长，品质优厚独特，李国林根据这一特点，为西藏易贡茶厂编写了"易贡茶"标准。现在，由李国林亲自执笔的茶苗扦插项目报告已经进入审批阶段。

2011 年：再次踏上赴藏之路

2011 年，李国林将再次赴藏。受易贡茶厂委托，他要把一些先进的制茶设备给他们送过去。

这次赴藏，李国林希望教会他们机器制茶，并且帮助他们做包装，为"易贡茶"走向市场奠定基础。李国林表示，自己虽然力量微薄，但也想对国家、对藏汉团结尽点力量。

同时，他还把摄影设备重新武装，希望拍到更美的照片。他说，自己已经 65 岁了，想必以后进藏的机会不多了，所以要好好珍惜。

熟悉李国林的人这样评价他，他崇尚自由，热爱自然，求真务实，他是属于辽阔草原的一匹骏马，无忧无虑地驰骋是他的快乐源泉。

在雅安长期研究茶马古道和茶文化的专家杨绍淮说，易贡农垦农场决定种植茶叶后，派遣了 10 多名员工千里迢迢来到四川，专门到有着四百多年藏茶生产历史的雅安茶厂学习，在 3 个多月的时间里，学员们和雅安茶厂师傅同吃同住，从茶叶粗制到精制，几十道生产工序要全部学完。学习结束之后，农垦农场还从名山蒙顶山引进四川中小叶茶树，带回易贡采取有性繁殖试种，学习组离开前，雅安外贸部门又给易贡提供了不少茶树种子。

第十三节　高原茶场来了位"四川李师傅"

1993 年，易贡农场更名为易贡茶场。为解决茶场规模效益不高的问题，时任易贡茶场场长的帕加亲自跑到雅安，说动李国林的领导，把李国林"借给"易贡茶场做援藏干部。

初到茶场，李国林对茶叶生产加工过程把脉时发现，因为制茶工艺不好，茶叶炒青过后又焦又燥；有的茶农施肥方法不对，用马拉犁，扯断了茶树的须根，而比较好的方法是在两行茶树中间手工挖沟施肥再覆土。更重要的是，茶树茶龄普遍超过 30 年，茶种老化导致产量不高。如果能够全数换为新的茶树，可以让产量翻番，解决效益不高的问题。

多年的制茶经验让李国林明白，只有走茶叶精加工才是茶场的出路。

他的目标，是协助将茶场建设成为全国最有特色、最有竞争力的有机茶生产基地。

从差点倒掉到一炮走红

茶场积压的两万多斤绿茶差点沦为地里的肥料，李国林建议安装先进的制茶设备，将这些绿茶发酵，制作成更耐保存、更符合市场需求的黑茶。价值不菲的茶叶加工设备很快到位，差点倒掉的茶叶被统一制作成黑茶。

2011 年是西藏和平解放 60 周年，黑茶被制作成纪念茶饼，销售一空。

接下来，"雪域银峰"和"易贡云雾"等高端产品相继在易贡茶场面世，茶场还注册了"雪域茶谷"的商标。

当年那些师从李国林的炒茶姑娘们已经步入中年，成为西藏第一批真正炒茶人。2017 年，因为独特的制作工艺，易贡砖茶被评为林芝市首批市级非物质文化遗产。七旬高龄的李国林无法再常驻易贡，但几乎每年他都会抽空去易贡看看。他和他团队的年轻人，依然在进行茶叶种植及茶文化的传播推广。

（网址：http：//www. xiuxiutea. cn/shownews. asp？ ID＝8509，发布时间：2011 - 3 - 11）

第十四节　一名茶叶技术专家的援藏之路

李国林①

一、西藏初缘　1983 年考察的苦与乐

我 1982 年 7 月毕业于四川农学院园艺系茶叶专业（现四川农业大学茶学系）。读大学前"时运不济，命途多舛"，毕业时已 36 岁，但报国之心，家国情怀从未敢忘。

毕业后分配到四川省雅安市农业局（现雅安市雨城区农业局）工作。1983 年 5 月，受四川省区划办派遣去西藏林业厅帮助搞农业区划工作，当时规定去西藏先要进行体检后再进藏，我接到通知较晚，四川省其他援藏人员都集体出发了。我也没有体检，只身一人飞往拉萨，到拉萨西藏林业厅报到后，林业厅知道我是茶学专业的，要求组织一个考察队，去西藏察隅河谷地区调查茶叶自然资源有关状况。

---

① 李国林，四川省雅安市雨城区农业局原茶叶站站长，援藏专家，推广研究员。主持"优质茶高产综合配合技术"等项目，获省农业厅一等奖 2 个、市科技进步奖和农业丰收奖 10 余项。编写《南路边茶加工技术》、《无公害茶叶生产实用手册》等十余种培训资料和多种茶叶标准，培训雨城区各乡镇茶农。多次援藏，完成西藏察隅地区茶叶自然资源考察、林芝地区易贡茶厂改扩建等项目；创制雪域银峰、易贡云雾等名茶，培训大批藏族制茶工人，帮助西藏易贡茶厂编写"易贡茶"企业标准，为藏汉民族团结作出了贡献。从 1980 年代起，多次到易贡茶场指导茶叶生产工作，为茶场发展做出了重要贡献。本文系李国林为《易贡茶场志》专门撰写的回忆长文。

考察队由四川省农业厅杨俊森（土壤）、四川雅安县农业局李国林（茶学）、四川荥经县茶厂刘德伟、西藏自治区林业厅罗志德（林业）和小多吉（司机）等五人组成。我们经过一段时间准备，翻阅了一些资料，当时我预计在西藏东南部丛林中少不了有毒蛇，想准备一些蛇药，但跑了多家药店都没买到，只购置了一些基本装备和药品。开了边境通行证，借到军用地图后，我们一行五人在1983年6月初踏上了去察隅县之路。第一天从拉萨到林芝八一镇（林芝地区政府所在地），400多公里碎石泥土路，小车开了近15个小时。

第二天从林芝出发，途中经过林芝东久茶场（海拔高度2500米）。特别拐进去在东久茶场住了两天，当时东久茶场有茶园43亩左右，还有一个简单的茶叶加工车间。在东久茶场了解了一些茶树生长、茶园土壤和茶叶加工情况，就驱车去了离东久茶场不远的易贡茶场（海拔高度2250米，当时叫易贡农场）。这是我第一次接触易贡茶场，谁知我的后半生就和它结下了不解之缘。

在易贡农场我们停留了6天，对易贡农场的状况特别是对农场的茶树生长、管理及自然环境等情况进行了较为详细的调查。之后，考察队继续上路去察隅县，途中在然乌湖住了一宿，第二天一早就出发了。当时然乌到察隅的公路全是砂土路，弯多路窄坡陡，路况很差，还要翻越海拔高度4900米的德姆拉山。170公里路程走了一天，终于到了察隅县政府所在地竹瓦根区吉公。

县政府向我们提供了当地的基本状况资料，包括行政区划、地理位置、边境现状、社会经济及人口民族状况。当时察隅县很多乡镇不通公路，我们请察隅县林业局一名工作人员为向导，骑马或徒步（马都无法走的地方只有徒步）对察隅河谷地区，即察隅曲及其两条支流（贡日嘎布曲和桑曲）流域进行了为期两个月的野外考察。

那时的工作、交通、住宿、生活等条件远不能和现在相比，察隅县只有一条砂土公路通往中印边境沙玛前哨驻军处，其他各公社（乡）队（村）基本上不通公路，野外考察全靠骑马和徒步，经历顶烈日、冒暴雨、涉急流、过溜索、攀峻岩、下深谷、穿密林、遭泥石流、遇滑坡、睡草堆，吃干粮罐头、冷水拌糌粑，忍受蚂蟥蚊虫叮咬，还要提防野兽、毒蛇的威胁。

我最难忘的是过溜索。记得是七月上旬下午六点左右，考察队来到下察隅沙玛一带察隅曲岸边，需要过河，但无桥无船，只见两根溜索横跨两岸。溜索一般有两种：平溜的溜索两头一样高，横跨两岸，来往都可过，但溜到江心后得双臂交替用劲，攀到对岸；陡溜的溜索两头有一定的倾斜度，一头高，一头低，自然滑向对岸。陡溜一般都是两根，倾斜方向相反，来回都很省力。我们所见到的溜索是陡溜，它一头固定在岸边的大树上，另一头固定在对岸的大树脚下，形成一定的倾斜度，另一根溜索倾斜方向相反。我想象的溜索上应该有一个滑轮，滑轮下系有绳索，但我见到的只是两根光秃秃的溜索，上面什么都没有。

向导说过河的工具还得向当地人借，我们找到了一户僜人家，连说带比划说明来意。这户主人很热情，马上给我们每个人找了一个溜板、一根绳索、一块布，他给自己也准备了一套。当时我一见溜板心里就犯疑，它是一块长 20 多厘米，宽 12 厘米，厚 12 厘米左右的硬木块，木块上刨了一道槽沟用于安放在溜索上，绳索绑在两大腿上和腰间，布块浸上水用于溜索和溜板摩擦时发热挤水降温。僜人汉子给我们演示了怎样固定溜板，绳索怎样捆绑，还告诉我们由于溜索较长不会拉得很直，到对岸还有一小段距离还需用双臂交替攀缘上岸，说完他一松手就溜过对岸去了。

当时听向导讲要过溜索时，我还无所谓，认为溜索上有滑轮，安全有保障，就算掉下去我也会游泳，有惊无险而已。这时一看是这种过河工具，心中忐忑不安，稍有震动溜索滑出槽沟，就会磨断绳索，下面是震耳欲聋的察隅曲河水的咆哮声，掉下去再会游泳也必死无疑。此时别无选择，只有硬着头皮上。我说当地百姓都这样过河，我们也可以，我先过去，你们跟着来。上溜索时心情很紧张，一松手开始滑行时反而轻松了，由于是陡溜，速度很快，耳边呼呼的风声，溜板与溜索剧烈摩擦而发烫并有焦糊味，我急忙用浸过水的布块挤水在溜板上降温，滑过 4/5 的距离后，就停了下来，到对岸还有一小段距离还需用双臂交替攀缘上岸。

经过这次体验，胆量增大不少。考察行进的道路很多时候是沿着河谷走，走一天也见不到一个人影，整日骑在马上，陪伴我们的是密林中的蝉鸣声和围绕在我们身旁的牛虻的嗡嗡声，使人昏昏欲睡，稍不留神马失前蹄，或密林中的树枝拦胸就将你扫下马；晚上睡在床上，耳边仿佛还听见牛虻的嗡嗡声。察隅河谷两岸有很多"非"字形溪流，有大有小，小的溪流骑马就可以过，大的溪流就要将行装放入大塑料袋中，朝袋中吹气，绑扎好袋口使其半浮在水面，拖在马身后，然后赤身骑马过溪流。这里的马个头不大，吃苦耐劳，还会游泳，不会游泳的人骑在马上抱紧马脖子，马在水中游泳时只露出鼻孔和耳朵。我怕把马压下去，就自己游泳过溪流，虽是盛夏，但溪流冷得刺骨。

我们考察时逢盛夏，西藏东南部白天太阳下闷热，紫外线又强烈，我们徒步又背着采集的土样，不一会就汗流全身，穿一件背心全湿透。每隔一段时间，就脱下来挤干汗水再穿上，还不停地补充水分，所带的水坚持不了多久。好在考察一带，溪流众多不缺水，就直接喝溪流水。西藏盛夏的阳光紫外线太强烈，我身上被晒得脱了两次皮，最后皮肤黝黑和当地人没有两样。这里的蚊虫也很厉害，有一种体形很小的蚊虫，在阳光下还没有什么感觉。一旦进入阴暗的树丛中或在晚上，它们就成群结队地扑来，被叮咬后的地方会流出一点黄色液体。叮咬处多了就会浮肿，特别是浮肿的腿上，用手一按就是一个凹处，我们每个人都经历过。

这里河谷植被茂盛，以马尾松、油松、云南松为主。小路两旁蕨类植物高大茂密，偶见蛇穿行其中，人走近就看不见身影，徒步进去易迷失方向。我们离开小路进入密林中，采集土样一般都骑在马上或爬上巨石看清楚方向才动身。在考察途中借宿过前线驻军营地、下察隅农场和当地村民家中，前两者条件都还不错。当时那个年代当地村民生活条件很差，不通道路，没有通电，砍一些含松脂很高的油松碎块，放进铁丝编的网中，夜晚点燃照明用。当我们在原始森林中穿行，眼看天色慢慢昏暗下来时，我们住宿还无着落，心中不免焦急。忽然看到远处一点摇曳的火光时，心中感到特别温暖，生怕那弱小的灯光熄灭。跟着灯光找到村民家时，村民特别热情，马上拿出稻谷放入碓窝，捣谷去壳给我们做晚饭。饭后我们歪倒斜躺在村民家中的火塘四周，边喝酥油茶边和房东闲聊，当然必须由向导当翻译，最后在火塘边迷迷糊糊睡去，这种生活虽艰苦，倒也充满刺激和新鲜感。考察队沿着察隅曲向南，一直深入到沙玛前哨驻地，驻军很多是四川人，对我们非常热情，在军营待的几天是整个考察期最幸福的时光。

考察内容包括察隅曲及其两条支流河谷地区的地形地貌。植被、水利资源、社会经济状况、茶叶生产的历史和现状、茶树生长态势、当地自然环境条件、河谷地区的宜茶荒地资源（面积、分布、土壤状况和综合评价）、茶树生长区域划分等。

二、考察归途　通麦—迫龙天险遭意外

考察结束回程途中，我还暗自庆幸，虽然考察中经历艰难，但来回顺利，因为出发前有人说：此行的路况太差，又逢雨季，能不能顺利完成考察任务还要看运气。我们去的时候还较顺利，走了很长一段"搓板路"（由于雨水多，将公路表层的砂泥冲掉露出大块底层卵石，高低不平，车在上面跳动不已）后，也通过了川藏318线最险的有"通麦坟场""死亡路段"之称的"通麦—迫龙天险"路段。

当时的通麦大桥是一座钢筋混凝土大桥，在桥头东端还有一座"川藏线十英雄纪念碑"。那是纪念1967年8月在西藏迫龙山地段，遭遇特大山崩而牺牲的成都军区某汽车团10名解放军战士。当时我还下车特地在碑前凭吊，心中隐隐感到此路段的风险难料。当时我们经过此段路时只感到路窄、路险、弯多、坡陡、泥泞，时有飞石滚下，虽堵了几次车，但有惊无险地顺利过去了。

没想到2000年在易贡扎木弄沟发生了世界罕见的特大山体崩塌滑坡。易贡湖的形成

就是 1900 年易贡藏布左岸扎木弄沟发生的一场大型泥石流，泥石流堵塞了易贡藏布江形成了堰塞湖，即易贡湖。百年后，冥冥之中灾难再一次降临。刚好 100 年后的 2000 年，又是在扎木弄沟发生了世界罕见的特大山体崩塌滑坡，在易贡湖的出口处形成天然大坝，坝体总堆积土方量超过 3.8 亿立方米，形成易贡堰塞湖，在 62 天的时间里，水位累计上升 55.36 米，水最深处由 7.2 米增加到 62.1 米，湖的面积由 9.8 平方公里扩展到 52.7 平方公里，为山崩堵江前的 5.4 倍，造成湖区大片土地、房屋、农田、茶园被淹，茶场职工搬家到山腰上避难。62 天后溃坝不可避免地到来了，狂泻的洪水以惊天动地之势和恐怖的破坏力在几小时之内便使下游河水水位暴涨 40～50 米，洪水过后下游河道两岸满目疮痍，易贡藏布江、帕隆藏布江及雅鲁藏布江沿岸 40 多年来陆续建成的所有桥梁、道路、通信设施全部被毁，波及印度。

原通麦大桥及英雄纪念碑也未能幸免（现重建的十英雄纪念碑在通麦镇的兵站处）。考察返回路上又经过"通麦—迫龙天险"，运气就没有去的时候那么好了。到了天险路段中的帕隆藏布江的支流培龙弄巴（沟）口时，发现沟口长 32 米、高 10 米的钢筋混凝土公路大桥被大水毁损，归程受阻，路边堵了几十辆等待过桥的车。何时能通车未知，司机们都在路边拿出汽油炉或鼓风羊皮袋，生火、煮茶、做饭，等待大桥修复通车。我们在此地无食无宿，商议后决定返回波密扎木等待通车。到了扎木后立即发电，请林业厅派车来桥对岸接我们。林业厅就近在鲁朗林场找了一辆货车来接我们，接到来车通知后，我们立即赶到桥头，背上资料、土样和行李，攀爬着大桥残存的桥面和钢筋过去，走时告诉司机：这里吃住不方便，我们走后你将车开回扎木等待通车。

就在我们走后的第二天（1983 年 7 月 29 日凌晨 2 点）培龙沟爆发了大型冰川泥石流，沟口的公路大桥被彻底冲垮，桥的公路边 2 台推土机、1 台拖拉机、1 座道班房均被淹没，沟口村庄被冲毁，川藏公路 1000 米长的路段被毁，帕隆藏布江上高悬的钢架索桥被冲毁，泥石流堵塞河道，形成湖泊。当时中科院的一个考察队夜宿沟口村庄恰逢此难。泥石流爆发时天空漆黑一片，考察队员随着当地百姓踏着泥浆没命地跑向山上，逃过一劫。大自然的威力，令人心惊胆寒。好在我们决定正确和运气好，全都安全无恙。这段路曾发生过波密的古乡泥石流、102 大滑坡、培龙弄巴泥石流、迫龙岩崩、拉月大塌方等地质灾害，这里是山崩、雪崩、泥石流、滑坡、地震、飞石等灾害的多发地，年年频繁发生车毁人亡事件，说此段路是"通麦坟场"也不为过。20 世纪 80 年代，川藏 318 线路况很差，没想到我第一次进藏就见识了"通麦—迫龙天险"的危险，更没想到我今后还会数十次经过这"死亡路段"。

回到拉萨后，根据考察情况，我们提出在察隅河谷地区发展茶叶生产的设想，最后由我执笔写出《西藏察隅河谷地区茶叶自然资源调查报告》，提供给西藏自治区政府，用作发展西藏茶叶生产参考。经过此次考察，我对包括易贡茶场在内的西藏茶叶生产的历史及现状有了一个基本了解，也使自己身心经历了一次刻骨铭心的磨炼，对我以后援藏工作裨益颇大。

三、援藏三年　提升易贡茶场技术水平

时隔 11 年，西藏自治区即将成立 30 周年之际，自治区人民政府安排 62 项大型建设工程项目，其中包括易贡茶场改扩建工程。林芝地区农牧局请雅安地区农委，选派一名熟知茶园管理和茶叶加工的技术人员，去帮助他们撰写易贡茶场改、扩建工程项目的可行性报告。派我去的原因是茶园生产管理是我的本职工作，我 1984—1988 年又借调到雅安市茶厂当了五年厂长，对茶叶加工特别是南路边茶加工特别熟悉，而且我又曾经去过西藏。

于是，我和乐山外贸派遣的一名茶叶技术人员，在 1994 年 4 月就进藏到易贡茶场准备资料。刚好易贡茶场正在手工加工绿茶，由于没有掌握好制茶技术，制成的茶焦爆严重，质量较差。我说了一句：这样不行。站在旁边的易贡茶场帕加场长听到后，就要求我留下来几天教工人制茶。最后，我在易贡茶场待了 5 天教工人做茶，时间虽短，但工人做出的茶，不再有严重的质量问题。由于任务在身，5 天后就回到林芝，用了 10 多天时间完成了《易贡茶场改扩建项目可行性报告》。当即由西藏自治区林业厅主持，邀请有关专家、科技人员和有关领导对《易贡茶场改扩建项目可行性报告》进行评审、答辩，并通过评审。

帕加场长要求我帮忙写项目的实施方案，我回雅安后写好很详细的方案寄给了他。他回电说：资金已开始到位，实施方案他看不懂，西藏也没有搞茶叶的人才，只有请我亲自去完成实施方案，我回电：单位放人，我就去。易贡茶场副场长王国林和场长帕加先后来雅安，找我单位协商要人援藏。援藏期三年（1994—1996 年），我在 1995 年和 1996 年每年春茶开采时进藏。

《易贡茶场改扩建项目》主要包括两大内容：

一是关于茶叶方面的，当时易贡茶场只有我一个茶叶专业技术人员，要开展培训茶园生产管理和加工厂制茶工人、干部的培训、指导工作，还要负责创制名茶、规划扩建茶园、改建茶叶加工厂、购置制茶机器等工作。在此期间，每年茶叶采制季节带领茶厂工人，每天傍晚 8 点上班，因采摘的鲜叶下午六七点送到加工厂。鲜叶不能过夜，故傍晚 8 点开始通宵加工，要到第二天早上七八点钟才能加工完毕，制茶工人每天干活 11～12 小

时左右，加班加工名优茶。

我和当时加工厂副厂长平措待工人下班后，还要逐锅评审工人制出的茶并评出等级，算出工资，每天要干 14～15 小时。就这样现场培训加苦干，磨炼出 30 多名能手工制茶、又能使用机器制茶的西藏第一批制茶工人和技术干部，例如平措（后为厂长）、郭惠生（副厂长）、丁增曲珍（后为副厂长）、仁青多吉（副厂长）、扎西顿珠、日杰、巴桑、才扎、曹爱萍、安妮、罗松、央宗、才松拉姆、尼霞、娘娘、白玛拉姆、索朗卓玛、冬梅、大卓玛、普布曲珍、阿扎、小红、卓嘎、仁青、驳日……创制出"雪域银峰"和"易贡云雾"两种名茶。茶叶加工期间或茶季结束后，还要抓茶场茶园扩建、生产管理培训、机器购置、带领内地技工进藏维修易贡茶厂破损机器等工作，为茶场节约了大笔资金。

二是水电站扩建，从原来只有 130 千瓦扩建到 650 千瓦，由云南省支援组织工程队完成。

当时易贡茶场交通、生活条件很差，无洗澡、理发之处，电视只能看一个频道，吃得简单，无娱乐活动，身边只有一个随身听，要耐得住寂寞。一个人住在空荡荡的"将军楼"（原 18 军军长张国华进藏的住所和 18 军军部所在地）中，晚上到处漆黑一片，听到屋外马匹的喷鼻声、刨蹄声和猫头鹰奇怪的叫声，让人心惊。1995 年 5 月的一天夜里，听见户外惊天动地的声响，惊醒后不知发生了什么事？不敢出去，第二天早上出去一看，原来发生了雪崩，发生地点紧挨着场部，雪崩阻断了场部和茶叶一队唯一的道路。经过场部全体人员抢修了几天，才打通道路。好在我经历了 1983 年考察察隅河谷的艰辛和磨炼，这些困难都算不了什么了。1996 年年底项目完成，我才返回四川雅安。

四、临危效命　退休后志愿援藏十年

时隔 14 年，在 2010 年我又一次踏上援藏之路，还是作为不要报酬的个人志愿者援藏，那时我已 64 岁。我 62 岁退休（由于工作需要，延迟了两年），2008 年西藏易贡茶场来了几个人找我，其中有才程（时任工会主席现任副场长）、安青（加工厂厂长）、平措（原加工厂厂长现已退休）。此行目的是想请我再次进藏帮助茶场，原因是我上次援藏任务完成返回内地一年后，由林芝地区行署引进重庆太阳集团对易贡茶场进行改制资产重组，在 1998 年 1 月成立"西藏太阳农业资源开发有限公司"（私企）。国有茶场变为私企后，经营者触犯法律，茶园失管荒芜，茶叶无销路，员工工资发不出，情绪不稳，茶场生产经营陷入困境。

2008 年林芝地委、行署决定重新恢复易贡茶场生产，并派出三人工作组进驻茶场，易贡茶场属正县级单位，当时江秋群培任场长兼书记，朗色任副场长，朗聂任副场长，开展维稳和恢复生产工作，成立了"林芝地区易贡珠峰农业科技有限公司"，来恢复易贡茶场的生产。易贡茶场在私企公司经营期间的 2000 年，发生世界罕见的特大山体崩塌滑坡，在易贡湖的出口处形成巨形大坝阻断易贡曲，形成易贡堰塞湖。湖水上涨，淹没湖畔民居、茶园、茶叶加工厂及部分场部房屋进水，淹死部分湖边茶树，茶叶加工机器也受损。两个月后溃坝，帕隆藏布江及雅鲁藏布江下游沿岸 40 多年来陆续建成的所有桥梁、道路、通信设施全部被毁，茶场成为孤岛。

后来，茶叶加工厂又发生了一次火灾，加工厂房顶和加工机器被烧毁。在此艰难时候，恢复发展生产谈何容易。此时易贡茶场领导想到我曾在这里干过几年，对易贡茶场的茶叶生产、加工都十分熟悉，故派人来雅安请我进藏帮助他们。在这样的情况下，我无法推辞，答应进藏。当时多人劝我，说我已退休年龄大，又患有糖尿病，每天还要打两次胰岛素，去的地方又是西藏，不能去。但我总感到不去，心有不安，最后还是去了。第二年由于有事耽误，茶季已过，故约定 2010 年茶季开始前进藏。这一约定就是 10 年，从 2010 年到 2019 年，除了 2015 年我因运动受伤住院未能进藏（虽未进藏，也肩负任务，在内地帮助茶场组织机器定制、包装材料、运输等事宜），每年茶季开始，都如约进藏到易贡茶场。

在 2010 年 7 月—2019 年 7 月间，广东省佛山市和国资委连续派出三批易贡茶场援藏工作组（现已四批），援藏工作组组长任茶场党委书记，每批援藏三年。投入大量资金对易贡茶场基础设施、住房建设、招待所、食堂、水厂、职工生活、茶园管理、加工厂建设、机器车辆购置、茶叶包装设计制作、茶叶参展、创收扶贫各个方面都给予极大援助，易贡茶厂各方面得到很大改善。由于这三批易贡茶场广东援藏工作组都没有搞茶叶的技术人员，所以我在这十年间，负责易贡茶场的茶园生产管理、茶叶加工、产品创制、工人及干部茶叶技术培训、产品的工艺流程、机具配置、有机茶认证的资料准备及申报、企业生产许可证的申报资料准备及申报、易贡茶企业标准的起草制定、参与包装设计等工作。

2010 年 4 月来到易贡茶场后，我先到各个茶叶队和加工厂了解到茶场关于茶叶方面的情况是：茶园都是 20 世纪六七八十年代用茶籽繁殖的老龄茶园，加上多年失管，荒芜茶树在杂草丛中高达 3～4 米，只有顶部有一些叶片，这种茶树没有什么产量，即使有些芽头也无法采摘；有部分经过台刈修剪的茶树，由于根茎部残留苔藓，茶场就采用火烧苔藓方法来解决，台刈后也未施过任何肥料；即使有些采摘茶园已多年未施过肥料，也未进行过病虫防治；除草方法用马拉犁贴近茶根处翻地的粗糙方式，损伤不少茶树须根，造成对茶树的伤害；鲜叶采摘不标准，难以制出好茶；火灾后茶叶加工厂厂房已修复，但制茶机器老旧破损严重，购置了少量机器又不适用而闲置；制茶工人由于无茶可制，工资低工人情绪低落；库房存有近1万千克原西藏太阳农业资源开发有限公司生产的而未销售出去的炒青绿茶，时间已有七八年，有的甚至十多年，茶场准备当作肥料处理；各茶叶队的职工由于茶园产量少，生活来源主要靠自留地和采集野生药材、菌类或外出打工；当时易贡茶场广东援藏工作组还没来，各种援助行动还未开展，茶场经费十分紧张，开展工作较困难。

针对以上状况，我提出以下建议：尽快将衰老失管茶园台刈，重新恢复生机，想办法搞些肥料，施一次春肥，对台刈后根茎残留的苔藓不能用火烧方法（我未到茶场时，茶场已对部分台刈茶园采用过火烧方法来处理），这样会将茶树根茎部的潜伏休眠芽损伤，不利于台刈后的茶树萌新芽；除草尽量用人工除草，如果人手实在太少，用马拉犁在两行茶树中间翻土压草减少对茶树根部的伤害，除草结合施肥。我给贡茶场茶叶生产管理部门负责人才程（现任副场长）写了易贡茶场现有的各类型茶园周年管理方案；茶叶采制立即开始，能加工多少是多少，前期加工"雪域银峰""易贡云雾"两种名茶，制定出严格的采摘标准，后期加工"林芝春绿"。当时易贡茶场生产加工的是炒青绿茶，价格低，质量一般，又无名气，后来我将采摘标准提高一档，制作工艺有所改良，产品名称改为"林芝春绿"，价格也大幅提高，产品也深受消费者喜爱，每年销售量最多。为了调动职工积极性，采摘工资上调，加工工资也上调，职工收入增加。库存多年的1万千克炒青绿茶暂不要处理，我来想办法。开始准备易贡茶场有机茶认证工作，接待有机茶认证检查人员；手工做茶不现实，先买部分最急需的制茶设备，待易贡茶场广东援藏工作组来后再说；重点是2011年改造后的茶园产量多了就可以大干了，大家都期待着。

2010年7月广东援藏工作组到达茶场，当时我已回雅安准备茶场急需的机器和边销茶的包装材料。为了解决近1万千克的积压炒青绿茶，我定购了一台60吨的液压机及压制模具和其他机器、包装材料。广东援藏黄书记答应给茶场买一辆大货车，约好待2011年4月我进藏时，茶场派人来四川买车，顺带将准备好的机器、材料拉回茶场。次年，加工厂厂长安青和司机次仁尼玛来川买到货车，装上机器和包装材料，我们一起走川藏南线，翻越4000米以上高山10座，路途中我们3人都有不同程度的高原反应，我程度最轻，只是夜晚睡觉时有点头痛，他们两人还流了鼻血。耗时5天半回到茶场。回到茶场后就开始准备生产、加工等方面的事，前两年台刈后的茶树也可以采摘了，在易贡茶场全体员工的努力下，以及广东援藏资金的大力支援下，茶场生产逐渐走上正轨。

首先我将库存积压多年的近1万千克炒青绿茶进行复制，安青（厂长）、普桃（副厂长）和工人按照我要求的复制工艺，将绿茶经发酵后改制成黑茶（即藏茶），然后蒸压成饼茶、砖茶。2011 年时逢西藏和平解放六十周年和中国共产党成立九十周年，我在内地找人订制了两个模具，液压机已拉回了茶场，就加工制作了西藏和平解放六十周年和中国共产党成立九十周年这两种纪念饼茶和一些小圆饼茶和小方砖茶，把将近 1 万千克积压绿茶全部利用起来，不仅避免了损失，还增加了收入。

2012 年试制红茶成功。根据西藏市场对红茶的需求，易贡茶场要求我试制红茶。我先给安青、普桃、丁增曲珍、曹爱萍、才珍垃姆等茶厂负责人及骨干工人讲了红茶制作工艺及关键工序和注意事项，在试制过程中再给操作工人边做示范边讲解。试制的红茶产品品质优良，由于无包装且开始量较少，援藏工作组搞了个临时包装叫"藏红茶"，也未分级。2014 年小朗杰场长（继江秋群培场长之下一任场长）请我先设计一款红茶包装给大家看看，我试着设计了"雪域红茶"特级和一级两款包装，小朗杰场长将"雪域红茶"改为"易贡红茶"，其他内容未变。此茶销路甚好。

试制"雪域藏茶"并扩展了雪域藏茶的花色品种。早在 2011 年茶场就试制出了雪域藏茶中的纪念饼茶、小圆饼、小方砖等品种。但纪念饼茶有时间限制，不能年年生产，而小圆饼、小方砖没有包装。当时为了起草制定易贡茶企业标准时，我给这类茶起了"雪域藏茶"的名字。2017 年我向易贡茶场广东援藏杨书记和茶场小朗杰场长谈到雪域藏茶在西藏旅游市场中潜力巨大，它具有饮用、收藏、纪念等多种价值，易贡茶场应大力扩展雪域藏茶的花色品种。即包括各种规格、形状的紧压饼茶、紧压砖茶、散茶、袋泡茶及工艺茶等系列产品，并谈到以易贡茶场现有设备的情况下，添加部分设备即可生产雪域藏茶中的小圆饼、小方砖、板块茶、易贡金砖、纪念饼茶、多种规格的竹条包茶及精制康砖等品种。

杨书记和小朗杰场长都同意此想法，杨书记还提到所需资金由他来想办法，我负责制定各产品所需原料等级要求、产品规格大小、重量、拼配比例、面茶和里茶比例、所用模具、包装材料、机具定制等事宜。雪域藏茶的各种包装设计由援藏工作组小黄负责找人设计一个初步方案后再开会决定；需建烘房由我提出要求，也由小黄负责找人施工。我返川后即找厂家按产品要求来定制机器及材料，并与厂家约定第二年四月派人和我一起去易贡茶场安装机器并培训操作工人。第二年按约进行，试产成功。同时，援藏工作组小黄也找人将包装设计方案完成，并通过杨书记、小朗杰场长、安青厂长、普桃副厂长和我一起商定同意后马上着手制作包装，烘房也按期完成。现易贡茶场已有小圆饼、小方砖、纪念饼茶、板块茶、易贡金砖、150 克、250 克、500 克三种竹条包茶、精制康砖等雪域藏茶产品。

培训了又一批茶叶加工和生产管理人员。1994—1996 年培训的西藏第一批制茶技术人员和制茶工人，那时大多数年龄在 17～30 岁之间，岁月流逝，有的远嫁，有的调离，有的退休（为解决茶场遗留问题，茶场职工 45 岁退休）。例如原加工厂平措厂长、仁青多吉副厂长退休，郭惠生副厂长调离。后接任的加工厂厂长安青、副厂长普桃，还有新来的一批工人都是第一次见面，都需培训。另外红茶、各种藏茶等新产品的制造工艺和方法老职工也不会，都得培训指导。经过多年的一起工作实践和培训，安青、普桃及丁增曲珍（现已任副厂长）、曹爱萍、索朗卓玛、普布曲珍、大卓玛、巴桑、米穷、旺久、罗桑次仁、昂旺益西等，都能熟练掌握易贡茶场生产的各种绿茶、红茶、黑茶（藏茶）的加工工艺和操作方法。安青脑袋灵活，责任心强，好学肯问，可惜早早退休，安青退休后普桃接任加工厂厂长，我又重点辅助普桃，现普桃已能担当胜任厂长工作。

在茶园管理方面，我多次在茶园地头给茶叶各队现场培训和在教室里给茶场职工授课。特别是现任易贡茶场副场长的才程，一直负责易贡茶场的茶园生产管理，从 1994 年我到茶场就认识，他那时还是年轻力壮的小伙子，整天跟着我用自制的土仪器测量新垦茶园面积平面图。2010 年我再来易贡茶场时，他时任茶场工会主席，主管茶园生产管理，我给他和其助手扎西顿珠讲了不少关于茶园生产管理技术及茶园病虫害识别和防治知识，给他写了易贡茶场各类茶园周年管理计划等资料，严格执行各类茶叶采摘标准，还教他和生产科其他同志快速测试土壤 pH 的方法。现才程已升任易贡茶场副场长，还在负责易贡茶场茶园生产管理。

过去易贡茶场的砖茶（普通康砖）质量不够好，销路不佳。我来后在发酵工序和拼配上做了改进，销路和价格都大幅提升，渐呈供不应求之势。但是近几年，国家对边销茶氟含量超标问题十分重视，要求严格执行砖茶含氟量不能超过 300 毫克/千克。全国所有边销茶生产厂家都存在此问题，易贡茶场也不能幸免。2020 年我未进藏，考虑到这个"氟"的问题，就叫普桃厂长给我寄来 6 个原料样，检测各个样品含氟量，以期解决此问题。普桃厂长在 2020 年带了几个内地援藏建茶叶加工厂的工程技术人员，来雅安找我咨询有关厂房要求及机器之事。普桃来时茶样品含氟量结果还未出来，我就给普桃具体讲了茶叶中的氟是怎么回事，怎么解决。

后来样品检测结果出来后，我寄给了他，并详细讲了如何拼配才能使产品达到要求。使我不安的是，我在网上看到他们在 2020 年 11 月还在组织人员采割加工粗茶。粗茶含氟量特别高，用粗茶原料加工制出的砖茶肯定氟含量超标，查出后必遭处罚，雅安各边销茶厂家已无人收购粗茶原料了，易贡茶场广东援藏工作组（对易贡茶场来讲是第四批）专门有搞茶叶的技术员，我怕造成浪费发短信给他，请他慎重。我已尽力，只有这样了。

我帮助易贡茶场编写、填写了申请"食品生产许可证"认证所需的全部资料，取得

"食品生产许可证"。帮助易贡茶场编写了有机茶认证所需的程序文件、工艺文件、管理文件、质量记录文件、有机茶管理手册等所有文件和资料。2013 年易贡茶场获得中国质量认证中心颁发的"有机转换产品认证"证书。我帮助易贡茶场起草编写了西藏林芝市易贡茶场"易贡茶"企业标准及企业标准编制说明，上报质检局。"易贡茶"企业标准已作为易贡茶场组织生产的依据。

早在 2010 年，我考虑到西藏今后茶业发展之需，编写了"林芝地区易贡茶场茶树良种繁育基地建设可行性研究报告"和"林芝地区易贡茶场茶树良种繁育基地建设项目实施方案"，交与易贡茶场供其参考申报。

当年（1994 年）我来到易贡茶场时，茶场只有砖茶和炒青绿茶两种产品，由于质量问题销路都不见好。我来到易贡茶场后陆续组织生产加工有雪域银峰（绿茶类）、易贡云雾（绿茶类）、林芝春绿（绿茶类）、易贡红茶（雪域红茶，分特级一级两种，红茶类）、雪域藏茶（有小圆饼、小方砖、散茶、板块茶、纪念饼、竹条包等多个品种，黑茶类）、砖茶（有普通康砖、精制康砖，黑茶类）等品种。我给这些茶叶产品命名后并编写了每种茶的加工工艺流程，言传身教培训茶厂职工熟练掌握以上各种产品所要求的加工工艺流程、操作方法、各工序参数，加工的茶叶产品质量优异。

2017 年"特级易贡红茶"荣获中国第十五届国际农产品交易会金奖。2018 年"易贡云雾茶"（绿茶类）荣获第二届中国国际茶叶博览会金奖。2020 年"易贡甄选绿茶"荣获2020 年第十届"中绿杯"全国名优绿茶产品质量推选活动"特金奖"，这也是西藏自治区在该届推选活动中的唯一获奖产品。2016 年"雪域茶谷"商标被评选为"自治区第九批著名商标"。

五、重圆心愿　赴墨脱指导茶树种植

2018 年 4 月受林芝市农牧局邀请，我去墨脱县办林芝市第一批茶叶种植培训班。墨脱是我向往已久的地方，未去之前我在书上早已熟知这个地方，它是全国唯一不通公路的县，被称为"最后的秘境"，是高原孤岛。当年察隅河谷考察结束时，我曾提议再去墨脱，当时考察任务已完成，大家都精疲力竭，再重新踏上充满危险的未知之路，而且是全程背行装徒步，大家都不愿意，连向导都不去，只好放弃了。2013 年嘎隆山隧道打通，解决了每年长达 8 个月的大雪封山道路无法通行的问题，使修建历时 38 年的扎墨公路（117公里）实现全线常年性通车。我在易贡茶场援藏期间，也几次提到去墨脱考察，甚至有一次和才程副场长约好，第二天早上就走，临上车前因急事又泡汤了，这次终能成行了。

2018 年 4 月 11 日我和林芝市农牧局的边巴、次穷（女）、强巴（司机）等一行四人从林芝出发去墨脱。从林芝到波密县 236 公里，走了 3 个多小时。途中经过"通麦—迫龙天险"路段，此路段已大变样，国家投巨资，修建了"五隧二桥"，即 102 隧道、飞石崖隧道、小老虎嘴隧道、帕隆 1 号隧道、帕隆 2 号隧道、通麦特大桥、迫龙沟特大桥。从 2012 年年底动工，2016 年 4 月全路段通车，耗资 15 亿元。以前这 24 公里长的"死亡路段"要走 2 个小时，现在只需 20 分钟，真是天堑变通途。

到了波密，吃过午饭就沿扎墨公路进发，车行不久到了海拔 3700 多米的嘎隆垃山隧道口。时值 4 月中旬，嘎隆拉山白雪茫茫，阴云密布，隧道长 3360 米，几分钟就通过了。出了隧道就开始下山，下山路弯多、路陡、路窄又是卵石泥土路，一路下坡，海拔高度愈走愈低，沿途已有野芭蕉树出现，我知道离墨脱不远了。由于沿线在加宽公路，走走停停，车子一直沿着雅鲁藏布江而行，到了墨脱已是下午五点半，从波密扎木到墨脱 117 公里走了五个半小时。

第二天，去墨脱背崩乡格林村指导门巴族村民种植茶苗，我们 4 人加上墨脱县农牧局的久美一共五人坐车去背崩乡，墨脱县城到背崩乡格林村也就 16 公里左右，但不巧的是这几天正在浇铸水泥路面，汽车无法通行，只有下车步行。又遇这几天连续降雨，路面泥泞不堪，走了一个小时，还搭了一小段顺风车，走到背崩乡去格林村交叉路口，背崩乡政府派车来接我们去格林村。格林村海拔高度 1800 米，这次种植茶树 350 亩，我们来时村民正在地头种茶苗，我们即刻召集村民，现场培训：内地运来的茶苗如何保管、种植规格、施底肥、株行距、种植方法、幼苗期的定型修剪、种后管理等。村民全都是门巴族，所幸我的话他们能听懂一些，加上久美帮忙翻译，我再重复一遍，他们就基本上听懂了。

讲完后村民分头种植，我们在地头检查各人种植是否符合标准要求。到了下午 2 点左右，才在村支书家里吃午饭，村委主任也过来了。门巴族待客十分热情，招待我们的是墨脱著名的石锅鸡（野生菌炖鸡），自酿的玉米鸡爪谷酒。饭后背崩乡干部李飞充当临时司机送我们回墨脱县城。但只走了短短一段路，又遇路面铺水泥，不能通车，只有下车步行。这时天又下起小雨，路又泥泞，比来的时候还难走，有时一脚下去，稀泥漫过脚踝，不一会儿裤脚和鞋全都灌满稀泥。墨脱四月天气比西藏其他地方都热，我穿了一件单衣套了一件冲锋衣，不一会汗水将单衣浸透，雨水将冲锋衣淋透，我真的领教了墨脱的雨水，这还不是墨脱的雨季。走了两个多小时，见到了还在路头等我们的强巴司机，我满身稀泥雨水，自己都觉得不好意思上车，回到墨脱县城住处已是下午 6 点钟了。回到住处立即洗澡、换衣、换鞋，7 点多才吃晚饭。

此次去格林村种植茶苗发现一些问题：一是茶苗质量较差。表现在很多茶苗根系生长差，簇状短细根看上去呈球状，没有明显的健壮长根；村民反映和我看到的一样，很多茶苗太小，高度不足20厘米，是不够标准的茶苗；听驻点的农牧局技术员讲，去年有些茶苗叶片叶面有小圆状下凹，背面凸起上有白灰粉状物，我判断是茶饼病和茶网饼病。几天后我在墨脱村茶园里，也发现有茶饼病和茶网饼病，根据国家标准《茶树种子和苗木》（GB11767—89），茶饼病和茶网饼病是危险性病虫害，是检疫对象，是不能调运的。

二是种植时间不对。听村民说茶苗4月上旬从雅安运来，雅安茶苗2月中旬就已萌发新梢，待到4月上旬新梢都有20多厘米长，这时候起苗，新梢柔嫩还没有木质化，种植后会枯萎，茶苗老板运苗时会把新梢剪掉，种植后重新萌发新梢，这样就浪费了茶苗自身营养，影响茶苗生长。以墨脱的气候条件，茶苗运输进藏时的路况和气候情况，雅安一带茶苗出圃时间综合分析来讲，应该在9月下旬至11月上旬种植为佳（西藏其他气候条件比墨脱差的茶区还应在9月中旬至10月上旬种植），即不宜春种，而应秋种。

三是调苗不能一次性运来全部茶苗，在劳动力不足的情况下一次性运来大量茶苗，十天半月都种不完，长时间搁放，茶苗成活率低。应视劳动力状况，分批调运茶苗。以上问题我已向同来的林芝市农牧局和墨脱县农牧局同志讲过了。

给墨脱镇墨脱村的门巴族村民进行了有机茶园生产管理技术培训，并编写了有机茶园生产管理技术的培训资料发给门巴族村民，在室内讲课后又去茶园实践。村民积极性很高，也肯学习。

在墨脱期间，我还遇见了几个名山老乡，一个是名山区农业局的徐晓辉，他在2014年就来到墨脱帮助种茶，取得不错的成绩。另两个是名山的姜举文及其伙伴，被聘请到墨脱县茶叶公司搞红茶加工，我品尝过他们做的红茶，品质也不错。能远离家乡，来西藏帮助西藏茶业发展，也真不容易。

离开墨脱前去墨脱的著名的仁青崩寺看了看，听当地人讲，此寺虽小，但影响力大。又去参观墨脱博物馆，了解了一点门巴族的生活和历史。我感触最深的是，墨脱县背崩乡是最靠近中印边境线的一个边境乡，当我站在背崩乡雅鲁藏布江岸，望着江水一路南下，两岸原始丛林绵延不断，一片未开垦之地，心里感慨万千。

刚从墨脱返回雅安不久，林芝市农牧局边巴又来电请我迅速进藏，因茶园发生较大面积的病虫害。我9月初又进藏，和农牧局边巴、尼玛曲珍、边吉、索朗（司机）等同志一起去受害茶园调查。最后我提出的调查结论是：发生病虫害的茶园主要是新栽的幼龄茶园（2014年种植），主要是假眼小绿叶蝉，症状为危害茶树上部嫩叶及芽，表现芽叶萎缩，叶尖枯焦，危害率达90％以上。还有螨类危害，主要危害福选9号茶树，危害茶树的嫩叶和成叶，危害率达85％以上。也有炭疽病、轮斑病，发病较轻。弄清楚原因后当即召集相关人员告之茶园病虫害情况，由于茶园是有机茶园，不能使用化学农药，故提出在农技措施、生物防治、封园药等方面，对上述病虫进行防治。指出病虫害发生的主要原因是茶苗调运时未严格把关，由于西藏基本上是植茶新区，对茶树品种、茶树病虫害检疫要求及茶苗标准要求并不十分了解。全由茶苗老板说了算，其实很多茶苗老板自己都弄不清楚，至于茶苗的检疫证，天知道是怎样得到的。我建议严格实行苗木消毒制度：严格要求茶苗老板在茶苗出圃前 10 天用 2.5％联苯菊酯 1500～2000 倍液，或 98％杀螟丹 800～1000 倍液喷洒茶苗，可防治茶小绿叶蝉、茶蚜、螨类等害虫；如发现苗圃茶苗叶片上有病斑，还要用 0.6％石灰半量式波尔多液，或 25％灭菌丹 400 倍液，或 50％多菌灵 1000～1500 倍液喷洒茶苗，可防治炭疽病、轮斑病等病害。茶苗消毒后，方可出圃检疫后调运。对于有茶根结线虫、茶根蚜、茶饼病、茶根癌病等危险性病虫害的茶苗，坚决不准调运。

西藏引种茶树，必须根据西藏各茶区的自然环境条件、栽培特点和生产加工茶类，来决定引进什么样的茶树品种。也就是要考虑茶树良种的适应性（是否适应当地的气候和土壤条件）、丰产性（产量高）、适制性（是否适制绿茶、红茶、青茶等茶类）、抗逆性（是否抗寒、抗旱、抗病虫）。选用茶树良种应根据上述性状综合评定，上述各项性状都好的品种最为理想，但不易获得。如果某一性状突出，其他方面表现一般，而当地又很需要，也可以引进。根据我多年对西藏茶区的自然条件、茶树品种特性及适制茶类、当地生产和加工条件的了解，现在正当西藏东南部大力发展茶业生产之际，为了不盲目引种，减少损失，我对西藏各个茶区推荐了一批茶树良种名单，已交到林芝市农牧局边巴科长的手中。

我从 1983 年第一次进藏到 2019 年已有 36 年，在这期间陆续进藏 18 次。是什么吸引着我？我也说不清楚。西藏是一个去了还想再去的地方，是我魂牵梦绕之地。有些往事是很难忘怀的，忘不了当年我和藏民搭载的敞篷货车，在漆黑的高原夜空下，被鬼叫般尖利刺耳呼啸的山谷风追逐着；忘不了高原上震慑灵魂的电闪雷鸣；忘不了那些虔诚地磕长头的人们，用身体日复一日地丈量着漫长的朝圣路程；忘不了亘古以来守望着茶场的纳雍嘎波雪山；忘不了易贡在美丽之中却隐藏着地质灾害多发的忧患；忘不了和藏族朋友经过高山垭口时高呼"拉索"，以表达对山神的敬畏和祈求旅程的平安；忘不了和藏族同胞日夜相处的深情厚谊。

我曾也转动经筒，不为超度，不为轮回，只为祝福，天佑中华！天佑西藏！

李国林

2021 年 5 月

第十五节　一家西藏特困国企易贡茶场的救赎：援藏启示录

走在改革开放之先的广东思维，在西藏撞上了沉重的现实，比如"待业青年"这种几乎绝迹的名词，在那里却是个棘手难题。

钱、项目、人……广东能给西藏什么？岭南的市场思维，如何能嫁接到雪域高原的特困国企身上？易贡茶场的四年援藏试验，提供了一个观察样本。

"同车的当地人开玩笑，说欧书记你看你脸都吓白了"，2014年夏天，向《南方周末》记者回忆起一年前上任的情形，广东省国资委派遣的赴藏干部欧国亮记忆犹新。

那是2013年7月，西藏的山尖依然覆盖着白雪。欧国亮坐在越野车里前往易贡茶场任党委书记。土路颠簸不休，一侧是山崖，一侧是奔腾的江水。

易贡茶场是世界上海拔最高的茶场，也是西藏唯一成规模的茶场。

虽然距林芝中心还有168公里，几乎与世隔绝，但它却有着远高于其规模的政治地位。这是一个正县级的国有企业，正式职工112人，总人口1508人。

在茶场，新书记和老书记见了面——老书记黄伟平也是广东省赴藏干部，担任茶场党委书记已经三年期满。

自1994年中央西藏工作会议正式提出"对口援藏"的口号起，广东省对林芝地区的援藏活动已近20年，累计投入资金超过70亿元。2010年，广东援藏地点从传统的林芝、波密、察隅、墨脱四县，第一次扩大到了偏远的易贡茶场。

黄伟平是广东派来的易贡茶场第一任书记。两人用了一星期的时间交接工作，欧国亮有些措手不及——黄伟平的说法是，这里还是内地20世纪70年代的水平。

这一年，茶场居民的人均年收入只有4000余元。这时候，广州的居民人均收入已经超过18000元。

"特困生"的自救

"是我们去把广东援藏争取过来的。我们是茶场，要把茶叶卖出去，广东应该会有办法。"

4000余元的人均年收入，已经是广东援藏干部入驻3年后的结果。2010年，这个数字是1700元。

刚到茶场时，让黄伟平惊讶的是，当地老百姓喝的还是山上流下来的黄泥水。

顺理成章，援藏第一件事便是"饮水保障工程"，黄伟平筹集20余万元资金建了过滤网，用来拦截、沉淀泥沙。

3年后，水里的黄泥没有了，但专家检验水质后又发现山泉"砷超标"，等于说大家都喝了一点砒霜。2014年4月，欧国亮把这一情况汇报给自己援藏前的就职单位广东省国资委，国资委筹资5000万元，修建了当地第一座自来水厂和新的发电站。

"来之前组织上没说过茶场的情况，真没想到这么落后。"欧国亮说。

始建于20世纪60年代的易贡茶场，当初是用炸药炸出来的。

1966年，新疆生产建设兵团依照国家要求，组建了易贡五团，向西藏推广农垦屯边的经验，两千余名农垦士兵从一处边疆来到了另一处。当时易贡湖边都是原始森林，大树盘根错节，斧砍不断，为了开荒种地，年轻的士兵们在树根下掏一个50厘米左右深的坑，放上500克左右的炸药包，轰的一声，泥土四溅，树和树根炸成了两半。

大干四年后，农垦兵团发现，易贡山高坡陡，无法推广新疆的机械化农场模式，农垦士兵又被全数调回新疆。农场却保留了下来，周围的藏族人以扩场工的身份全部纳入农场，生产物资也被一并纳入。之后确立了以茶叶为主的经营方式，又更名为易贡茶场。

现任茶场场长安青回忆说，40年前，他们也像内地的农村一样，分成不同的生产队，劳作时还要比赛争夺流动红旗。农场有自己的小学和初中，老师都是毕业后"支援边疆"的内地大学生，校长是一个会弹钢琴的北京人。几年教育下来，孩子们会用民族舞排演《北京的金山上》，会唱《边疆的泉水甜又甜》，知道北京、上海，反而不知道那曲和阿里。

1990年代之前，易贡农场是西藏有数的兴旺之地，只需完成上级安排的生产任务，不用考虑销路。但很快，当没有了国家的统一收购后，不知如何打开销路的茶场，开始变得难以为继。

一次失败的改制，更让这所曾弥漫着革命激情的茶场彻底陷入了困境。

1998年，正是国企改制风行之时，易贡茶场也在当地政府的主持下，引进一家重庆的企业成立股份制公司，更名为"西藏太阳农业资源开发有限公司"，最后却演变为西藏自治区建区以来涉案金额最大的贷款诈骗案。

来自重庆的公司负责人以茶场技术改造为由，把茶场资产拿去做抵押，贷了5300万元。除少部分用于茶场经营外，大部分都挪为他用。2006年东窗事发时，茶场已一蹶不振。拖欠职工工资360万元，欠缴职工社会养老统筹金2700万元、公积金1000万元。

由于欠缴养老金，职工无法正常退休，易贡茶场成为当地的上访大户。

"是我们去把广东援藏争取过来的。"安青说，当时的茶场老领导江秋群培写信给林芝地委，请求将茶场作为广东援藏的地点，并指名要黄伟平来茶场工作——之前三年，黄伟平在离易贡茶场数百公里外的察隅农场担任党委书记，将同样命悬一线的农场挽救了过来，这让茶场职工看到了希望。

2010—2013 年，六千余万元广东援藏资金陆续到位，西藏自治区政府也豁免了茶场欠缴的养老金、拨款补发了工资，茶场缓了口气。

而安青的考虑更实际一些："我们是茶场，要把茶叶卖出去，广东应该会有办法。"

最贵的两万元一斤

两万斤积压多年的绿茶被统一制作成黑茶。2011 年是西藏解放 60 周年和中国共产党建党 90 周年，黑茶被制作成纪念茶饼，以 1500 元一块的价格，在当年的销售中大出风头，一共卖出了 5000 块左右。

2010 年，黄伟平初到易贡茶场的时候，茶场积压的绿茶有两万多斤，十多年也卖不出去，大家一筹莫展，一度考虑拉去茶园做肥料。

易贡茶场种茶的历史要一直追溯到建场以前。茶场老职工们都认可的一种说法是，1962 年中印边境战争时期，由于士兵们想喝茶而喝不到，战争结束后，一部分解甲归田的士兵开始在当地试验种茶。

新疆生产建设兵团拓荒之初，农场已经有了第一批茶树。在高山雪水浇灌下，易贡茶叶的茶多酚含量达 35%，高出国内其他茶叶一倍多，但一直没有成规模种植。

1983 年，大学毕业生李国林加入了四川林业厅组织的、为西藏林芝地区进行区划调查的工作组。李国林本科学的专业是制茶，毕业后供职于四川雅安的制茶厂，在西藏调查时听说易贡有茶后，专门绕道去了茶场。

"当时他们茶做得很差，炒青过后，又焦又燥，我说闻着一股焦臭味，怎么卖得出去？"但李国林发现这里的土壤是适合种茶的酸性土。回到拉萨后，他在交给西藏自治区政府的报告里提到了易贡，"建议在那里种茶"。

自此，易贡茶场形成了两千亩左右的茶叶种植面积，并维持至今。

但国家统一收购取消，易贡茶场以企业形式自负盈亏后，营利状况一直不算太好。

一个重要原因是，茶场主要生产绿茶，周边的藏民却没有喝绿茶的习惯——安青自己在家里也不喝。当地人爱喝的是砖茶，可以用来打酥油茶。

砖茶便宜，12 块钱一斤；绿茶贵，500 元一斤。茶场生产的砖茶供不应求，绿茶则无人问津。如果全部生产砖茶，微薄的利润又无法负担传统国企遗留下来的各种人员福利重担。

"以前工资发不出去时，只能向政府推销，每个党委机关买个一斤两斤的。"这是黄伟平刚到易贡时了解到的情况。

多年积压下来，绿茶堆成了山。这些绿茶制作工艺粗糙，也没有响亮的商标和精美的包装。在黄伟平看来，"雪山上的茶叶"充满噱头，必须对粗糙的茶叶生产工艺进行改造，才有可能打开市场。

充沛的广东援藏资金，让他们有了搏一搏的底气。安青跑到四川雅安邀请李国林再次出山，帮助茶场制茶——一晃 27 年，当年的年轻人这时已经到了退休的年龄。

两万斤差点沦为肥料的茶叶其实都没坏，从业快 30 年的专家李国林建议黄伟平配置先进的制茶设备，将这些绿茶发酵，制作成更耐保存的黑茶。

价值 88 万元的茶叶加工设备第二年就到位了，沉淀多年的绿茶被统一制作成黑茶。2011 年是西藏解放 60 周年和建党 90 周年，黑茶被制作成纪念茶饼，以 1500 元一块的价格，在当年的销售中大出风头，一共卖出了 5000 块左右。

多年制茶经验让李国林明白，只有高端茶叶才能赚钱，低端茶卖得再多也赚不了多少。他和黄伟平商量，应该着重发展高端茶叶，"西藏这个地方，茶叶的价格可以随便定。"这成为新的茶品制作和销售策略的一部分。

接下来两年，雪域茶极、雪域银峰和易贡云雾等高端产品相继在易贡茶场面世，黄伟平还给茶场注册了"雪域茶谷"的商标。

"最好的茶叶，只有 20 斤，一度炒到两万元一斤。"有了商标，有了产品，此后每一年黄伟平都要带些茶叶回广东，向政府部门和企业推介。作为佛山援藏干部，他还专门去参加广东（佛山）安全食用农产品博览会。

茶场职工梦寐以求的销路总算开了一条，茶叶产量从 2011 年的 3.1 万斤增加到 2012 年的 5.5 万斤，茶场居民的人均年收入从 1700 元提高到了 4100 元。

"那时，还有人来问有没有更贵的呢。"回忆着当时的好时光，安青骄傲地笑出了声。

不过，两万元一斤的最高价超出了"操盘手"李国林的想象，"我倒建议不要卖这么贵，5000 一斤就能拿到市场上去拼一拼了。"

就业困局

同来的援藏干部曾经提出要在茶场建立现代企业制度，被欧国亮挡了回去，"现在这个情况，根本办不到。"

好日子并没有继续多久，新书记欧国亮刚一上任就面临着茶叶市场的骤然大变：2012 年底消费市场发生巨变，高档茶叶消费应声锐减。以送礼用途为主、包装精良的茶饼，2013 年竟然一份订单也没有。

广东再次成为市场支撑。欧国亮调整了销售策略，把高档茶的价格砍了一半，又提高了像砖茶这类低端茶的价格。到 2014 年 7 月份，茶场订单已经达到 400 多万元，其中广东占三分之一强。"我觉得广东的市场还有潜力。"

接手易贡茶场一年后，欧国亮对于茶场的发展有了新的想法。

"茶园只有两千亩，无法实现规模效益。"易贡茶场占地面积不小，总共有 24 万亩。欧国亮的计划是，在之后三年里，每年增加一千亩茶园。同时申请茶叶产业种植项目扶持资金 4500 万元，将茶场建设成为全国最有特色、最有竞争力的有机茶生产基地。

扩充茶园的想法让李国林有些担心，他年轻时考察过易贡茶场的土壤，并不是所有土地都适合种茶——茶叶适合在酸性或偏酸性土壤生长。

"最多还能再找（多）一千亩吧。"他的想法是，如今茶场的茶树普遍茶龄超过 30 年，老化后产量不高，如果能够全数换为新的茶树，产量翻番，一样能解决规模效益不高的问题。

欧国亮也有自己的苦衷，除了茶场的长远发展，就业是一个更重要的因素，"一个人承包十亩，一年就能安排一百人。"

待业青年，这个在广东已经"绝迹"的名词，在这里却是一个沉重的现实。茶场效益多年来一直不好，无力提供大量新的就业岗位，年轻人多是待在家里，无处可去。从 2010 年到 2014 年，茶场正式职工从 263 人下降到 112 人，不增反减。

2014 年，茶场还有待业青年四百余人，"现在最让我忧心的就是他们的就业"。

"他们也很难出去打工。"欧国亮将主要原因归于当地的教育水平。1500 多名居民中，只有大专学历 2 人、高中学历 3 人、初中学历 2 人，其他都为小学文化或文盲。

91 个待业青年签了联名信来找欧国亮安排工作，一开始他有些抵触——在广东管理了许多年的国有企业，从来没有这样的先例。但后来想一想，又不能不管。"他们来找我也是相信政府。"

黄伟平当年也遇到过同样的情况，几个没有工作的年轻人开着卡车要去林芝上访，他们知道后，急忙追上去劝了回来，追加安排了工作。

后来，黄伟平和他的援藏工作团队进行了项目创新，通过"以工代赈"的方式，鼓励各生产队成立由在职职工、待业青年、退休职工组成的"互助合作队"，明确规定凡是茶场职工能够承担的项目优先安排给"互助合作队"。

欧国亮接任之后，先在茶场办了个沙石厂，提供了十来个岗位，制作的沙石还可以用来建设刚动工的旅游中心。"以后旅游业发展了，起码又能提供 60 个岗位。"

不过，无论是发展旅游业还是扩建茶场，最后究竟能增加多少正式职工，欧国亮并不确定。作为茶场的一把手，欧国亮没有权力招收新的职工，也没有权力开除任何一个人。茶场正式职工的变动，都需要报地委和自治区政府批准。即使现在茶场效益开始有了起色，人力调配上茶场也很难自己做主。

"茶场是个四不像。"欧国亮说。茶场既不像企业，也不像政府；茶场职工，既不像农民，也不像城市居民。

同来的援藏干部曾经提出要在茶场建立现代企业制度，被欧国亮挡了回去，"现在这个情况，根本办不到。"

"这里是稳定压倒一切。"他只能慢慢来，先试行绩效考核，鼓励大家多劳多得，"但一开始也遇到了不小的阻力"。

广东援藏四年来，茶场这个原本的上访大户再没有发生一例上访，反而成了"林芝地区先进企业"。

即使欧国亮他们在努力提供就业机会，但他们还必须面对一个很现实的问题：当地的年轻人并没有太多承包茶园的积极性。

李国林告诉《南方周末》的记者，当地人觉得种茶辛苦，宁愿时不时地上山砍点木材，采点蘑菇，卖点土特产赚钱。

"现在还有茶园没有承包出去。"他说，2013 年至今，茶场使用国家农垦基金 300 万元，新增茶园 200 亩，虽然交给生产队管理，但一直没有找到愿意承包的茶户。

"有时候会觉得压力很大，迷茫的时候肯定有。"欧国亮坦言，要是说一来就喜欢上西藏了，那是糊弄人，"但不管是个人愿意还是上级动员来的，既然来了，还是想把事情办好。"

2010 年后的每一年，李国林都要来茶场义务帮忙一段时间。他的老家四川雅安，曾经是著名的茶马互市之地，几百年来，藏人们用马换取茶叶，"古时候讲以茶治边，现在不讲了，但维护感情很重要的东西还是茶叶。"

（张瑞、朱亮韬，《南方周末》，2014 - 08 - 14，网址：http：//www. infzm. com/content/103212）

第十六节　雪域高原上那朵格桑花

王崇久[①]

在农二师、农六师、农七师、农八师，有这样一些拥有特殊经历的兵团人：他们虽已近耄耋之年，但有时会三五相聚，一同回忆 20 世纪 60 年代奉命援助西藏组建军垦农场的情景，魂牵梦绕那激情燃烧的岁月和风光旖旎的易贡湖。追思往事乃人之常情，但兵团人

[①]　王崇久，1948 年 10 月生，江苏泰州人。曾任新疆军区生产建设兵团农 5 师第 83 团 5 连农工、团政治处宣传科工作员、副科长、兵团原副政委等，全国政协委员。

援藏是什么背景？什么规模？又有什么样的过程？一种寻根问先的期待，促使我今年终于踏上寻访易贡五团遗存之旅。

出林芝机场未做停留，便沿川藏公路向东北方向行进。时值西藏雨季，路经海拔4720米的色季拉山口，还未及体味高原反应，就进入川藏线上有名的"老虎口"。这段公路蜿蜒在四十几公里长但窄得汽车只能单向行驶的半山腰，右边峭壁下是浊浪翻滚的河流，有的地方还塌方。司机一直神情肃穆，乘客一路心惊肉跳，直到距林芝144公里的通麦大桥西岸，大家才松了口气。车由此拐上一条简易公路，又颠簸了23公里才来到此行目的地——西藏林芝地区易贡茶场。这里地处波密县易贡河谷，距中印边界不远，海拔1900米至2300米。受雅鲁藏布江水气通道影响，气候具有明显的亚热带特征。周边山上森林密布、云雾缭绕，山谷堰塞湖一碧万顷、波光粼粼。虽说铁、金等矿产和林下资源丰富，环境美不胜收，但毕竟交通不便、信息闭塞，长年累月在这里生产生活，可就有了一种别样的感受。

此处兵团人来过，不仅来过而且在这里生产生活了几年。1966年2月，周恩来总理召集在京开会的各大垦区负责人座谈，落实中央决定在西藏建立生产建设兵团的具体事宜，要求新疆兵团迅速组织起一个建制团支援西藏，起示范带动作用。兵团党委随即作出《关于支援西藏发展军垦生产的决定》，确定领导干部、科技人员、医务工作者、技术工人均从农二师、农六师、农七师、农八师抽调，最终从数万名报名者中，按政治、年龄、技术、身体条件选定2035人组成援藏兵团。援藏人员进藏途中安排了三次体检，有十几人因身体不适应高原被劝回原单位。临行前，时任兵团第二政委的张仲瀚为援藏团授旗，上书周总理给兵团的题词"高举毛泽东思想的胜利红旗，备战防边，生产建设，民族团结，艰苦奋斗，努力革命，奋勇前进"。援藏团分三批进藏，走青藏线，越唐古拉山，经拉萨转川藏线，历经艰辛才抵达波密县（这段史实取自《风雨人生路——祝庆江回忆录》）。祝庆江时任兵团民兵工作部部长，是护送兵团援藏人员进藏的带队领导。在县政府所在的扎木镇安排驻守两个连，其余均屯住在距扎木镇96公里的易贡，当地藏胞以"扩场工"身份加入，单位整体定名为新疆军区生产建设兵团西藏易贡五团。全团4个营，合计11个连，另有加工厂、机运连、汽车连、伐木队、卫生队各一，以及两个牧场，辖区面积2000多平方公里。1970年，中央批准兵团援藏人员分批返回原单位，留下了历史的遗憾。

茶场的同志得知我们来寻访易贡五团遗存时特别热情，立马端上茶场特有的高山绿茶——"雪域银峰"。从他们那里我们得知，兵团援疆职工离藏后，1971年这里更名为西藏生产建设师404部队易贡五团，1978年改制并更名为西藏农垦厅易贡农场，1986年交林芝地区管辖，1993年又更名为林芝地区易贡茶场。

场内至今保存有早期西藏党校遗址，以及张经武、张国华、谭冠三等原西藏工委、西藏军区领导同志住过的"将军楼"。2000年4月9日，茶场附近扎木弄沟发生世界第三的特大型山体崩塌滑坡，引发罕见的泥石流灾害，3亿立方米的堆积体堰塞了易贡湖湖口。62天后导流明渠部分溃堤，湖水暴泄，易贡河下游各类桥梁悉数被冲毁，沿线公路、通信设施严重损坏，茶场职工生产生活几近绝境。所幸在中央的关怀下，当地党政军全力组织抗灾，茶场的历史负债全数核销，职工的住房全部改造，援藏医疗队和专业技术人员长年驻场服务，茶场很快人心安定、恢复生产。

目前，在广东省佛山市对口支援下，茶场正发挥高山茶叶、林下食用菌类和药材以及旅游资源的优势，打造"雪域茶谷"现代农业与"西藏瑞士"旅游观光区，推动经济社会加快发展。

喝茶说话间，闻讯先后进来两位当年和兵团援藏职工共事过的藏族退休职工，先来的是79岁的平列，当过排长，说普通话已不太流利。经在座的县委宣传部部长扎西洛布的翻译，大叔告诉我们，兵团援藏人员当年4月初进藏，7月份才真正安置到位，可那些人一来就给当地藏胞留下深刻印象。他们放下背包，吃住都没安排妥帖，就去开荒生产，自称"抓紧生产，自力更生，不吃供应粮"；他们特别乐观，那么艰苦的条件下还作诗唱歌、演出节目，好像天生不怕吃苦；他们关心藏胞，手把手传授各种生产技术，那时汉藏关系真是亲密无间。

后来的尼玛仁齐连长也已退休，这时插话说，兵团人在时真心与我们交朋友，没有丝毫隔阂，他们是最早来帮我们的，真希望新疆兵团能再次援藏。他告诉我们一个意外的信息，说有一个兵团职工当年没有走，退休后住在八一镇。

回到地区行署所在地八一镇，得知那位留在西藏的兵团老职工已经寻觅到，但近日身体不佳。午饭后，我们即带上一些礼物随他的妻妹去看望。这位名叫包振云的退休职工，住在尼洋河南岸一套面积不大、有着藏族风格的三居室里。进了门，身材瘦削、面容黝黑、有着浓重苏北口音的老人迎上前来，像见了久别亲人一般兴奋（图2-2-3）。我们被告知，他1959年从江苏省姜堰市支边，被分配在农八师工作。1966年准备援藏时，他才28岁，未成家，共青团员。那时，援藏在兵团可是件光荣的事，出发时各级都召开欢送大会，安排领导干部和医护人员护送，每人都发有皮大衣、大头鞋、棉制服等。可以说，那批人从兵团走向雪域高原完全是自觉自愿、义无反顾。刚到易贡时，过的是集体生活，住的是简陋板房，过道两边架大通铺，行李一放就为家，的确有当年兵团"戈壁滩上建花园"的气势。后来兵团人撤离易贡时，包振云已与1名藏族女工结婚成家，自愿继续留在当地直至退休。现在他每月退休金2000多元，唯一的女儿仍在易贡茶场工作。他身体不太好，为方便看病，就住到八一镇女儿的房子来了。我告诉他一些兵团的情况，并说茶场虽遭受特大地质灾害，但有中央的坚强领导、各省市的大力支援、职工群众的不懈努力，茶场的潜在优势必定会发挥出来，他的日子将会越来越好。

同行的林芝地委委员、纪委书记吴维也告诉他，为解决易贡到八一镇必经的那段川藏线"老虎口"，国家投资打隧道，今天正在举行开工典礼。临别时，他的藏族老伴给我们送上洁白的哈达；我们也祝福他们扎西德勒（藏语"吉祥"）。扎西德勒，易贡茶场；扎西德勒，所有像包振云一样的兵团援藏职工。

碰巧得很，在八一镇我们还见到了地区检察院检察长，他是农四师七十二团职工的子女，而吴维书记也出生在新疆奇台县，1岁半时被从事地质工作的父亲带到西藏。吴维书记感叹道，新疆兵团援藏虽然过去了40多年，但却是一段援藏先行者的历史，不可忘却，地区将组织力量将之记录下来，作为存史、资政、育人的范例。由此，我想到，以"热爱祖国，无私奉献，艰苦创业，开拓进取"为主要内涵的兵团精神，是兵团事业和兵团人的生命力所在。一颗颗具有顽强生命力的兵团种子，无论在什么地方都会生根发芽，就像雪域高原上的格桑花，总在不断抽出新枝，绽放出绚丽多彩的花朵。

图 2-2-3 2012 年 7 月王崇久在易贡茶场与新疆生产建设兵团援藏老职工合影

（选自《寻访易贡五团遗存》，《兵团日报》2012 年 8 月 5 日，第 1 版）

第十七节　无悔的坚守　深情的奉献

——记易贡茶场中心小学校长李秀清

高耸的铁山可以作证！

美丽的易贡湖可以作证！

从易贡茶场中心小学走出大山的一批批学生可以作证！

31 个春夏秋冬，31 载桃李芬芳。

31 年，她历尽艰辛，执教的学生成百上千，如今遍布西藏各地，而她却仍然坚守在这所毫不起眼的学校。

她，就是被师生们亲切地称为"教师妈妈"，先后被波密县、易贡茶场、林芝地区评为优秀共产党员、优秀教师、师德标兵的林芝地区易贡茶场中心小学校长李秀清。

6 月中旬，我们慕名来到易贡茶场中心小学采访。

刚下车，一群系着红领巾的小学生微笑着向我们敬礼，并用标准的普通话对我们说："叔叔、阿姨，你们好！"

"这些可爱的孩子，很有礼貌。因为有一位师德高尚的李校长给他们树立了标杆。"茶场党委书记欧国亮给记者介绍。

李秀清是四川三台县人，微胖，两朵"高原红"盛开在两颊格外美丽和耀眼。记者深知，这是岁月的风霜在她的脸上刻下的高原女性的特征。

家里的摆设显得有些寒酸，一间 40 多平方米的平房，一个破旧的沙发，一台陈旧的电视，两张木床和一张桌子，这就是她生活起居的家。

"去年县里给我们学校修建了教师宿舍楼，因为老师多、房间少，我就把分给我的宿舍让给了其他教师。"李秀清告诉记者。

"1980 年，我高中毕业。那时候，内地的高中生很少，完全可以在自己的家乡找到一份工作。"已年过半百的李秀清坦言，那时，她怀着对边防军人的崇敬和对西藏高原的向往，经人介绍，与曾经在西藏边防部队当过兵，转业到林芝地区易贡茶场卫生院工作的陈东义相识。1982 年 1 月，刚满 20 岁的李秀清便决然离开父母，离开家乡，随丈夫乘坐部队的"解放"汽车从成都出发，用了整整一个月才到达易贡茶场。

"当时的易贡茶场，交通不便，信息闭塞。"李秀清回忆说，20 世纪 80 年代初，西藏还是计划经济，粮油还靠供应，因为她是家属，户口在内地，每月口粮只有丈夫的 8 斤大米，其余吃的都是当地的糌粑和带着麦麸皮的馒头，给亲人写一封信来回至少需要三四个月，生活极其艰苦。

"以我当时的条件，在内地找个什么工作都比这里好。"李秀清对此流过泪、后悔过。"这里很多素不相识的群众和领导给了我生活上的照顾和信心，我很感激。"李秀清想，"这些群众和我丈夫都可以在这里生活，我为什么不可以呢？"她怀着一颗感恩的心留了下来，决心用自己的知识回报当地群众。

1983 年 3 月，她走上三尺讲台，当了一名代课教师，一干就是 10 年。后来转为正式教师后，又因企业经营不善，陷入困境，至今她还有两年每月 300 元钱的工资没有领到。

"20世纪80年代，易贡茶场子弟小学属于企业办学，学校不大，只有三栋极其简陋的平房，学生很多，教师很少，没有食堂，也没有电，就连生火做饭都是自己到山上去捡柴火。"李秀清直言不讳地告诉记者，"要说离开这个地方我也有许多机会，1989年，有内调的机会，我丈夫想走，当时申请表都填好了，但我说服丈夫留了下来。1990年，丈夫又有机会调到林芝地区人民医院工作，也是我说服了丈夫，留在了易贡。我还向组织申请，别的地方我不去，就在易贡茶场小学干到退休。尽管这里偏僻、艰苦，但这里的山好、水好、人好，是我今生难舍的情缘，这里的学生活泼可爱，渴望知识。"李秀清信守着自己的诺言，在易贡茶场中心小学从担任班主任、语文教研组长、学校党支部书记到当校长，她从来没有停止过一线教学工作，她把慈母般的心和爱全部献给了学生，师生们都亲切地叫她"教师妈妈"。

"在31年的教师生涯中，李校长教过的学生成百上千，他们走出易贡现在都在不同的岗位上工作，遍及西藏各地，有的还走上了领导工作岗位。"罗珍老师告诉记者，从1985年实行内地西藏班考试以来，李秀清教过的学生共有40多人考上了内地西藏班。

31年的执着坚守，31年的无私奉献。

提起这31年最大的遗憾是什么时，杨秀清的泪水夺眶而出："我对不起父母，对不起丈夫，欠亲人太多太多！"她进藏整整10年时间才回内地休第一次假，回去时父母早已离开了人间，看到的是杂草丛生的坟墓。她难过得只有跪在父母的坟前号啕大哭。

"现在能做到的只能把父母的遗像带在身边，想他们的时候就拿出来看看。"李秀清说，2011年8月，退休回内地的丈夫又因高血压和脑梗住进了医院，需要人照顾，但当时学校为了迎接"国检"，事情多，任务重，儿子、儿媳们又都在西藏工作，一时脱不开身，思来想去，李秀清用每月3000元的高价请了一个保姆照顾病重的丈夫。说到这里，李秀清脸上又浮现出愧疚的表情，两行泪水像断了线的珍珠直往下落……

2001年9月，易贡茶场中心小学由波密县政府接管，李秀清也按正式教师（小教高级）享受国家津贴。学校在波密县委、县政府和易贡茶场的大力支持下，发生了很大变化。"党和人民给了我很多荣誉和待遇，我没有任何理由不安心在这所学校里工作，更没有任何理由不教育好我的学生。我要把自己的余热献给易贡茶场中心小学，献给我亲爱的学生。"杨秀清语气坚定地表示。

（记者　麦正伟　见习记者　索朗群培）

（选自《西藏日报》2014年06月24日，中国共产党新闻网转载，网址：http：//dangjian.people.com.cn/n/2014/0624/c117092-25193720.html）

第三章 数据及其他资料

第一节 新疆生产建设兵团援藏人员、物资抽调分配表

一、第一批人员抽调表

1966年新疆生产建设兵团援藏第一批人员抽调情况见表2-3-1（1966年2月26日）。[①]

表2-3-1 1966年第一批人员抽调表

机构编制及职务	农二师	农六师	农七师	农八师	总数	备注
总数	168	317	491	524	1500	
团长				1		
副团长			1	2		
政委				1		
副政委		1	1			
一、司令部	5	9	24	22	60	
参谋长	1				1	
副参谋长			1		1	
生产股			7	5	12	
股长			1		1	
副股长				2	2	
农业技术员			2		2	
种子技术员			1		1	
畜牧技术员			1		1	
果园技术员			1		1	
兽医技术员				1	1	
林业技术员			1		1	
植保技术员				1	1	
机务技术员				1	1	
计财股			8		8	

---

① 新疆生产建设兵团党委：《关于支援西藏发展军垦生产的决定》，1966年2月26日。转引自新疆生产建设兵团史志编纂委员会编：《新疆生产建设兵团史料选辑（23）》，新疆人民出版社，2013年，第121-126页。

（续）

机构编制及职务	农二师	农六师	农七师	农八师	总数	备注
股长			1		1	
副股长			1		1	
总会计			1		1	
会计			2		2	
计划统计			1		1	
出纳			1		1	
记账			1		1	
劳资股				4	4	
股长				1	1	
劳力调配				1	1	
劳动保护				1	1	
工资				1	1	
供销股			4	5	9	
股长			1		1	
副股长			1		1	
会计			1	1	2	
出纳				1	1	
采购员			1	1	2	
保管员				2	2	
基建股				6	6	
股长				1	1	
副股长				1	1	
农田规划				1	1	
房建技术员				1	1	
水利工程技术员				1	1	
灌溉技术员				1	1	
行政管理股		7			7	
股长		1			1	
政协		1			1	
管理员		1			1	
会计		1			1	
出纳		1			1	
司务长		1			1	
档案收发		1			1	
武装股						
卫生队	4	2	4	2	12	
队长				1	1	

（续）

机构编制及职务	农二师	农六师	农七师	农八师	总数	备注
政指	1				1	
医生	1	1	1	1	4	
药剂师	1				1	
护士	1	1	1		3	
检验师			1		1	
防疫				1	1	
二、政治处	13	7				
主任						副政府兼
副主任	1				1	
组织股	2	4			6	
股长		1			1	
副股长		1			1	兼党委秘书
组织助理员		1			1	
党务助理员	1				1	
青年助理员	1				1	
妇女助理员		1			1	
宣教股	5				5	
股长	1				1	
副股长	1				1	
政教助理员	1				1	
文教助理员	1				1	
俱乐部助理员	1				1	
政法股	2	3			5	
股长		1			1	
政法助理员	2	2			4	
干部股	3				3	
股长	1				1	
干部助理员	2				2	
三、连队	150	300	450	450	1350	
农业生产连（8个）	1	2	3	3	9	每连150人
连长					1	
机务副连长					1	
畜牧副连长					1	
政指					1	
副政指					1	
农业技术员					1	
会计					1	
统计					1	

（续）

机构编制及职务	农二师	农六师	农七师	农八师	总数	备注
保管员					1	
司务长					1	
基建连（1个）						计150人
连长			1		1	
副连长			1		1	
政指			1		1	
副政指			1		1	
房建技术员			1		1	
施工员			1		1	
会计			1		1	
统计			1		1	
材料员			1		1	
司务长			1		1	
四、机车保养间（1个）						
主任	1				1	
政指	1				1	
农机修理技术员	3				3	
保修工人	25				25	
五、团部勤杂人员			14	19	33	
炊事员			6		6	
警卫			4		4	
通讯员			2		2	
电话员			2		2	
供销社				19	19	包括加工作坊、缝补组、理发、营业部

说明：农北连计干部在内，每连150人，编4个排，12个班，每排配生产排长1人、政治排长1人，每班配生产班长1人、政治班长1人。每个连的工人中机务工人占10％，畜牧工人占15％。基建连的排、班编制同上。

二、第二批人员抽调表

1966年新疆生产建设兵团援藏第二批人员抽调情况见表2-3-2。（1966年8月20日）[①]

---

① 兵团司令部计财部、兵团政治部干部部《为支援西藏选调人员、物资的通知》，1966年8月20日。转引自新疆生产建设兵团史志编纂委员会编《新疆生产建设兵团史料选辑（23）》，新疆人民出版社，2013年，第157-162页。

表2-3-2 1966年第二批人员抽调表

抽调人员	农二师	农六师	农七师	农八师	工一师	工交部	供销部	第一医院	第二医院	合计	备注
营长	1	1	1	1						4	
副营长	1	1	1	1						4	
政教	1	1	1	1						4	
副政教	1	1	1	1						4	
连长	2	2	2	3						9	
政指	1	2	1	2						6	
畜牧副连长	1	1	1	1						4	
副政指	1	1	1	1						4	
畜牧队长		1								1	
畜牧副队长		1								1	
政指		1								1	
副政指		1								1	
政工助理员	1	1	1	1						4	
农业技术员	2	2	2	2						8	
种子技术员	1		1	1						3	
植保技术员			1	1						2	
园林技术员			1	1						2	
畜牧技术员	1	1	1	1						4	
兽医		1	1	1						3	要男同志
医生	1	1	1	1						4	
妇产科医生									1	1	
五官科医生									1	1	
外科医生					1					1	
儿科医生	1									1	
传染科医生								1		1	
X光医生							1			1	
食品车间主任							1			1	
食品化验员			1				1			2	
气象技术员	1		1							2	
养蜂技术员	1									1	
汽车驾驶员			6							6	
汽车修理工	2		1							3	
电工						2				2	交流、直流各一名
翻砂工						2				2	
刨床工					1					1	

（续）

抽调人员	农二师	农六师	农七师	农八师	工一师	工交部	供销部	第一医院	第二医院	合计	备注
洗床工				1						1	
模型工				1	1					2	
木工	2	2	2	2	2					10	
陶瓷工		2	1							3	
食品工				2			3			5	饼干、糕点
醋工							1			1	
酱油工							2			2	
味精工							1			1	
水果糖工							2			2	
豆腐干工		1	1							2	
酱菜工							2			2	
粉条工	1	2	1	1						5	
裁剪工				1			1			2	
砖瓦工				4						4	
白铁工				1						1	
配漆工				1						1	
玻璃工				1						1	
锅炉工					2					2	
皮革工							2			2	
饲养员			3							3	牛、马、羊饲养员各一名
化学工		8		4						12	制盐酸、硫酸、漂白粉
石匠				2						2	
照相工	1		1							2	
孵化工		1								1	
业余文工队员	15									15	
总计	39	36	28	41	12	7	17	1	2	183	

三、第二批援藏物资抽调表

1966 年新疆生产建设兵团第二批援藏物资抽调情况见表 2 - 3 - 3 。（1966 年 8 月 20 日）[①]

---

① 兵团司令部计财部、兵团政治部干部部《为支援西藏选调人员、物资的通知》，1966 年 8 月 20 日。转引自新疆生产建设兵团史志编纂委员会编《新疆生产建设兵团史料选辑（23）》，新疆人民出版社，2013 年，第 157 - 162 页。

表 2 - 3 - 3　1966 年第二批援藏物资抽调表

抽调物品	农二师	农四师	农六师	农七师	农八师
小黄玉米	2500 市斤				
伊犁黄油菜		25 市斤			
早熟谷子					100 市斤
紫花苜蓿					2500 市斤
百花草苜蓿					500 市斤
P - 632 甜菜					1500 市斤
饲料甜菜					150 市斤
油用葵花					150 市斤
大籽葵花					50 市斤
大麻					800 市斤
芝麻					25 市斤
阿勒小麦					少量
乌克兰 - 83 小麦					50 市斤
乌克兰 - 16 小麦					50 市斤
小黑麦					25 市斤
焉耆马	公马 2 匹、母马 2 匹				
伊犁马		公马 1 匹、母马 2 匹			
约克夏猪				公 2 口，母 4 口	
湖南花猪				公 2 口，母 5 口	
宁安猪					公 2 口，母 4 口
新疆细毛羊		公羊 10 只、母羊 40 只			
阿尔泰羊					公 3 只，母 10 只
荷兰牛		公牛 2 头、母牛 4 头			
科斯特勒姆牛			公牛 2 头、母牛 4 头		
牛口短角红牛			公牛 1 头、母牛 2 头		
阿拉他吾牛					公牛 1 头、母牛 2 头
阿尔登牛					公 1 匹
各种家畜人工授精器材			2 套		
马拉中耕器			30 架		
锤式万能粉碎机					2 台
滚筒式玉米脱粒机					2 台
10 行马拉播种机					10 架

第二节　易贡茶场机构建制和农垦情况

一、新疆生产建设兵团易贡五团连以上领导名录

团长：胡晋生

政委：秦义轩

副团长：聂迎祥　张发喜　郜炳礼

副政委：张复英　王凤岐

参谋长：蒋仕琪

副参谋长：王隆

政治处主任：王凤岐　副主任：吕希留

第一营营长：张川铭　教导员：郭盛江

第二营营长：张万奇　教导员：刘玺

第三营营长：东明　教导员：江文锦

第一连连长：陈福元　指导员：王益动

第二连连长：王德全　指导员：丁怀忠

第三连连长：杨保忠　指导员：倪志生

第四连连长：贾德良　指导员：夏玉兴

第五连连长：李学武　指导员：闫景和

第六连连长：白连塘　指导员：洪全贵

第七连连长：海米林　指导员：吴乃宏

第八连连长：李水友　指导员：陈延魁

第九连连长：缪红德　指导员：刘光奇

第十连连长兼指导员：胡生明

藏工一队队长：郭怀义　指导员：云晓敬

藏工二队队长（缺资料）

藏工三队队长：尼环次仁

藏工四队队长：白玛

藏工五队队长：郎杰

藏工六队队长：吴祥

基建连连长：陈泽连　指导员：王怀政

机务连连长：于彦亭　指导员：夏玉兴

加工厂厂长：蒋海山　协理员：刘仁义

食品厂厂长：徐德宽　指导员：吕寿山

伐木队队长：伏光平　指导员：田志藏

畜牧队队长：刘敬元　指导员：宋世俊

设计队队长：范国荣　指导员：浦培文

卫生队队长：邓明礼　指导员：刘忠富

生产股股长：包全福

基建股股长：周益飞

行政股股长：连福善

财务股股长：高俊斋

供销股股长：潘永晏

武装股股长：杨世庭

劳资股股长：齐建民

组织股股长：樊存伟

宣教股股长：李贤友

干部股股长：严国昌

政法股股长：张保文

团校校长：齐建民

团部托儿所所长：薛景兰

演出队队长：（缺资料）

科研组组长：（缺资料）

二、易贡茶场2000—2020年主要领导任职情况

易贡茶场2000—2020年主要领导任职情况见表2-3-4。

表2-3-4　易贡茶场2000—2020年主要领导任职情况

序号	姓名	性别	民族	职务	任职期限	备注
1	江秋群培	男	藏	党委副书记、场长	2008年11月—2014年3月	
2	朗色	男	藏	党委委员、副场长	2008年7月—2014年6月	

（续）

序号	姓名	性别	民族	职务	任职期限	备注
3	朗聂	男	藏	党委委员、副场长	2008年7月至今	林芝市政府国资委挂职干部
4	黄伟平	男	汉	党委书记	2010年7月—2013年7月	广东省佛山市援藏
5	周喜嘉	男	汉	党委委员、副场长	2010年7月—2014年7月	广东省佛山市援藏
6	韦健辉	男	汉	党委委员、副场长	2010年7月—2013年7月	广东省佛山市援藏
7	才程	男	藏	党委委员、副场长	2015年12月至今	中层干部提拔，享受副县级待遇
8	小朗杰	男	藏	党委副书记、场长	2014年11月至今	
9	欧国亮	男	汉	党委书记	2013年7月—2016年7月	广东省国资委援藏、广东省第七批援藏干部
10	肖嘉凡	男	汉	党委委员、副场长	2014年7月—2016年7月	广东省国资委援藏、第七批援藏
11	杨爱军	男	彝	党委书记	2016年7月—2019年7月	广东省国资委援藏
12	王韶华	男	汉	党委委员、副场长	2016年7月—2019年7月	广东省国资委援藏、第八批援藏
13	曹玉涛	男	汉	党委书记	2019年7月任现职	广东省第九批援藏干部
14	小朗杰	男	藏	党委副书记、总经理	2013年12月任现职	林芝市政府国资委挂职干部
15	戴宝	男	汉	党委委员、副总经理	2019年7月任现职	广东省第九批援藏干部
16	黄华林	男	汉	党委委员、生产部部长	2019年7月任现职	广东省第九批援藏干部
17	林锦明	男	汉	党委委员、销售部经理	2019年7月任现职	广东省第九批援藏干部

三、易贡茶场2000—2020年机构建制情况

易贡茶场2000—2020年机构建制情况见表2-3-5。

表2-3-5　易贡茶场2000—2020年机构建制情况

时间	机构建制	任职主要领导	备注
2000年—2008年7月	太阳公司	彭丁	企业法人，因骗取国有资产入狱
2008年8月—2014年11月	党委领导下的场长负责制，下设场办公室、生产科、保卫科、劳资科、后勤办、加工厂、场部、场部机关、四个连队、老职工服务管理科	江秋群培、朗聂、朗色、黄伟平、周喜嘉、韦健辉、欧国亮、肖嘉凡	市委、市政府委派干部组建领导班子，黄伟平、周喜嘉、韦健辉三人为第六批援藏干部，欧国亮、肖嘉凡二人为第七批援藏干部
2014年11月—2016年7月	党委领导下的场长负责制，下设党政办公室、生产经营部、劳资科、财务部、工会、后勤部、加工厂、场部、场部机关、四个生产队	小朗杰、朗聂、才程、欧国亮、肖嘉凡、杨爱军、王韶华	市委、市政府委派干部组建领导班子，才程为中层干部提拔任命党委委员、副场长，欧国亮、肖嘉凡二人为第七批援藏干部，杨爱军、王韶华二人为第八批援藏干部

（续）

时间	机构建制	任职主要领导	备注
2016 年 7 月—2019 年	茶场下设 4 个生产队（茶叶一队、茶叶二队、茶叶三队、单卡队），9 个部门（党政办、茶叶加工厂、建设与发展规划部、后勤部、生产部、拉萨办事处、销售部、劳资科、财务科）	有党委成员 5 人，其中杨爱军任党委书记，小朗杰任党委副书记，场长 1 人，朗聂、王韶华、才程 3 人任党委委员、副场长。	
2019 年 9 月至2020 年	由易贡茶场正式更名为林芝农垦易贡茶业有限公司，属于林芝农垦实业有限公司子公司。茶场下设 4 个生产队（茶叶一队、茶叶二队、茶叶三队、单卡队），11 个部门（党政办、茶叶加工厂、建设与发展规划部、后勤部、生产经营部、高原有机茶科研培训中心、拉萨办事处、八一办事处、劳资科、财务科、工会）	受市国资委监管，有党委班子成员 7 人，曹玉涛任党委书记，小朗杰任党委副书记、总经理，朗聂、戴宝、才程 3 人任党委委员、副总经理，黄华林任党委委员、生产部长，林锦明任党委委员、销售经理。	

四、1971—1985 易贡农垦情况统计表

1971—1985 易贡农垦情况统计表见表 2 - 3 - 6。[①]

表 2 - 3 - 6　1971—1985 年易贡农垦情况统计表

年份	粮食产量（公斤）	油菜籽产量（公斤）	牲畜年末存栏数量（头、匹、只）	水果种植面积（亩）	水果种植产量（公斤）	苹果（公斤）
1971	840000	2000	2500	400	46000	45000
1972	1113700	1000	2300	879	161700	157100
1973	875000	1000	2600	765	124500	121200
1974	832500	2000	2400	705	262300	258300
1975	925500	6000	2300	775	248100	225500
1976	1050700	10000	2400	770.5	504500	492500
1977	915500	4500	2600	563	213200	213200
1978	1086500	4500	2600	563	343000	331700
1979	1201000	12000	2500	711	204400	168800
1980	1068500	36000	2300	715	406000	402000
1981	996500	44500	1900	715	236700	22000
1982	770700	67000	1800	609	340500	375000
1983	521000	275000	300	800	227200	217300
1984	525700	30500	1500	715	321500	321500
1985	438500	9000	2100	715	251500	251500

---

① 西藏农垦概况编写组，《西藏农垦概况》，拉萨：西藏新华印刷厂，1986 年，第 106 - 123 页。

五、2009—2020 年林芝市易贡珠峰农业科技有限公司申请获批的注册商标①

2009—2020 年林芝市易贡珠峰农业科技有限公司申请获批的注册商标见表 2-3-7。

表 2-3-7　2009—2020 年林芝市易贡珠峰农业科技有限公司申请获批的注册商标

序号	申请/注册号	国际分类	申请日期	商标名称
1	7194507	30	2009 年 2 月 11 日	易贡珠峰
2	7194506	29	2009 年 2 月 11 日	易贡珠峰
3	9428933	30	2011 年 5 月 6 日	雪域茶谷
4	9428932	29	2011 年 5 月 6 日	灵芝红
5	16009635	39	2014 年 12 月 24 日	红色易贡
6	16009503	30	2014 年 12 月 24 日	易贡铁山
7	16009477	30	2014 年 12 月 24 日	易贡砖
8	16008438	30	2014 年 12 月 24 日	易贡红
9	16008427	30	2014 年 12 月 24 日	雪域银峰
10	16008439	30	2014 年 12 月 24 日	贡红工夫
11	16008394	30	2014 年 12 月 24 日	易贡工夫
12	16008405	30	2014 年 12 月 24 日	易贡藏红
13	16006372	30	2014 年 12 月 24 日	易贡藏绿
14	16006313	30	2014 年 12 月 24 日	铁山雪绿
15	16006232	30	2014 年 12 月 24 日	易贡云峰
16	16289159	30	2015 年 2 月 2 日	藏翠
17	33621801	30	2018 年 9 月 19 日	藏乌龙
18	34442842	41	2018 年 11 月 2 日	易贡湖
19	47360488	40	2020 年 6 月 17 日	易贡茶场
20	47352608	30	2020 年 6 月 17 日	易贡茶场
21	47337133	35	2020 年 6 月 17 日	易贡茶场
22	47332693	40	2020 年 6 月 17 日	易贡茶场
23	47330536	35	2020 年 6 月 17 日	易贡茶场
24	47330536	35	2020 年 6 月 17 日	易贡茶场
25	47328301	30	2020 年 6 月 17 日	易贡茶场

---

① 数据来源国家知识产权局商标局、中国商标网，网址：http：//wcjs．sbj．cnipa．gov．cn/txnt01．do。

第三节 《易贡绿茶》《易贡红茶》《雪域藏茶》企业标准

一、《易贡绿茶》企业标准（Q＿YG0001S—2017）见图2-3-1。

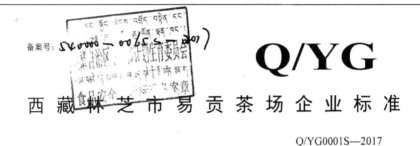

图2-3-1 《易贡绿茶》企业标准

Q/YG0001S—2017

目　次

Ⅰ

Q/YG0001S—2017

前　言

本标准由西藏林芝市易贡茶场提出。

本标准由西藏林芝市易贡茶场负责起草。

本标准主要起草人：李国林、杜改莲、次程、安青、普桃。

本标准主要审核人：朗杰。

II

Q/YG0001S—2017

易贡绿茶

1 范围

本标准规定了易贡绿茶的术语和定义、技术要求、检验方法、检验规则和标签、包装、运输及贮存基本要求。

本标准适用于本公司生产、检验和销售的易贡绿茶。

2 规范性引用文件

下列文件对于本文件的应用是必不可少的。凡是注日期的引用文件，仅所注日期的版本适用于本文件，凡是不注日期的引用文件，其最新版本（包括所有的修改单）适用于本文件。

GB 2762 食品安全国家标准 食品中污染物限量

GB 2763 食品安全国家标准 食品中农药最大残留限量

GB 4806.7 食品安全国家标准 食品接触材料及制品通用安全要求

GB 5009.12 食品安全国家标准 食品中铅的测定

GB 7718 食品安全国家标准 预包装食品标签通则

GB 14881 食品安全国家标准 食品生产通用卫生规范

GB/T 191 包装储运图示标志

GB/T 5009.19 食品中有机氯农药多组分残留的测定

GB/T 5009.103 植性物食品中甲胺磷和乙酰甲胺磷农药残留量的测定

GB/T 5009.110 植物性食品中氯氰菊酯、氰戊菊酯和溴氰菊酯残留量的测定

GB/T 8302 茶 取样

GB/T 8303 茶 磨碎试样的制备及干物质含量测定

GB/T 8304 茶 水分的测定

GB/T 8305 茶 水浸出物测定

GB/T 8306 茶 总灰分测定

GB/T 8307 茶 水溶性灰分和水不溶性灰分测定

GB/T 8308 茶 酸不溶性灰分测定

GB/T 8309 茶 水溶性灰分碱度测定

GB/T 8310 茶 粗纤维测定

GB/T 8311 茶 粉末和碎茶含量测定

GB/T 14456.1 绿茶 第 1 部分 基本要求

GB/T 23204 茶叶中 519 种农药及相关化学品残留量的测定

SB/T 10035 茶叶销售包装通用技术条件

SB/T 10037 红茶、绿茶、花茶运输包装

SB/T 10157 茶叶感官评审方法

JJF 1070 定量包装商品净含量计量检验规则

国家质量监督检验检疫总局[2005]第 75 号令《定量包装商品计量监督管理办法》

3 术语及定义

Q/YG0001S—2017

3.1 易贡绿茶：分为雪域银峰、易贡云雾和林芝春绿三个品种。**易贡绿茶无任何人工合成的化学物质和添加剂。**

3.1.1 **雪域银峰**：以西藏林芝市易贡茶场行政区域内种植的茶树新叶为原料，未经发酵，鲜叶摊放后，经杀青、摊凉、理条、加压整形、筛分、烘足干、整理归堆、拼配、烘焙提香、包装而成的产品。

3.1.2 **易贡云雾**：以西藏林芝市易贡茶场行政区域内种植的茶树新叶为原料，未经发酵，鲜叶摊放后，经杀青、摊凉、初揉、解块、烘二青、摊凉、复揉、解块、炒（烘）三青、整形提毫、去碎末、烘足干、整理归堆、拼配、烘焙提香、包装而成的产品。

3.1.3 **林芝春绿**：以西藏林芝市易贡茶场行政区域内种植的茶树新叶为原料，未经发酵，鲜叶摊放后，经杀青、摊凉、初揉、解块、烘二青、摊凉、复揉、解块、炒三青、去碎末、摊凉回潮、辉锅足干、整理归堆、拼配、包装而成的产品。

4 技术要求

4.1 原料要求

茶树新叶采摘要求见表1规定。

表1 鲜叶采摘要求

品名	鲜叶组成数量百分比（%）					
	单芽	一芽一叶初展	一芽一叶开展	一芽二叶	一芽三叶	同等嫩度的单片、对夹叶
雪域银峰	94	4	/	/	/	/
易贡云雾	0-10	70-80	8-15	/	/	5-8
林芝春绿	/	/	25-40	55-65	/	8-10

4.2 感官指标

感官指标应符合表2中规定。

表2 感官指标

项目	外形				内质			
品名	条索	色泽	嫩度	净度	香气	汤色	滋味	叶底
雪域银峰	嫩绿挺直	绿润带毫	全芽肥壮	净	嫩香馥郁带栗香	清澈绿亮	鲜嫩甘爽	全芽嫩黄匀亮
易贡云雾	紧秀云卷显毫	嫩绿油润显毫	细嫩	净	清香中带栗香,且幽长持久	嫩绿清澈明亮	鲜爽回甘	嫩绿匀亮
林芝春绿	纤细卷曲显峰苗	灰绿油润	细嫩	净	清香品长带栗香	嫩绿明亮	鲜浓回甘	芽叶完整柔软

4.3 理化指标

理化指标应符合表3规定。

表3 理化指标

2

Q/YG0001S—2017

项　　目		指　　标
水分，g/100g（质量分数）	≤	6.5
总灰分，g/100g（质量分数）	≤	6.5
碎末茶，g/100g（质量分数）	≤	0.5
水浸出物，g/100g（质量分数）	≥	34.0
粗纤维，g/100g（质量分数）	≤	16.0
酸不溶性灰分，g/100g，g/100g	≤	1.0
水溶性灰分，占总灰分，g/100g	≥	45.0
水溶性灰分碱度（以KOH计），g/100g质量分数		3.0
铅（以Pb计），mg/kg	≤	5
六六六，mg/kg	≤	0.2
滴滴涕，mg/kg	≤	0.2
氟氰戊菊酯，mg/kg	≤	20
氯氰菊酯，mg/kg	≤	20
溴氰菊酯，mg/kg	≤	10
氯菊酯，mg/kg	≤	20
乙酰甲胺磷，mg/kg	≤	0.1

4.4 净含量及允差

应符合国家质量技术监督检验检疫总局令[2005]第75号《定量包装商品计量监督管理办法》的规定。

4.5 生产加工过程中的卫生要求

应符合GB 14881的规定。

5 试验方法

5.1 感官指标

按SB/T 10157规定执行。

5.2 水分

按GB/T 8304 规定执行。

5.3 总灰分

按GB/T 8306 规定执行。

5.4 碎末茶

按GB/T 8301规定执行。

5.5 水浸出物

按GB/T 8305 规定执行。

5.6 粗纤维

按GB/T 83010 规定执行。

5.7 酸不溶性灰分

按GB/T 8308 规定执行。

5.8 水溶性灰分

3

Q/YG0001S—2017

按GB/T 8307 规定执行。

5.9　水溶性灰分碱度

按GB/T 8309 规定执行。

5.10　铅

按GB5009.12 规定执行。

5.11　六六六、滴滴涕

按GB/T 5009.19 规定执行。

5.12　氯氰菊酯、溴氰菊酯

按GB/T 5009.110 规定执行。

5.13　氟氰戊菊酯、氯菊酯

按GB/T 23204规定执行。

5.14　乙酰甲胺磷

按GB/T 5009.103规定执行。

5.15　净含量及允差

按JJF 1070规定执行。

6　检验规则

6.1出厂检验

6.1.1产品经公司质检部门进行出厂检验，合格后附上合格证，方可出厂。

6.1.2检验项目：感官、水分、总灰分和净含量。

6.1.3抽样：按GB/T 8302规定执行。

6.2型式检验

6.2.1产品正常生产时，六个月进行一次型式检验，有下列情况之一时应进行型式检验：

　　a）　新产品定型鉴定时；

　　b）　当原料、生产工艺有较大改变，可能影响产品质量时；

　　c）　停产6个月以上恢复生产时；

　　d）　出厂检验结果与上次型式检验结果有较大差异时；

　　e）　国家质量监督部门提出要求时。

6.2.2检验项目：4.2、4.3、4.4。

6.3判定规则

　　检验结果中若有一项不合格时，再从该批产品中加倍取样进行复检，若仍有不合格项，则判定该批产品不合格或型式检验不予通过。

7　包装及标签

7.1　标签

标签按GB 7718的规定制定。

7.2　包装

4

Q/YG0001S—2017

销售包装按SB/T 10035规定执行，运输包装按SB/T 10037规定执行。

8 贮存及运输

8.1 运输

运输标志按GB/T 191规定执行。运输工具必须清洁、干燥、无异味、无污染，运输中应防雨、防潮、防曝晒、防污染，严禁与可能污染其品质的货物混装运输。

8.2 贮存

产品应贮存在清洁、干燥、阴凉、通风、无异味的仓库中，不得与有毒、有害物品混贮。

9 保质期

述规定的运输、储存条件下，保质期为18个月。

Q/YG0001S—2017

易贡绿茶产品企业标准的编制说明

为了统一规范易贡绿茶产品的生产，便于产品质量问题的追溯和维持产品质量的波动，即从本企业生产、管理的实际情况出发，需要提出并制定本标准。同时，编制本标准主要目的是用于指导易贡绿茶产品的生产以及生产过程、中间产品、最终产品的检验，使得产品能够满足国家食品卫生标准及用户的要求，以保障本企业和消费者的利益，维护本企业的合法权益。

1、制定本标准时严格按照本企业生产工艺的要求和生产能力，结合产品生产方案的期望和最终产品的实际品质，采取企业标准要求高于国家标准的要求，通过反复方法学论证、筛选后，对本产品的原料、理化指标提出了具体的控制要求，其中水分、总灰分和碎末茶三项指标均严于国家标准。同时，根据国家对食品卫生检验规定，按照有关规定的要求，本企业标准特制定与国家相关法律、法规相一致的卫生要求。在标准中，为强化企业管理，特对部分检验技术要求制定高于国家的相关规定。另外，在制定本标准理化的基础上，根据本企业产品在贮存、销售、运输等的需要，特引申制定了产品（易贡绿茶）的包装、贮存及运输方面的相关要求。

2、本标准具体制定过程中，参照了相关标准、技术性文件和法规，同时结合本企业生产的实际情况而制定。制定本企业标准最终规定了易贡绿茶产品的范围、定义、技术要求、检验规则、检验方法、包装、标识、贮存及运输要求。

3、本企业标准的标准文本编制时，严格按照 GB/T1《标准化工作导则》、GB/T20000《标准化工作指南》、GB/T20001《标准编写规则》、GB/T13494《食品标准编写规则》，参照 GB/T15496《企业标准化工作指南》、GB/T15497《企业标准体系 技术标准体系的构成和要求》、GB/T15498《企业标准体系 管理标准工作标准体系的构成和要求》，严格执行 GB/T1.1-2000《标准化工作导则 第一部分：标准的结构和编写规则》中企业标准编写部分及《标准编写模板（TDS 2.0）》的要求，确保本企业标准内容用词、文字结构清晰，术语定义准确。

4、本企业为了自身发展的需要，在强化管理严格执行所申报的企业标准以外，为防止产品在销售过程中出现被其它企业仿制、销售，故在制定企业标准的同时，制定了本企业产品质量的内控标准。内控标准是本企业根据中间产品检验及今后产品发展趋势而制定的。

6

二、《易贡红茶》企业标准（Q_YG0002S—2017）见图 2-3-2

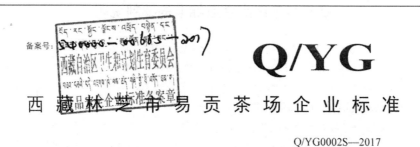

备案号：

Q/YG

西 藏 林 芝 市 易 贡 茶 场 企 业 标 准

Q/YG0002S—2017

易贡红茶

2017-10-01 发布　　　　　　　　　　　　　2017-10-20 实施

西藏林芝市易贡茶场 发布

图 2-3-2　《易贡红茶》企业标准

Q/YG0002S—2017

目 次

I

Q/YG0002S—2017

前　言

本标准由西藏林芝市易贡茶场提出。

本标准由西藏林芝市易贡茶场负责起草。

本标准主要起草人：李国林、杜改莲、次程、安青、普桃。

本标准主要审核人：朗杰。

II

Q/YG0002S—2017

易贡红茶

1 范围

本标准规定了易贡红茶的术语和定义、技术要求、检验方法、检验规则和标签、包装、运输及贮存基本要求。

本标准适用于本公司生产、检验和销售的易贡红茶。

2 规范性引用文件

下列文件对于本文件的应用是必不可少的。凡是注日期的引用文件，仅所注日期的版本适用于本文件。凡是不注日期的引用文件，其最新版本（包括所有的修改单）适用于本文件。

GB 2762 食品安全国家标准 食品中污染物限量

GB 2763 食品安全国家标准 食品中农药最大残留限量

GB 4806.7 食品安全国家标准 食品接触材料及制品通用安全要求

GB 5009.12 食品安全国家标准 食品中铅的测定

GB 7718 食品安全国家标准 预包装食品标签通则

GB 14881 食品安全国家标准 食品生产通用卫生规范

GB/T 191 包装储运图示标志

GB/T 5009.19 食品中有机氯农药多组分残留的测定

GB/T 5009.103 植物性食品中甲胺磷和乙酰甲胺磷农药残留量的测定

GB/T 5009.110 植物性食品中氯氰菊酯、氰戊菊酯和溴氰菊酯残留量的测定

GB/T 8302 茶 取样

GB/T 8303 茶 磨碎试样的制备及干物质含量测定

GB/T 8304 茶 水分的测定

GB/T 8305 茶 水浸出物测定

GB/T 8306 茶 总灰分测定

GB/T 83011 茶 粉末和碎茶含量测定

GB/T 13738.2 红茶 第2部分：工夫红茶

GB/T 23204 茶叶中519种农药及相关化学品残留量的测定

SB/T 10035 茶叶销售包装通用技术条件

SB/T 10037 红茶、绿茶、花茶运输包装

SB/T 10157 茶叶感官评审方法

JJF 1070 定量包装商品净含量计量检验规则

国家质量监督检验检疫总局[2005]第75号令《定量包装商品计量监督管理办法》

3 术语及定义

3.1 易贡红茶：分为易贡红茶特级和易贡红茶一级两个品种。易贡红茶无任何人工合成的化学物质和添加剂。

3.1.1 易贡红茶特级：以西藏林芝市易贡茶场行政区域内种植的茶树新叶为原料，经萎凋、揉捻、解块、发酵、一烘、摊放回潮、二烘、做形提毫、筛碎末、烘足干、整理归堆、拼配、烘焙提香、包装而成的中小叶工夫类红茶产品。

3.1.2 易贡红茶一级：以西藏林芝市易贡茶场行政区域内种植的茶树新叶为原料，经萎凋、揉捻、解块、发酵、一烘、摊放回潮、二炒（滚炒紧条）、摊放回潮、筛碎末、烘足干、整理归堆、拼配、烘焙提香、包装而成的中小叶工夫类红茶产品。

4 技术要求

4.1 原料要求

茶树新叶采摘要求见表1规定。

表1 鲜叶采摘要求

品名	鲜叶组成数量百分比（%）					
	单芽	一芽一叶初展	一芽一叶开展	一芽二叶	一芽三叶	同等嫩度的单片、对夹叶
易贡红茶特级	80-85	15-20	/	/	/	/
易贡红茶一级	/	/	/	15-30	65-75	8-10

4.2 感官指标

感官指标应符合表2中规定。

表2 感官指标

项目 品名	外形				内质			
	条索	色泽	嫩度	净度	香气	汤色	滋味	叶底
易贡红茶特级	紧秀云卷	叶体乌润茸毫金黄	细嫩	净	蜜香馥郁带玫瑰花香	鲜艳橙红明亮	鲜爽嫩甜醇	古铜色嫩芽匀亮
易贡红茶一级	紧秀云卷有苗峰	乌润	尚细嫩	尚净	蜜香带玫瑰花香	红亮	鲜醇甜	红亮柔软

4.3 理化指标

理化指标应符合表3规定。

表3 理化指标

项 目		指标	
		易贡红茶特级	易贡红茶一级
水分，g/100g（质量分数）	≤	6.5	
总灰分，g/100g（质量分数）		4.0-6.5	
粉末，g/100g（质量分数）		1.0	
水浸出物，g/100g（质量分数）	≥	33.0	32.0
铅（以Pb计），mg/kg	≤	5.0	
六六六，mg/kg	≤	0.2	

Q/YG0002S—2017

滴滴涕，mg/kg	≤	0.2
氟氰戊菊酯，mg/kg	≤	20
氯氰菊酯，mg/kg	≤	20
溴氰菊酯，mg/kg	≤	10
氯菊酯，mg/kg	≤	20
乙酰甲胺磷，mg/kg	≤	0.1

4.4 净含量及允差

应符合国家质量技术监督检验检疫总局令[2005]第75号《定量包装商品计量监督管理办法》的规定。

4.5 生产加工过程中的卫生要求

应符合GB 14881的规定。

5 试验方法

5.1 感官指标

按SB/T 10157规定执行。

5.2 水分

按GB/T 8304 规定执行。

5.3 总灰分

按GB/T 8306 规定执行。

5.4 粉末

按GB/T 83011 规定执行。

5.5 水浸出物

按GB/T 8305 规定执行。

5.6 铅

按GB5009.12 规定执行。

5.7 六六六、滴滴涕

按GB/T 5009.19 规定执行。

5.8 氯氰菊酯、溴氰菊酯

按GB/T 5009.110 规定执行。

5.9 氟氰戊菊酯、氯菊酯

按GB/T 23204规定执行。

5.10 乙酰甲胺磷

按GB/T 5009.103规定执行。

5.11 净含量及允差

按JJF 1070规定执行。

6 检验规则

6.1 出厂检验

6.1.1产品经公司质检部门进行出厂检验，合格后附上合格证，方可出厂。

3

Q/YG0002S—2017

6.1.2检验项目：感官、水分、总灰分和净含量。

6.1.3抽样：按GB/T 8302规定执行。

6.2 型式检验

6.2.1产品正常生产时，六个月进行一次型式检验，有下列情况之一时应进行型式检验：

    a）新产品定型鉴定时；

    b）当原料、生产工艺有较大改变，可能影响产品质量时；

    c）停产6个月以上恢复生产时；

    d）出厂检验结果与上次型式检验结果有较大差异时；

    e）国家质量监督部门提出要求时。

6.2.2检验项目：4.2、4.3、4.4。

6.3判定规则

检验结果中若有一项不合格时，可从该批产品中加倍取样进行复检，若仍有不合格项，则判定该批产品不合格或型式检验不予通过。

7 包装及标签

7.1 标签

标签按GB 7718的规定制定。

7.2 包装

销售包装按SB/T 10035规定执行、运输包装按SB/T 10037规定执行。

8 贮存及运输

8.1 运输

运输标志按GB/T 191规定执行。运输工具必须清洁、干燥、无异味、无污染，运输中应防雨、防潮、防曝晒、防污染，严禁与可能污染其品质的货物混装运输。

8.2 贮存

产品应贮存在清洁、干燥、阴凉、通风、无异味的仓库中，不得与有毒、有害物品混贮。

9 保质期

述规定的运输、储存条件下，保质期为18个月。

4

Q/YG0002S—2017

易贡红茶产品企业标准的编制说明

为了统一规范易贡红茶产品的生产，便于产品质量问题的追溯和维持产品质量的波动，即从本企业生产、管理的实际情况出发，需要提出并制定本标准。同时，编制本标准主要目的是用于指导易贡红茶产品的生产以及生产过程、中间产品、最终产品的检验，使得产品能够满足国家食品卫生标准及用户的要求，以保障本企业和消费者的利益，维护本企业的合法权益。

1、制定本标准时严格按照本企业生产工艺的要求和生产能力，结合产品生产方案的期望和最终产品的实际品质，采取企业标准要求高于国家标准的要求，通过反复方法学论证、筛选后，对本产品的原料、理化指标提出了具体的控制要求，其中水分、总灰分和粉末三项指标均严于国家标准。同时，根据国家对食品卫生检验规定，按照有关规定的要求，本企业标准特制定与国家相关法律、法规相一致的卫生要求。在标准中，为强化企业管理，特对部分检验技术要求制定高于国家的相关规定。另外，在制定本标准理化的基础上，根据本企业产品在贮存、销售、运输等的需要，特引申制定了产品（易贡红茶）的包装、贮存及运输方面的相关要求。

2、本标准具体制定过程中，参照了相关标准、技术性文件和法规，同时结合本企业生产的实际情况而制定。制定本企业标准最终规定了易贡红茶产品的范围、定义、技术要求、检验规则、检验方法、包装、标识、贮存及运输要求。

3、本企业标准的标准文本编制时，严格按照 GB/T1《标准化工作导则》、GB/T20000《标准化工作指南》、GB/T20001《标准编写规则》、GB/T13494《食品标准编写规则》，参照 GB/T15496《企业标准化工作指南》、GB/T15497《企业标准体系　技术标准体系的构成和要求》、GB/T15498《企业标准体系　管理标准工作标准体系的构成和要求》，严格执行 GB/T1.1-2000《标准化工作导则　第一部分：标准的结构和编写规则》中企业标准编写部分及《标准编写模板（TDS 2.0）》的要求，确保本企业标准内容用语、文字结构清晰，术语定义准确。

4、本企业为了自身发展的需要，在强化管理严格执行所申报的企业标准以外，为防止产品在销售过程中出现被其它企业仿制、销售，故在制定企业标准的同时，制定了本企业产品质量的内控标准。内控标准是本企业根据中间产品检验及今后产品发展趋势而制定的。

5

三、企业标准《雪域藏茶》（Q_YG0003S—2017）

《雪域藏茶》企业标准见图 2-3-3。

图 2-3-3 《雪域藏茶》企业标准

Q/YG0003S—2017

目　次

I

Q/YG0003S—2017

前　言

本标准由西藏林芝市易贡茶场提出。

本标准由西藏林芝市易贡茶场负责起草。

本标准主要起草人：李国林、杜改莲、次程、安青、普桃。

本标准主要审核人：朗杰

II

QYG0003S—2017

雪域藏茶

1 范围

本标准规定了雪域藏茶的术语和定义、技术要求、检验方法、检验规则和标签、包装、运输及贮存基本要求。

本标准适用于本公司生产、检验和销售的雪域藏茶。

2 规范性引用文件

下列文件对于本文件的应用是必不可少的。凡是注日期的引用文件，仅所注日期的版本适用于本文件，凡是不注日期的引用文件，其最新版本（包括所有的修改单）适用于本文件。

GB 2762　食品安全国家标准　食品中污染物限量

GB 2763　食品安全国家标准　食品中农药最大残留限量

GB 4806.7　食品安全国家标准　食品接触材料及制品通用安全要求

GB 5009.12　食品安全国家标准　食品中铅的测定

GB 7718　食品安全国家标准　预包装食品标签通则

GB 14881　食品安全国家标准　食品生产通用卫生规范

GB/T 191　包装储运图示标志

GB/T 5009.19　食品中有机氯农药多组分残留的测定

GB/T 5009.103　植物性食品中甲胺磷和乙酰甲胺磷农药残留量的测定

GB/T 5009.110　植物性食品中氯氰菊酯、氰戊菊酯和溴氰菊酯残留量的测定

GB/T 8302　茶　取样

GB/T 8304　茶　水分的测定

GB/T 8305　茶　水浸出物测定

GB/T 8306　茶　总灰分测定

GB/T 9833.1　紧压茶　第 1 部分:花砖茶

GB/T 9833.4　紧压茶　第 4 部分:康砖茶

GB/T 23204　茶叶中 519 种农药及相关化学品残留量的测定

GB/T 23776　茶叶感官评审方法

GH/T 1070　茶叶包装通则

GH/T 1071　茶叶贮存通则

JJF 1070　定量包装商品净含量计量检验规则

国家质量监督检验检疫总局[2005]第 75 号令《定量包装商品计量监督管理办法》

3 术语及定义

雪域藏茶(紧压茶): 以西藏林芝市易贡茶场行政区域内种植的茶树新叶为原料，鲜叶摊放后，经杀青、揉捻、初烘、二揉、解块、二烘、渥堆、翻堆、干燥（滚炒紧条）、精制整理、拼配、蒸压、烘足干、包装而成的康砖茶产品。雪域藏茶无任何人工合成的化学物质和添加剂。

4 技术要求

Q/YG0003S—2017

4.1 原料要求

茶树新叶采摘要求见表1规定。

表1 鲜叶采摘要求

鲜叶情况	一芽二叶	一芽三叶	同等嫩度的单片、对夹叶
鲜叶组成质量百分比（%）	15~30	65~75	8~10

4.2 感官指标

感官指标应符合表2中规定。

表2 感官指标

项目 品名	外形				内质			
	条索	色泽	嫩度	净度	香气	汤色	滋味	叶底
雪域藏茶 （紧压茶）	规格大小各异的紧压圆饼、方砖，外形匀整，棱角分明，色泽棕褐或黑油润，无起层脱面，无霉菌。				陈香郁持久	浓、红浓明亮	醇厚回甘	碎尖茶较多，柔软

4.3 理化指标

理化指标应符合表3规定。

表3 理化指标

项 目	指 标
水分，g/100g（质量分数）	7.0
总灰分，g/100g（质量分数）	7.0
含梗量，g/100g（质量分数）	4.0
水浸出物，g/100g（质量分数）	30.0
非茶类夹杂物，g/100g（质量分数）	0.2
铅（以Pb计），mg/kg	5.0
六六六，mg/kg	0.2
滴滴涕，mg/kg	0.2
氟氰戊菊酯，mg/kg ≤	20
氯氰菊酯，mg/kg ≤	20
溴氰菊酯，mg/kg ≤	10
氯菊酯，mg/kg ≤	20
乙酰甲胺磷，mg/kg ≤	0.1

4.4 净含量及允差

应符合国家质量技术监督检验检疫总局令[2005]第75号《定量包装商品计量监督管理办法》的规定。

4.5 生产加工过程中的卫生要求

应符合GB 14881的规定。

5 试验方法

5.1 感官指标

Q/YG0003S—2017

按SB/T 23776规定执行。

5.2 水分

按GB/T 8304 规定执行。

5.3 总灰分

按GB/T 8306 规定执行。

5.4 茶梗

按GB/T 9833.1 附录A规定执行。

5.5 水浸出物

按GB/T 8305 规定执行。

5.6 非茶类夹杂物

按GB/T 9833.1 附录B 规定执行。

5.7 铅

按GB5009.12 规定执行。

5.8 六六六、滴滴涕

按GB/T 5009.19 规定执行。

5.9 氯氰菊酯、溴氰菊酯

按GB/T 5009.110 规定执行。

5.10 氟氰戊菊酯、氯菊酯

按GB/T 23204规定执行。

5.11 乙酰甲胺磷

按GB/T 5009.103规定执行。

5.12 净含量及允差

按JJF 1070规定执行。

6 检验规则

6.1 出厂检验

6.1.1产品经公司质检部门进行出厂检验，合格后附上合格证，方可出厂。

6.1.2检验项目：感官、水分、总灰分和净含量。

6.1.3抽样：按GB/T 8302规定执行。

6.2 型式检验

6.2.1产品正常生产时，六个月进行一次型式检验，有下列情况之一时应进行型式检验：

    a）　新产品定型鉴定时；

    b）　当原料、生产工艺有较大改变，可能影响产品质量时；

    c）　停产6个月以上恢复生产时；

    d）　出厂检验结果与上次型式检验结果有较大差异时；

    e）　国家质量监督部门提出要求时。

6.2.2检验项目：4.2、4.3、4.4。

3

Q/YG0003S—2017

6.3判定规则

检验结果中若有一项不合格时，可从该批产品中加倍取样进行复检，若仍有不合格项，则判定该批产品不合格或型式检验不予通过。

7 包装及标签

7.1 标签

标签按GB 7718的规定制定。

7.2 包装

包装按GH/T 1070规定执行。

8 贮存及运输

8.1 运输

运输标志按GB/T 191规定执行。运输工具必须清洁、干燥、无异味、无污染，运输中应防雨、防潮、防曝晒、防污染，严禁与可能污染其品质的货物混装运输。

8.2 贮存

贮存按GH/T 1071规定执行。产品应贮存在清洁、干燥、阴凉、通风、无异味的仓库中，不得与有毒、有害物品混贮。

4

Q/YG0003S—2017

雪域藏茶产品企业标准的编制说明

为了统一规范雪域藏茶产品的生产，便于产品质量问题的追溯和维持产品质量的波动，即从本企业生产、管理的实际情况出发，需要提出并制定本标准。同时，编制本标准主要目的是用于指导雪域藏茶产品的生产以及生产过程、中间产品、最终产品的检验，使得产品能够满足国家食品卫生标准及用户的要求，以保障本企业和消费者的利益，维护本企业的合法权益。

1、制定本标准时严格按照本企业生产工艺的要求和生产能力，结合产品生产方案的期望和最终产品的实际品质，采取企业标准要求高于国家标准的要求，通过反复方法学论证、筛选后，对本产品的原料、理化指标提出了具体的控制要求，其中水分、总灰分、水浸出物和含梗量四项指标均严于国家标准。同时，根据国家对食品卫生检验规定，按照有关规定的要求，本企业标准特制定与国家相关法律、法规相一致的卫生要求。在标准中，为强化企业管理，特对部分检验技术要求制定高于国家的相关规定。另外，在制定本标准理化的基础上，根据本企业产品在贮存、销售、运输等的需要，特引申制定了产品（雪域藏茶）的包装、贮存及运输方面的相关要求。

2、本标准具体制定过程中，参照了相关标准、技术性文件和法规，同时结合本企业生产的实际情况而制定。制定本企业标准最终规定了雪域藏茶产品的范围、定义、技术要求、检验规则、检验方法、包装、标识、贮存及运输要求。

3、本企业标准的标准文本编制时，严格按照 GB/T1《标准化工作导则》、GB/T20000《标准化工作指南》、GB/T20001《标准编写规则》、GB/T13494《食品标准编写规则》，参照 GB/T15496《企业标准化工作指南》、GB/T15497《企业标准体系 技术标准体系的构成和要求》、GB/T15498《企业标准体系 管理标准工作标准体系的构成和要求》，严格执行 GB/T1.1-2000《标准化工作导则 第一部分：标准的结构和编写规则》中企业标准编写的介绍及《标准编写模板（TDS 2.0）》的要求，确保本企业标准内容用语、文字结构清晰，术语定义准确。

4、本企业为了自身发展的需要，在强化管理严格执行所申报的企业标准以外，为防止产品在销售过程中出现被其它企业仿制、销售，故在制定企业标准的同时，制定了本企业产品质量的内控标准。内控标准是本企业根据中间产品检验及今后产品发展趋势而制定的。

5

四、采用《紧压茶·康砖茶》国家标准

《紧压茶·康砖茶》国家标准见图 2-3-4。

图 2-3-4　易贡茶场采用国家标准《紧压茶　第 4 部分：康砖茶》(GB/T 9833.4—2013)①

---

①　图片来自：企业标准信息公共服务平台，网址：HTTP：//WWW.QYBZ.ORG.CN/STANDARDPRODUCT/SHOWDETAIL.DO?。

参 考 文 献

（一）期刊

曹星 . 2016. "藏地观茶" 续藏汉茶缘 [J]. 茶道（8）：76-81.

陈卫东 . 1989. 西藏易贡茶叶 [J]. 西藏农业科技（1）：56-57.

崔广程 . 1986. 易贡农场直播茶园大面积死苗原因初探 [J]. 西藏农业科技（2）：81.

高富华，郝立艺 . 2017. 从雅安到拉萨　茶叶天路之旅 [J]. 中国民族（6）：84-87.

高富华 . 2017. 一条茶叶铺成的天路（二）[J]. 茶博览（5）：71-75.

顾祖文 . 1988. 西藏易贡茶叶生产的农业气象条件分析 [J]. 自然资源（1）：94-96.

雷秉乾 . 1989. 西藏与茶叶 [J]. 茶叶通讯（1）：16-19.

李加林 . 2004. 除夕夜的汉藏情 [J]. 政协天地（3）：37.

李振家 . 1989. 世界最高的专业茶场—易贡茶场考察汇报 [J]. 茶叶通讯（4）：20-21.

凌彩金，吴家尧，李家贤，等 . 2013. 林芝地区易贡茶场茶叶产业情况调研 [J]. 中国茶叶（5）：26-28.

罗仰虎，王成光 . 2008. 新疆生产建设兵团西藏垦荒岁月 [J]. 文史春秋（7）：14-19.

罗仰虎，王成光 . 2008. 新疆生产建设兵团援藏写真 [J]. 文史精华（6）：17-21+1.

麦正伟 . 2000. 易贡抢险救灾纪事 [J]. 中国西藏（中文版）（6）：15-16.

彭君华 . 2016. 林芝特色农牧业产业发展现状分析 [J]. 江西农业（7）：40-41.

彭岳林 . 2001. 藏东南地区茶树病虫害发生及其防治 [J]. 西藏科技（10）：58-60+29.

普布扎西 . 2012. 我国海拔最高的茶场——西藏易贡茶场 [J]. 中国茶叶（8）：1.

史延华，强精锐，陈新华，等 . 1995. 来自垦区的报道 [J]. 中国农垦（8）：16.

司辉清，庞晓莉，张佑栋，等 . 1996. 西藏茶叶生产现状、自然优势及建议 [J]. 茶叶科学（2）：87.

唐颢，唐劲驰 . 2019. 西藏墨脱县茶叶发展现状及建议 [J]. 广东茶业（4）：22-25.

涂伯详 . 1987. 西藏高原春茶香 [J]. 中国民族（2）：28.

万朝林，黄梅 . 2019. 新疆生产建设兵团西藏易贡农垦团的建立与发展 [J]. 石河子大学学报（哲学社会科学版），33
　　（3）：27-34.

汪建军 . 2001. 决战易贡藏布——驻藏某工兵团赴易贡抢险救灾纪实 [J]. 西藏文学（4）：105-108.

王贞红 . 2002. 浅谈易贡茶园的灾后管理 [J]. 西藏科技（5）：47.

王贞红 . 2016. 西藏茶叶生产现况浅析 [J]. 中国茶叶（8）：7.

吴健礼 . 2001. 漫话茶文化在青藏高原的传播与发展 [J]. 西藏研究（1）：91-98.

吴征镒 . 1978. 西藏易贡湖边（四首）[J]. 人民文学（3）：68.

谢逸安，吴木英 . 1996. 西藏易贡茶场茶叶生产考察报告 [J]. 福建茶叶（3）：30-32.

徐永成 . 1972. 西芷种茶 [J]. 中国茶叶（2）：30-32.

许文舟 . 2019. 西藏的第一块茶园 [J]. 茶道（9）：68-71.

杨丛彪 . 2002. 易贡茶香 [J]. 美食（3）：38-39.

杨辉林.1996.易贡，满山绿茶满山歌［J］.中国西藏（中文版）(6)：25-26.

佚名.2012.林芝地区易贡茶场第二批援藏项目通过验收［J］.新西藏(4)：46-46.

张昆林，钟蓉军.1999.西藏易贡茶园土壤理化性质浅析［J］.西藏科技(4)：75-76＋79.

赵国栋，李海平.2015.西藏茶文化生态旅游理念要点与SWOT分析［J］.农业考古(2)：198-205.

赵国栋.2019.生态红利：西藏茶文化与产业发展——基于政策的制定与运行视角［J］.农业考古(5)：80-89.

钟培竹.1997.科技援藏旨创名牌［J］.茶叶机械杂志(3)：18.

（二）报纸

兵团奉命　在西藏建师［N/OL］.生活晚报 HTTP：//WWW.XJBT.GOV.CN/C/2016-10-11/2799834.SHTML.
　　2016-10-11.

蔡尧.全力以赴做好健康茶推广工作［N］.2020-05-12（004）.

蔡尧.确保茶产业发展各项工作落到实处［N］.2020-05-19（004）.

陈彦玲."小组团"促林芝旅游和茶产业发展［N］.2020-08-07（002）.

陈彦玲.努力打造"稳定　和谐　繁荣"的新茶场［N］.2010-11-16（001）.

陈彦玲.努力打造"稳定　和谐　繁荣"的新茶场［N］.林芝报（汉），2010-11-16.

符水潮.雪域高原上的特殊使命［N］.兵团日报，2013-01-20（2）.

高玉洁，麦正伟."雪域茶谷"的前世今生［N］.西藏日报（汉），2014-08-13.

高玉洁，麦正伟.南粤情　高原梦［N］.西藏日报（汉），2014-08-11.

胡念飞，赵新星.援藏广东人：大心脏更有大能量［N］.南方日报，2012-08-03.

黄豁，侯捷，陈尚才.西藏第一茶场的"绿"与"红"［N］.新华每日电讯，2020-04-16（8）.

林永望.30万斤！民族茶产量创新高［N］.佛山日报，2011-11-01.

马国忠.大力发展特色产业　建设美丽易贡［N］.林芝报（汉），2016-12-13（001）.

马国忠.打好高原有机绿色茶品牌　发掘培育新的经济增长点［N］.林芝报（汉），2014-06-17.

麦正伟，林永望.易贡茶叶产量创新高［N］.西藏日报（汉），2011-11-04.

麦正伟，王晓丽.易贡茶场产品亮相广东农博会［N］.西藏日报（汉），2012-10-08.

麦正伟.坚强有力的指挥中枢［N］.西藏日报（汉），2000-07-22.

潘璐.易贡茶香飘雪域［N］.西藏日报（汉），2017-08-01.

钱丽花.广东：争当新一轮援疆援藏的排头兵［N］.中国民族报，2012-05-15.

邱然、黄珊、陈思."习近平同志始终认为，援藏必须以扶持老百姓、关心老百姓的生活为主旨"——习近平在福建
　　（三十五）［N］.学习时报，2020-9-4（003）.

宋建兴.地区召开易贡湖生态恢复治理项目座谈会［N］.林芝报（汉），2015-05-12（001）.

宋建兴.马升昌调研指导茶产业农牧特色产业发展情况［N］.2020-05-01（001）.

谭艳丽.千方百计寻求支持帮助　最大限度惠及受灾群众［N］.林芝报（汉），2016-10-18.

谭艳丽.行署召开2011年第二次办公会议［N］.林芝报（汉），2011-03-29.

汪德军.改革开放以来的中央历次西藏工作座谈会主要特点和重大影响［N］.西藏日报，2018-12-10（006）.

王崇久.雪域高原上那朵格桑花选自寻访易贡五团遗存［N］.兵团日报，2012-08-05（1）.

王珊，张猛.一片"金叶子"一个大产业［N］.西藏日报（汉），2020-09-22.

王显琴，宋建兴.让林芝好茶走出国门　走向世界［N］.2018-09-28（001）.

王显琴，宋建兴.让林芝好茶走出国门　走向世界［N］.林芝报（汉），2018-09-28.

吴冰，麦正伟．"三新"带来"三变"［N］．西藏日报（汉），2016-04-27.

吴冰，麦正伟．南粤精神西藏情［N］．西藏日报（汉），2016-04-07.

吴哲．"广东印迹"在"西藏江南"美丽绽放［N］．南方日报，2014-09-12.

谢思佳，吴哲．未来建万亩茶园　开发生态农业旅游［N］．南方日报，2014-08-13.

尹保山，林永望．高原茶香藏汉情［N］．佛山日报，2011-12-06

玉珍．谈经验话友情　寻思路谋发展［N］．西藏日报（汉），2012-04-01.

粤援宣．援藏引进高校智慧　助力墨脱茶产业发展［N］．2020-06-05（003）.

张明木．从负债累累到经济兴旺［N］．佛山日报，2011-06-02.

（三）著作

冀文正．2017．从南下到西征　十八军老战士冀文正的人生足迹［M］．成都：电子科技大学出版社．

白玛郎杰，孙勇，仲步·次仁多杰　总主编．2015．西藏百年史研究（下册）［M］．北京：社会科学文献出版社．

丹增，张向明．1991．当代中国的西藏（下）［M］．北京：当代中国出版社．

克却洛丹．1985．山南加隅地区试种茶树见闻，西藏文史资料选辑第5辑［M］．北京：民族出版社．

柳建文，杨龙主编．2014．从无偿援助到平等互惠：西藏与内地的地方合作与长治久安研究［M］．北京：社会科学文献出版社．

罗广武．2008．简明西藏地方史［M］．拉萨：西藏人民出版社．

孙鹤龄主编．1982．西藏农垦概况［M］．拉萨：西藏新华印刷厂印刷．

王建林，陈崇凯．2014．西藏农牧史［M］．北京：社会科学文献出版社．

新疆生产建设兵团史志编纂委员会．2013．新疆生产建设兵团史料选辑（23）［M］．乌鲁木齐：新疆人民出版社．

徐正余主编．1995．西藏科技志［M］．拉萨：西藏人民出版社．

张川铭．2009．援藏三年选自农七师年鉴（2007）［M］．北京：中华书局．

赵慎应．2011．张国华将军在西藏［M］．北京：中国藏学出版社．

中共西藏自治区委员会党史研究室编著．2014．和平解放西藏与执行协议的历史记录［M］．北京：中共党史出版社．

祝庆江．2010．风雨人生路——祝庆江回忆录［M］．乌鲁木齐：新疆人民出版社．

（四）其他

广东省第七批援藏工作队．广东会议纪要和工作简报（会议纪要第5-7号，简报第25-50期）［R］．2014-09.

广东省第七批援藏工作队．广东省第七批援藏工作队工作情况汇编［R］．内部资料，2014-09.

黄伟平．援藏在易贡茶场（2010—2013）［R］．内部资料，2013-12.

林永望．广东省对口援助西藏林芝地区易贡茶场新闻报道汇编（二）［R］．2013-01.

林永望．广东省对口援助西藏林芝地区易贡茶场新闻报道汇编（一）［R］．2011-12.

林芝地区地方志编纂委员会编．2006．林芝地区志［Z］．北京：中国藏学出版社．

林芝地区志编纂委员编．2006．林芝地区志［Z］．北京：中国藏学出版社．

清华大学．林芝地区易贡生态经济开发区社会发展规划（2014—2020）［R］．2014-11.

西藏自治区党史资料征集委员会．1995．中共西藏党史大事记［Z］．拉萨：西藏人民出版社．

重庆合纵律师事务所．西藏自治区建区以来最大的5000万元贷款诈骗案［N/OL］．网址：HTTP：//WWW.HEZONG.COM.CN/ARTICLE.PHP？ID=823.

西藏易贡茶场志

XIZANG YIGONG CHACHANGZHI

后记

有些事情，往往是冥冥之中注定。

2014年，我还在武汉大学质量发展战略研究院任教时，暑假一行五人受邀到西藏拉萨授课。同行之中，有两名长者，他们对高原反应的风险颇感踌躇。几经商讨，最终决定从成都飞往林芝，再经林芝坐汽车到拉萨。这是因为林芝素有"西藏江南"之称，空气含氧量高，在此地适应高原气候，缓冲后再前往拉萨会比较安全。飞机临近米林机场时，在峡谷中穿行了很长一段距离，看着缭绕的云雾和越来越密集的植被，我们确信做出了正确的选择。落地后，在林芝市区及周边参观了若干地方，其他地点印象不深刻，唯一不能忘记的是，从林芝市区沿著名的318国道攀升到色季拉山口时，略感困难的呼吸、上山时看到的层次变幻丰富的植被，以及盘山而下在鲁朗吃的石锅鸡。就茶而言，约略听当地人讲起过西藏也产茶之类，但藏族酥油茶的香气盖过了一切。彼时，我并不知鲁朗镇距离易贡茶场仅有88公里。

时隔六年，武汉大学茶文化研究中心在刘礼堂教授的领衔下，开始国家社科重大招标项目"'一带一路'视野下的西南茶马古道文献资料整理与遗产保护"课题论证工作。2020年的暑假，我们团队身在闷热的武汉，学术之心却在滇、川、藏等茶马古道的清凉之地神游。此时，我们对西藏的茶有了更多理性认知，西藏是西南茶马古道的目的地，内地的茶叶通过各种渠道进入西藏，最终成为藏族同胞制作酥油茶不可或缺的原料。这一内地和西藏的茶叶之因缘，文献中明确记载可追溯唐德宗时，唐朝常鲁公出使吐蕃，赞普出示了六种内地名茶，这让唐使颇感意外（见《唐国史补》）。2016 年，科学家鉴定西藏阿里地区故如甲木寺遗址出土的一食物残体为茶叶，距今 1800 年。这一考古发现将内地茶叶传入西藏时间从唐代推进到魏晋时期，遗址考古结论是强有力的支撑。在课题论证和学术研讨之余，脑际偶尔也会泛起一点思绪：为什么不在西藏本地种茶？西藏有没有适合种茶的地方呢？

这一疑虑很快就有了答案。2020 年 7 月底，农业农村部农垦局发布了《第一批中国农垦农场志编纂农场名单》，共有 51 个农场，西藏自治区仅有两家，而易贡茶场名列其中。援藏干部承担着扶贫攻坚和乡村振兴的重任，他们没有充足的时间、当地也无合适人员来承担这一光荣而艰巨的任务，故萌生了邀请专业机构承担研究的想法。而我们团队研究茶马古道的相关成果被《光明日报》《人民日报》客户端报道，在易贡茶场挂职副场长的广东第九批援藏干部戴宝看到了这一消息。戴场长向易贡茶场党委以及广东援藏工作队做了汇报，得到了支持后，便跟武汉大学茶文化研究中心取得了联系。我心中的那丝疑惑也有了答案：西藏本地出产茶叶的历史可追溯到 20 世纪 60 年代，至今已有较大生产规模，而易贡茶场出产的茶叶品质出众。

委托研究任务的到来，一方面让我们兴奋，这是因为茶马古道在当代出现了新变化，这是值得研究的新问题；另一方面我们也略有踟蹰，因为研究周期非常有限，2020 年底就要交出 8 万字书稿请农业农村部农垦局和出版社审阅，2021 年6 月份就要完成版面字数 30 万字的定稿，而这期间我们申报的国家社科重大招标项目将会有不少的学术会议和研究任务。特别是，易贡茶场方面告知，其场部的历史档案曾毁于特大山洪与大火，没有什么现成的整套资料可供我们使用。这是我们不得不面临的一个严峻挑战。

　　我跟茶文化中心主任刘礼堂教授研讨后，很快便做出了接受委托的决定。我们认为易贡茶场场志的编纂有四重意义：第一，易贡茶场个案的研究，会收集一手的研究资料，有助于推进我们对茶马古道的认识和理解；第二，易贡茶场早期的发展离不开新疆建设兵团的支持，后期发展离不开福建、广东等地援藏工作的持续深入推进，研究易贡茶场就是研究党和国家谋求各民族共同富裕的援藏史；第三，军垦、农垦让西藏本土茶叶历史从无到有、从弱到强地发展起来，这是中华人民共和国成立70年辉煌历史的微观体现，研究易贡茶场的历史和现状就是接受"艰苦奋斗、勇于开拓"的农垦精神乃至国家精神的灵魂洗礼；第四，2020年8月习近平总书记在第七次西藏工作座谈会上提出，要努力建设团结富裕文明和谐美丽的社会主义现代化新西藏，武汉大学承接此项研究就是自觉的使命担当，为新西藏的建设提供智力支撑。

　　很快，我们便组建了研究团队，刘礼堂教授让我承担此项任务。目标易定，实施颇难。在具体的研究过程中，我们发现遇到最大的困难是档案资料缺乏。易贡茶场现存的一批资料多是"文化大革命"期间的政治学习材料，对于编纂茶场志来说价值有限。曾存有一批20世纪80年代左右的档案，但在数年前被波密县不知何人借走，从此杳无音信，无法追查。我们只得到林芝市地方志编委会办公室、林芝市档案局等单位搜寻，早期易贡茶场受农垦系统管理，故这些单位没有相关资料。最终，我们一路追索到位于拉萨的西藏自治区农业农村厅档案科，发现了易贡茶场报送的相关文件。从新疆建设兵团援建易贡农场的相关资料中，我们找到了新疆生产建设兵团史志编纂委员会编辑的《新疆生产建设兵团史料选辑(23)》，这本书保存了部分相关史料。我们还通过期刊、报纸、图书等搜集到一些有价值的史料。

　　2020年10月18—21日，我们到易贡茶场时，又对茶场部分员工做了访谈，受访人员包括才程、普桃、安清、其美、丁增曲珍、白玛玉珍等人。10月22—24日，在西藏自治区农业农村厅档案科查档期间，王颖、卓玛、卓嘎等人放弃了周末休息时间，给予了无私支持。其间，西藏大学的罗布、程忠红等人给予了档案查找方面的指点。在整个研究期间，易贡茶场的曹玉涛书记、戴宝副场长、陈凯主任联系各方面，为我们提供了最大程度的工作便利；国家农业农村部农垦局胡重九等人对本场志编写给出了指导意见。值得一提的是，长期支援易贡茶场建设的李国林先生，在宋时磊邀请其为茶场志撰文后，不顾年迈，为本场志撰写了 1.5 万字的长文，系统回顾了茶场从 1980 年代到 2019 年的 40 年发展历程。这是一名茶叶技术专家将其智慧和专业技能贡献给茶场的 40 年，也是易贡茶场逐渐摆脱发展困难迎来全面发展的 40 年。在与茶场职工访谈时，大家总会不约而同地提到来自四川雅安的"李师父"，这一称呼中饱含着人们对"李师父"的深情，也蕴含着对内地支持边疆建设的深深的内心认同。在此，对所有提供支持的同志表示诚挚谢意。此书能够编辑完成，还离不开广东省第九批援藏工作队给予的资金等方方面面的支持。

经过 8 个月的紧张收集和编写，本书最终在 2021 年 6 月完稿。《西藏易贡茶场志》由第一、第二两编构成。这种内容编排方式与中国农垦农场志编纂委员会办公室提供的《中国农垦农场志》基本篇目要素有所不同，这主要是因为易贡茶场不像大型的综合性农场，其产业只有一种——茶，且已不再承担一些社会性功能。具体撰写分工情况，第一编易贡茶场历史变迁：第一章、第二章、第三章池心怡，第四章池心怡、黄若慧，第五章程昊卿，第六章宋时磊，第七章宋时磊、陆晗昱。第二编易贡茶场相关资料：基础资料由戴宝、陈凯、落桑扎西等人提供，宋时磊、冯新悦、池心怡进行了整理；还从公开发行的图书、期刊和新闻报道中逐一检索，查找到了与易贡茶场相关的资料，并辑录入本书。全书最终由宋时磊统稿、修改。中国农业出版社的责任编辑对本书提出了宝贵意见，并付出了艰辛的劳动，让本书得以出版。本书收录了与易贡茶场相关的代表性文章和报道，限于条件无法与全部作者逐一取得联系；如您系作者，可联系武汉大学茶文化研究中心，我们将会按国家规定支付稿费。

易贡这片中国海拔最高的茶场，见证了茶马古道的当代变迁，交通的不断改善让"通麦—迫龙"天险变坦途；见证了体制和机制朝着正确的方向不断改革，雪域茶谷的生机和活力正在勃发；见证了内地对西藏无私的支持和奉献，中华民族共同体意识越铸越牢。最后，祝愿易贡茶场的高原生态茶，香播九州，味传天下，道归大同。

宋时磊

2021 年 6 月

中国农垦农场志丛